工业和信息化普通高等教育"十二五"规划教材立项项目

21世纪高等学校计算机规划教材
21st Century University Planned Textbooks of Computer Science

数据库技术与应用（Access 2003版）

Database Technology (Access 2003)

柳超 何立群 主编
丁伟 副主编

高校系列

人民邮电出版社
北京

图书在版编目（CIP）数据

数据库技术与应用：Access 2003版 / 柳超，何立群主编. -- 北京：人民邮电出版社，2012.1（2017.1重印）
21世纪高等学校计算机规划教材. 高校系列
ISBN 978-7-115-26730-6

Ⅰ. ①数… Ⅱ. ①柳… ②何… Ⅲ. ①关系数据库－数据库管理系统，Access 2003－高等学校－教材 Ⅳ.
①TP311.138

中国版本图书馆CIP数据核字(2011)第260039号

内 容 提 要

本书以 Access 2003 关系数据库管理系统为蓝本，从实际应用的角度出发，采用案例驱动的方式编写，系统地介绍了数据库的基本概念，Access 2003 的主要功能和使用方法，数据库及表的基本操作，数据查询、窗体设计、报表制作、数据访问页、宏的创建和使用，模块和 VBA 编程等，并通过一些实例分析，深入浅出地向读者全面介绍了 Access 的使用方法。

本书由一组系统化的、围绕一个数据库应用系统的相关例子贯穿，具有普遍适用性，同时提供了大量的操作示例，可使读者能够真正将所学知识运用到实际项目中去。与本教材配套的实训教程，以详尽细致的实验内容辅助读者对有关操作进行系统训练。

本书以实际需求引出功能，内容由浅入深、通俗易懂、图文并茂、实用性强，主要面向初次学习数据库技术的大学本科各专业学生，对于专科和高职学生，以及对数据库技术感兴趣的业余爱好者也有一定的帮助。

工业和信息化普通高等教育"十二五"规划教材立项项目
21世纪高等学校计算机规划教材

数据库技术与应用（Access 2003 版）

◆ 主　　编　柳　超　何立群
　　副 主 编　丁　伟
　　责任编辑　刘　博

◆ 人民邮电出版社出版发行　　北京市丰台区成寿寺路 11 号
　　邮编　100164　　电子邮件　315@ptpress.com.cn
　　网址　http://www.ptpress.com.cn
　　固安县铭成印刷有限公司印刷

◆ 开本：787×1092　1/16
　　印张：16.5　　　　　　　　2012 年 1 月第 1 版
　　字数：433 千字　　　　　　2017 年 1 月河北第 5 次印刷

ISBN 978-7-115-26730-6
定价：34.00 元

读者服务热线：(010)81055256　印装质量热线：(010)81055316
反盗版热线：(010)81055315
广告经营许可证：京东工商广字第 8052 号

前　言

随着计算机处理信息量的不断增加以及网络应用的不断深入，数据库技术得到了广泛的应用与发展，成为计算机数据处理与信息管理系统的核心。由于存在这种实际需求，社会对高校人才培养模式提出新的要求，特别是计算机素质的培养。本书围绕计算机公共课程的教学实际设计教学思路，以改革计算机教学、适应新世纪教育需要为出发点，以培养学生利用数据库技术对数据和信息进行管理、加工和利用的意识与能力为目标，以数据库原理和技术为知识讲授核心，建构教材的体例，实现理论与实践相结合的数据库技术教学的基本目的。

Access 关系型数据库管理系统是 Microsoft 公司 Office 办公自动化软件的一个组成部分，是基于 Windows 平台的关系数据库管理系统。其界面友好，操作简单，功能全面，使用方便，它既可以用作单机或小型网络系统的数据库管理软件，也可以用作大型网络系统中的前端应用程序，有着相当广泛的用户群。同时，由于 Access 数据库中功能强大的组件对象及其对 Web 的良好支持，使得开发基于 Access 的 Web 应用变得非常轻松。目前已经有大量的基于 Access 数据库的应用在 Internet 上发布，并且其数量还在不断增长。

Access 的最大特点是易用性。用户可以在很短的时间内掌握利用 Access 进行开发的方法，并利用它的向导方便、快捷、简单地设计出一个数据库系统。Access 还可以利用宏和 Visual Basic for Application（VBA）编写出具有强大功能的数据库应用程序。

本书以 Access 2003 版本为基础，从与关系数据库管理系统相关的一些基础理论和概念讲起，引领读者了解 Access 的基本性能，介绍 Access 的操作方法。同时本着以学生兴趣为先导、以应用技能为本位的编写原则，从学生学习与使用软件的实际需要出发，采用循序渐进的编写方法安排全书的整体结构。特别是通过大量详实的例题，讲述了 Access 的使用和面向对象程序设计方法及系统开发的过程，并用大量的篇幅讲述了利用 Access 进行系统开发的方法和系统设计的一般步骤。此外，本书还配有辅助教材《数据库技术与应用实训教程（Access 2003 版）》一书。

全书共 12 章，第 1 章介绍数据库基础理论方面的知识和 Access 数据库的系统特点；第 2 章介绍 Access 数据库的基本操作；第 3 章介绍数据表的创建、表的使用和操作及表间的关系和创建等；第 4 章介绍各种查询的创建以及查询的使用和操作等；第 5 章介绍 SQL 及其相关的应用；第 6 章介绍窗体的组成、窗体的创建、窗体属性、窗体中控件的使用和属性以及窗体的使用等；第 7 章主要介绍报表的组成、报表的创建、各类格式不同的报表属性、报表中常用控件的使用和属性以及如何使用报表等；第 8 章主要介绍数据访问页的创建、数据访问页的属性、数据访问页的常用控件的使用和属性等；第 9 章介绍什么是宏、宏的创建以及宏的运行等；第 10 章介绍 VBA 语言的语法特点及 VBA 的数据库编程；第 11 章介绍数据库的安全管理；第 12 章以一个小型教务管理系统为例介绍开发设计数据库应用系统的一般流程。

  本书由柳超、何立群主编。第 1 章由丁伟编写，第 2 章和第 3 章由魏泽臻编写，第 4 章和第 5 章由冯飞编写，第 6 章和第 7 章由袁媛编写，第 8 章和第 11 章由廖慧芬编写，第 9 章和第 10 章由何立群编写，第 12 章由柳超编写。

  采用任务驱动方式是本书编写的主要特点，每章均有一个引例，使读者通过实例对本章内容有个初步了解，并且各章例题最终构成"教务管理系统"这个能够发布应用的数据库应用系统。

  本书内容理论联系实际，叙述详尽，概念清晰，通过实例讲解知识、介绍操作技能。知识与技能的讲解采用层层递进的方式，既有利于教学的组织，也有利于一般读者自学。只要读者能够模仿实例完成实践过程，就能够完成"教务管理系统"的设计过程，进而具备应用 Access 2003 开发小型数据库应用系统的基本能力。

  由于编写时间仓促以及作者水平有限，书中疏漏之处在所难免，恳请读者批评指正。

编 者
2011 年 11 月

目 录

第1章 概述 1

引例 用Access建立数据库系统 1
1.1 信息、数据与数据处理 1
 1.1.1 数据与信息 2
 1.1.2 数据处理 2
 1.1.3 数据处理的发展 2
 1.1.4 数据库技术的发展 2
1.2 数据库系统 3
 1.2.1 数据库系统的组成 3
 1.2.2 数据库系统体系结构 5
 1.2.3 数据库管理系统的功能 6
 1.2.4 现实世界的数据描述 6
 1.2.5 数据模型 7
1.3 关系数据库系统 9
 1.3.1 关系的基本概念及其特点 9
 1.3.2 关系运算 10
 1.3.3 关系的完整性约束 11
1.4 Access简介 12
 1.4.1 Access的特点 12
 1.4.2 Access的启动和退出 13
 1.4.3 Access的数据库对象组成 13
本章小结 15

第2章 数据库的基本操作 16

引例 创建"教务管理系统"数据库 16
2.1 创建数据库 16
 2.1.1 创建空数据库 17
 2.1.2 使用模板创建数据库 18
2.2 数据库的使用 21
 2.2.1 打开数据库 22
 2.2.2 设置数据库的默认文件夹 22
 2.2.3 设置数据库属性 23
 2.2.4 关闭数据库 23

本章小结 24

第3章 数据表的基本操作 25

引例 "教务管理系统"中表的创建和使用 25
3.1 表的组成 25
 3.1.1 表结构的定义 26
 3.1.2 表的字段类型 26
3.2 表的创建 27
 3.2.1 使用向导创建表 27
 3.2.2 使用设计器创建表 30
 3.2.3 通过输入数据创建表 32
 3.2.4 表记录的输入 33
3.3 表字段的操作 33
3.4 表记录的操作 36
3.5 表记录的排序与筛选 38
 3.5.1 表记录的定位 38
 3.5.2 表记录的排序 39
 3.5.3 表记录的筛选 39
 3.5.4 列的显示与隐藏 39
3.6 表的关联 40
 3.6.1 建立索引 40
 3.6.2 表关联的建立 42
 3.6.3 关系的参照完整性 42
3.7 子表的使用 42
本章小结 43

第4章 查询 44

引例 学生人数和平均年龄统计 44
4.1 查询概述 45
 4.1.1 查询的类型和作用 45
 4.1.2 查询准则 47
4.2 选择查询 48
 4.2.1 使用查询向导创建查询 49

4.2.2　使用查询设计器创建查询……50
　　4.2.3　设置查询条件……52
　　4.2.4　建立运算字段……54
4.3　参数查询……54
4.4　交叉表查询……57
4.5　操作查询……60
　　4.5.1　生成表查询……60
　　4.5.2　删除查询……61
　　4.5.3　追加查询……62
　　4.5.4　更新查询……63
本章小结……63

第5章　SQL 语句……64

引例　选课情况查询……64
5.1　SQL 概述……65
5.2　数据定义……66
　　5.2.1　定义表结构……66
　　5.2.2　修改表结构……67
　　5.2.3　删除表……68
5.3　数据操纵……68
　　5.3.1　插入记录……68
　　5.3.2　删除记录……68
　　5.3.3　更新记录……69
5.4　数据查询……69
　　5.4.1　单表的无条件查询……69
　　5.4.2　单表带条件的查询……70
　　5.4.3　分组与计算查询……71
　　5.4.4　查询结果排序……71
　　5.4.5　多表连接查询……72
　　5.4.6　嵌套查询……73
　　5.4.7　联合查询……73
本章小结……74

第6章　窗体……75

引例　班级信息维护窗体……75
6.1　窗体概述……76
　　6.1.1　窗体的概念与作用……76
　　6.1.2　窗体类型……77
　　6.1.3　窗体视图……79

6.2　创建窗体……79
　　6.2.1　自动建立窗体……79
　　6.2.2　使用窗体向导……80
　　6.2.3　使用图表向导……81
　　6.2.4　使用数据透视表向导……83
6.3　窗体高级设计……87
　　6.3.1　窗体设计视图……87
　　6.3.2　属性、事件和方法……89
　　6.3.3　使用控件……90
　　6.3.4　常用的属性……100
　　6.3.5　窗体与对象的事件……102
　　6.3.6　常用方法……104
6.4　窗体外观格式设计……109
　　6.4.1　设置控件格式属性……110
　　6.4.2　使用 Tab 键设置控件次序……112
6.5　设计多数据表窗体……113
　　6.5.1　同时创建主窗体和子窗体……113
　　6.5.2　将子窗体添加到已有窗体……115
6.6　菜单和工具栏……117
本章小结……119

第7章　报表……120

引例　学生信息标签式报表……120
7.1　报表概述……121
　　7.1.1　报表构成……121
　　7.1.2　报表类型……121
　　7.1.3　报表视图……123
7.2　创建报表……125
　　7.2.1　自动创建报表……125
　　7.2.2　利用报表向导创建报表……126
　　7.2.3　利用标签向导创建报表……128
　　7.2.4　图表报表……131
7.3　报表高级设计……133
　　7.3.1　利用设计视图创建报表……133
　　7.3.2　页码和日期……136
　　7.3.3　报表的排序与分组……137
　　7.3.4　报表的计算……141
　　7.3.5　创建和链接子报表……145
7.4　报表打印……148

7.4.1　报表的页面设置 149
7.4.2　报表的打印 149
本章小结 150

第 8 章　数据访问页 151

引例　数据访问页的建立 151
8.1　数据访问页概述 152
　　8.1.1　数据访问页的类型 152
　　8.1.2　数据访问页视图 152
　　8.1.3　数据访问页的数据源 154
8.2　创建数据访问页 155
　　8.2.1　自动创建数据访问页 155
　　8.2.2　利用数据页向导创建数据访问页 156
　　8.2.3　利用设计视图创建数据访问页 158
8.3　编辑数据访问页 162
　　8.3.1　使用主题 162
　　8.3.2　添加标签 163
　　8.3.3　添加命令按钮 164
　　8.3.4　添加滚动文字 165
　　8.3.5　设置背景 167
8.4　添加 Office Web 组件到数据访问页 167
　　8.4.1　添加 Office 电子表格 167
　　8.4.2　添加 Office 数据透视表 167
　　8.4.3　添加 Office 图表 168
8.5　分组数据访问页 170
　　8.5.1　在数据访问页上按值分组记录 170
　　8.5.2　在数据访问页上按日期或时间值的间隔分组记录 171
本章小结 171

第 9 章　宏 172

引例　用宏来建立系统菜单 172
9.1　宏的概述 172
　　9.1.1　宏的基本概念 172
　　9.1.2　序列宏、条件宏和宏组 173
　　9.1.3　宏的设计窗口 173
　　9.1.4　宏的常用操作 174
9.2　创建宏 176
　　9.2.1　创建序列宏 176
　　9.2.2　创建条件宏 178
　　9.2.3　创建宏组 180
9.3　运行宏 181
　　9.3.1　直接运行宏 182
　　9.3.2　通过触发窗体、报表或控件的事件运行宏 182
　　9.3.3　从其他宏或 VB 程序中运行宏 183
　　9.3.4　在菜单或工具栏中运行宏 184
　　9.3.5　运行宏组中的宏 185
　　9.3.6　打开数据库时自动运行宏 185
本章小结 186

第 10 章　模块与 VBA 187

引例　编写代码实现"班级信息维护"功能 187
10.1　模块 187
　　10.1.1　模块的概念 187
　　10.1.2　宏和模块 189
10.2　面向对象的程序设计基础 189
　　10.2.1　面向对象的基本概念 189
　　10.2.2　VBA 的编程环境 VBE 192
10.3　VBA 语言基础 195
　　10.3.1　数据类型 195
　　10.3.2　常量、变量与数组 197
　　10.3.3　运算符和表达式 201
　　10.3.4　常用内部函数 203
10.4　VBA 程序流程控制 207
　　10.4.1　程序语句的书写 207
　　10.4.2　顺序结构 208
　　10.4.3　选择结构 208
　　10.4.4　循环结构 212
　　10.4.5　过程调用和参数传递 214
10.5　VBA 的数据库编程 217
　　10.5.1　VBA 数据库引擎及其接口 217
　　10.5.2　用 ADO 访问数据库 218
　　10.5.3　数据库访问的几个重要函数 222
10.6　VBA 程序运行错误处理 223
10.7　VBA 程序的调试 223
本章小结 225

第 11 章　数据库的安全与管理 ········226

引例　数据转换、导入导出及优化 ········226
11.1　不同版本 Access 数据库的转换 ········226
11.2　数据的导出、导入及链接 ········228
　11.2.1　数据的导出 ········228
　11.2.2　数据的导入 ········230
　11.2.3　数据的链接 ········233
11.3　数据库的备份、压缩和修复 ········235
　11.3.1　数据库的备份 ········235
　11.3.2　数据库的压缩与修复 ········236
11.4　数据库的安全机制 ········237
　11.4.1　设置数据库密码 ········238
　11.4.2　撤销数据库密码 ········238
　11.4.3　建立用户组和用户 ········238
　11.4.4　设置用户与组权限 ········240
11.5　数据的优化 ········240
　11.5.1　对数据库中的表进行分析和优化 ········240
　11.5.2　对数据库的性能进行分析 ········243
本章小结 ········245

第 12 章　应用系统集成 ········246

12.1　数据库应用系统开发过程 ········246
12.2　用切换面板对应用系统集成 ········247
12.3　用菜单和工具栏集成应用系统 ········249
　12.3.1　创建菜单 ········249
　12.3.2　制作工具栏 ········251
　12.3.3　制作快捷菜单 ········252
　12.3.4　添加快捷键 ········253
12.4　设置数据库的启动方式 ········254
本章小结 ········255

参考文献 ········256

第1章 概　述

数据库是 20 世纪 60 年代后期发展起来的一项重要技术，20 世纪 70 年代以来，数据库技术得到了迅速发展和广泛应用，已经成为计算机科学与技术的一个重要分支。今天，信息资源已成为各个部门的重要财富和资源，对一个国家来说，数据库的建设规模、数据库信息量的大小和使用频度已成为衡量这个国家信息化程度的重要标志。本章将介绍 Access 2003 数据处理技术的基础和前提。

引例　用 Access 建立数据库系统

Microsoft Access 在很多地方得到了广泛使用。Access 是一个既可以只用来存放数据的数据库，也可以作为一个客户端开发工具来进行数据库应用系统开发；既可以开发方便易用的小型软件，也可以用来开发大型的应用系统。图 1-1 所示是教务管理系统示意图。

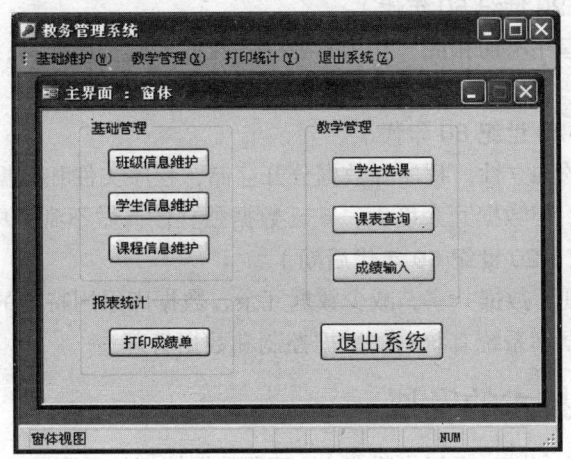

图 1-1　教务管理系统的系统菜单

1.1　信息、数据与数据处理

数据库的出现使数据处理进入了一个崭新的时代，它把大量的数据按照一定的结构存储起来，开辟了数据处理的新纪元。

1.1.1 数据与信息

数据是数据库中存储的基本对象，是描述事物的符号。它与传统意义上理解的数据不同，数据在这里可以是数字、文字、图形、图像、声音和语言等，即数据有多种形式，但它们都是经过数字化后存入计算机的。例如："（丁艳艳，女，1990年05月02日出生，财务会计班的学生）"，其数据有一定的格式，如姓名一般不超过4个汉字的字符（考虑复姓、没有考虑少数民族），性别是一个汉字的字符。这些数据格式的规定就是数据的语法，而数据的含义就是数据的语义。人们通过解释、推理、归纳、分析和综合等方法从数据所获得的有意义的内容称为信息。因此数据是信息存在的一种形式，只有通过解释或处理的数据才能成为有用的信息。

信息是经过加工处理的有用数据。数据只有经过提炼和抽象变成有用的数据后才能成为信息。信息仍以数据的形式表示。

1.1.2 数据处理

数据处理就是将数据转换为信息的过程，主要包括：数据的收集、整理、存储、加工、分类、维护、排序、检索和传输等。数据处理的目的是从大量的数据中，根据数据自身的规律及相互联系，通过分析、归纳、推理等科学方法，利用计算机技术、数据库技术等技术手段提取有效的信息资源，为进一步分析、管理、决策提供依据。数据处理也称信息处理。

1.1.3 数据处理的发展

随着计算机软硬件技术的发展，数据管理技术的发展大致经历了人工管理、文件系统和数据库系统3个阶段。

1. 人工管理阶段（20世纪50年代）

数据与处理数据的程序密切相关，互相不独立，数据不做长期保存，而且依赖于计算机程序或软件。

2. 文件系统阶段（20世纪60年代）

程序与数据有一定的独立性，程序和数据分开存储，程序文件和数据文件具有各自的属性。数据文件可以长期保存，但数据冗余度大，缺乏数据独立性，做不到集中管理。

3. 数据库系统阶段（20世纪60年代后期）

这个阶段基本上实现了数据共享，减少数据冗余，数据库采用特定的数据模型，数据库具有较高的数据独立性，数据库系统有统一的数据控制和数据管理。

1.1.4 数据库技术的发展

数据库技术产生于20世纪60年代后期，是随着数据管理的需要而产生的，到70年代初出现了3个事件，标志着数据库技术日趋成熟，并有了坚实的理论基础。

（1）1969年IBM公司研制、开发了数据库管理系统商品化软件IMS（Information Management System），IMS的数据模型是层次结构，它可以让多个程序共享数据库。

（2）1969年10月，美国数据库系统语言协会（Conference On Date System Language，CODASYL）的数据库研制者提出了网状模型数据库系统规范报告，称为DBTG（Date Base Task Group）报告，使数据库系统开始走向规范化和标准化。它是数据库网状模型的典型代表。

（3）1970年美国IBM公司San Jose研究室的高级研究员埃德加·考特（E.F.Codd）发表了论

文《大型共享数据库数据的关系模型》，提出了数据库的关系模型，开创了数据库关系方法和关系数据理论的研究，为关系数据库技术奠定了理论基础，为数据库技术开辟了一个新时代。IBM公司的 San Jose 实验室研制出关系数据库实验系统 System R。美国 Berkeley 大学与 System R 同期研制了 INGRES 数据库实验系统，并发展成为 INGRES 数据库产品，使关系方法从实验走向了市场。

20 世纪 80 年代以来，大多数厂商推出的数据库管理系统的产品都是关系型的，如 FoxPro、Access、Oracle、Sybase 及 DB2 等都是关系型数据管理系统（RDBMS），使数据库技术日益广泛地应用到企业管理、情报检索、辅助决策等各个方面，成为实现和优化信息系统的基本技术。

数据库技术与其他学科的有机结合，是新一代数据库技术的一个显著特征，出现了各种新型的数据库，例如：
- 数据库技术与分布处理技术相结合，出现了分布式数据库。
- 数据库技术与并行处理技术相结合，出现了并行数据库。
- 数据库技术与人工智能技术相结合，出现了知识库和主动数据库系统。
- 数据库技术与多媒体处理技术相结合，出现了多媒体数据库。
- 数据库技术与模糊技术相结合，出现了模糊数据库等。
- 数据库技术应用到其他领域中，出现了数据仓库、工程数据库、统计数据库、空间数据库及科学数据库等多种数据库技术，扩大了数据库应用领域。

1.2 数据库系统

1.2.1 数据库系统的组成

数据库系统是由数据库及其管理软件组成的系统。它是为适应数据处理的需要而发展起来的一种较为理想的数据处理的核心机构。它是一个实际可运行的存储、维护和应用系统提供数据的软件系统，是存储介质、处理对象和管理系统的集合体。

数据库系统一般由计算机硬件、数据库、数据库管理系统、应用程序、数据库管理员和用户等部分组成。图 1-2 给出了数据库系统构成简图。

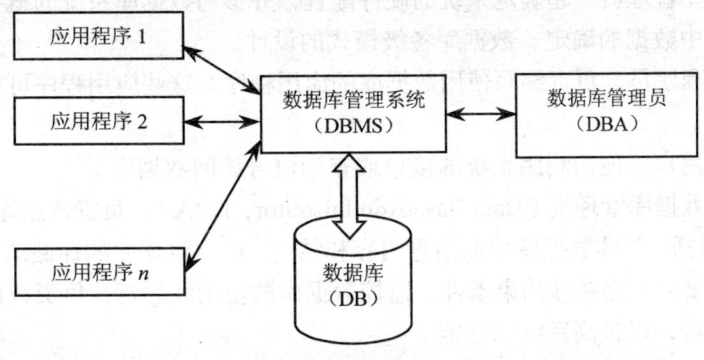

图 1-2　数据库系统简图

1. 计算机硬件

计算机硬件（Hardware）是数据库系统赖以存在的物质基础，是存储数据库及运行数据库管理系统（DBMS）的硬件资源，主要包括中央处理机、内存、外存、输入/输出等硬件设备。一般要求有足够的内存，存放操作系统、DBMS 核心模块、数据缓冲区和应用程序，还要有足够大的磁盘等直接存取设备存放数据库，有足够的磁盘或软盘等外部存储设备作数据备份。通常有基于微机的服务器、工作站以及中小型机甚至大型机来充当数据库服务器。

2. 数据库

数据库（Data Base，DB）可以直观地理解为存放数据的仓库，在计算机上需要有存储空间和一定的存储格式。所以可理解为数据库是被长期存放在计算机内的、有组织的、统一管理的相关数据的集合，能为用户共享，具有最小冗余度，数据间联系密切，有较高的独立性。

数据库的数据模型应包含数据结构、数据操作、完整性约束三个要素。

（1）数据结构

数据结构用于描述数据库的静态特性，是所研究的对象类型的集合（数据定义）。是对实体类型和实体间联系的表达和实现。

（2）数据操作

数据操作用于描述数据库的动态特性，是指对数据库中各种对象的实例允许执行的操作的集合（如：查询、插入、更新、删除等）。

（3）完整性约束

数据的约束条件是一组完整性规则的集合。完整性规则是给定的数据及其联系所具有的制约和存储规则，用以限定数据库状态以及状态的变化，以保证数据的正确性、有效性和相容性。

3. 数据库管理系统

数据库管理系统（DBMS）是位于用户与操作系统之间的数据管理软件，它属于系统软件，它为用户或应用程序提供访问数据库的方法，包括数据库的建立、查询、更新及各种数据控制方法。

4. 应用程序

应用程序（Application）是在 DBMS 的基础上，由用户根据应用的实际需要开发的，处理特定业务的应用程序。应用程序的操作范围通常仅是数据库的一个子集，也是用户所需的那部分数据。

5. 用户

用户（User）是指管理、开发、使用数据库系统的所有人员，主要有四类。

第一类为系统分析员和数据库设计人员：系统分析员负责应用系统的需求分析和规范说明，他们和用户及数据库管理员一起确定系统的硬件配置，并参与数据库系统的概要设计。数据库设计人员辅助数据库中数据的确定、数据库各级模式的设计。

第二类为应用程序员，负责编写使用数据库的应用程序。这些应用程序可对数据进行检索、建立、删除或修改。

第三类为最终用户，他们利用系统的接口或查询语言访问数据库。

第四类用户是数据库管理员（Data Base Administrator，DBA），负责数据库的总体信息控制。DBA 的具体职责包括：具体数据库中的信息内容和结构，决定数据库的存储结构和存取策略，定义数据库的安全性要求和完整性约束条件，监控数据库的使用和运行，负责数据库的性能改进、数据库的重组和重构，以提高系统的性能。

数据库系统能够保证数据的独立性。数据和程序相互独立有利于加快软件开发速度，节省开发费用，减少冗余数据，提高数据共享程度。系统的用户接口简单，用户容易掌握，使用方便；

能够确保系统运行可靠，出现故障时能迅速排除，能够保护数据不受非受权者访问或破坏，能够防止错误数据的产生，一旦产生也能及时发现；有重新组织数据的能力，能改变数据的存储结构或数据存储位置，以适应用户操作特性的变化，改善由于频繁插入、删除操作造成的数据组织零乱和时空性能变坏的状况；具有可修改性和可扩充性。能够充分描述数据间的内在联系。

1.2.2 数据库系统体系结构

为了有效地组织和管理数据，提高数据库的逻辑独立性和物理独立性，人们为数据库设计了一个严谨的体系结构。美国 ANSI/X3/SPARC 的数据库管理系统研究小组于 1975 年及 1978 年提出了标准化的建议，分成三级：内模式（内部级）、模式（概念级）、外模式（外部级），即三级模式结构。图 1-3 给出了教学成绩管理数据库系统的三级模式结构。

三级模式结构的含义如下。

（1）外模式也称用户模式，它是从用户角度看到的数据结构的描述，是用户与数据库系统的接口，是数据库用户的数据视图。同一类用户使用同一个外模式，是保证数据库安全的一个措施。

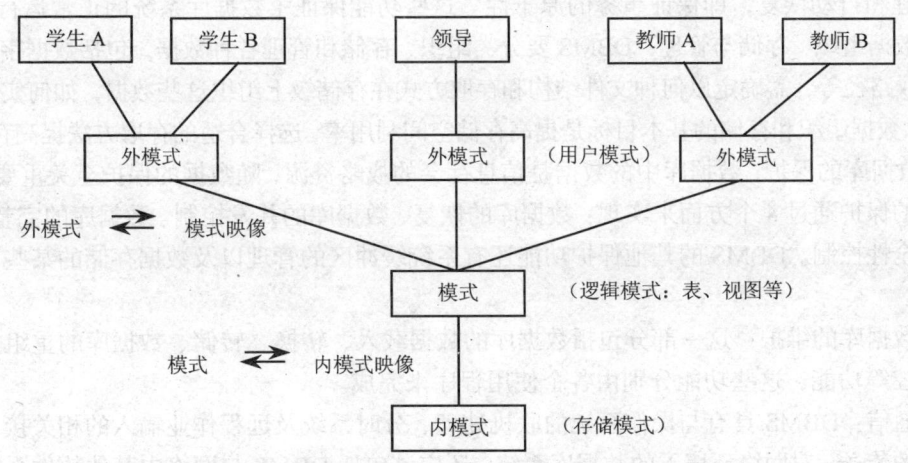

图 1-3 教学成绩管理数据库系统的三级模式结构

（2）模式是数据库中全体数据的逻辑结构和特征的描述，是所有用户的公共数据视图。一个数据库只有一个模式，在定义数据时应首先定义模式，即定义数据的逻辑结构（如数据项、名字、类型等）和数据之间的联系。模式的一个具体值称为模式的一个实例。模式是相对稳定的，而实例是相对变动的，因为数据库中的数据通信是在不断更新的。

（3）内模式也称存储模式，它是数据物理结构和存储方式的描述，一个数据库只有一个内模式。

数据库系统在这三级模式之间提供了两层映像：外模式/模式映像和模式/内模式映像。正是这两层映像保证了数据库系统的数据能够具有较高的逻辑独立性和物理独立性。

1. 外模式/模式映像

对于每一个外模式，数据库系统都有一个外模式/模式映像，它定义了该外模式与模式之间的对应关系。如果模式改变，则需要对各个外模式/模式映像作相应改变，从而使外模式保持不变，而不必修改外模式的应用程序，保证了数据与程序的逻辑独立性。

2. 模式/内模式映像

模式/内模式映像定义了数据库逻辑结构与存储结构之间的对应关系，如果数据库的存储结构改变，则对模式/内模式映像作相应改变，使模式保持不变，从而不必修改模式的应用程序，保证了数据与程序的物理独立性。

1.2.3 数据库管理系统的功能

作为数据库系统核心软件的数据库管理系统（DBMS），通过三级模式间的映射转换，为用户实现了数据库的建立、使用和维护操作，因此，DBMS 必须具备相应的功能，主要有如下几项。

（1）数据定义：DBMS 提供数据定义语言（Data Definition Language，DDL），供用户定义数据库的三级模式结构、两级映像以及完整性约束和保密限制等约束。DDL 主要用于建立、修改数据库的库结构。DDL 所描述的库结构仅仅给出了数据库的框架，数据库的框架信息被存放在数据字典（Data Dictionary）中。

（2）数据操作：DBMS 提供数据操作语言（Data Manipulation Language，DML），供用户实现对数据的追加、删除、更新、查询等操作。

（3）数据库的运行管理：数据库的运行管理功能是 DBMS 的运行控制、管理功能，包括多用户环境下的并发控制、安全性检查和存取限制控制、完整性检查和执行、运行日志的组织管理、事务的管理和自动恢复，即保证事务的原子性。这些功能保证了数据库系统的正常运行。

（4）数据组织、存储与管理：DBMS 要分类组织、存储和管理各种数据，包括数据字典、用户数据、存取路径等，需确定以何种文件结构和存取方式在存储级上组织这些数据，如何实现数据之间的联系。数据组织和存储的基本目标是提高存储空间利用率，选择合适的存取方法提高存取效率。

（5）数据库的保护：数据库中的数据是信息社会的战略资源，随数据的保护至关重要。DBMS 对数据库的保护通过 4 个方面来实现：数据库的恢复、数据库的并发控制、数据库的完整性控制、数据库安全性控制。DBMS 的其他保护功能还有系统缓冲区的管理以及数据存储的某些自适应调节机制等。

（6）数据库的维护：这一部分包括数据库的数据载入、转换、转储、数据库的重组合重构以及性能监控等功能，这些功能分别由各个使用程序来完成。

（7）通信：DBMS 具有与操作系统的联机处理、分时系统及远程作业输入的相关接口，负责处理数据的传送。对网络环境下的数据库系统，还应该包括 DBMS 与网络中其他软件系统的通信功能以及数据库之间的互操作功能。

1.2.4 现实世界的数据描述

现实世界是存在于人脑之外的客观世界，要将现实世界转变为机器能识别的形式，必须经过两次抽象，即使用某种概念模型为客观事物建立概念级的模型，将现实世界抽象为信息世界，然后再把概念模型转变为计算机上某一 DBMS 支持的数据模型，将信息世界转变为机器世界，如图 1-4 所示。

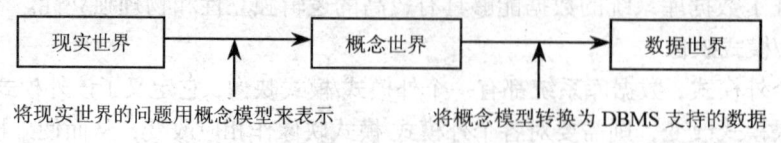

图 1-4 现实世界客观对象的抽象过程

1. 基本概念

（1）实体（Entity）

客观存在并相互区别的事物称为实体。实体可以是实际的事物，也可以是抽象的事物。例如，学生、课程等都是属于实际的事物；学生选课、教师授课等都是抽象的事物。

（2）实体的属性（Attribute）

描述实体的特性称为属性。例如，学生实体用学号、姓名、性别、出生日期、民族、籍贯等属性来描述。

（3）实体集和实体型（Entity Set And Entity Type）

属性值的集合表示一个实体，而属性的集合表示一种实体的类型，称为实体型。同类型的实体的集合称为实体集。例如，学生（学号，姓名，性别，出生日期，民族，籍贯）就是一个实体型。对于学生来说，全体学生就是一个实体集。

在 Access 中，用表来存放同一类实体，即实体集。一个表包含若干个字段，表中的字段就是实体的属性。字段值的集合组成表的一条记录，代表一个具体的实体，即每一条记录表示一个实体。

2. 实体联系模型

实体联系模型也叫 E-R 模型或 E-R 图，它是描述概念世界、建立概念模型的实用工具。

E-R 图包括下面 3 个要素。

（1）实体。用矩形框表示，框内标注实体名称。

（2）属性。用椭圆形表示，并用边线与实体连接起来。

（3）实体之间的联系。用菱形框表示，框内标注联系名称，用连线将菱形框与有关实体相连，并在连线上注明联系类型。图 1-5 所示为 E-R 图。

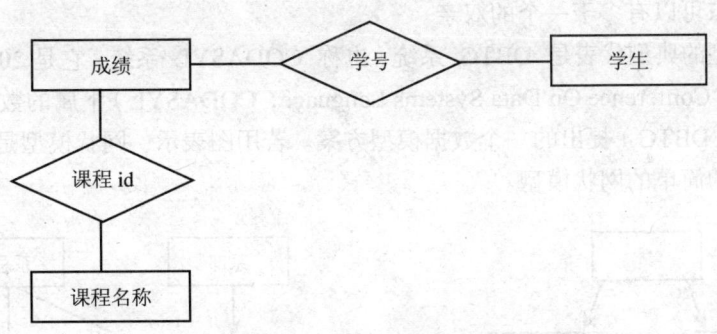

图 1-5　实体与实体 E-R 图

实体之间的对应关系称为联系，它反映现实世界事物之间的相互联系。两个实体（设 A，B）间的联系有以下 3 种类型。

（1）一对一联系（1∶1）。如果 A 中的任一属性至多对应 B 中的唯一属性，且 B 中的任一属性至多对应 A 中的唯一属性，则称 A 与 B 是一对一联系。例如，电影院中电影票与座位之间的关系。

（2）一对多联系（1∶N）。如果 A 中至少有一个属性对应 B 中一个以上的属性，且 B 中的任一属性至多对应 A 中的唯一属性，则称 A 对 B 是一对多联系。例如，学校对院系之间的关系。

（3）多对多联系（N∶N）。如果 A 中至少对应 B 中一个以上的属性，且 B 中也至少有一个属性对应 A 中一个以上属性，则称 A 对 B 是多对多联系。例如，学生与课程之间的关系。

1.2.5　数据模型

数据模型是数据库系统的基石，任何一个数据库管理系统都是基于某种数据模型的。数据库管理系统支持的传统数据模型分为层次模型、网状模型和关系模型三种。根据以上三种模型创建的数据库分别为层次数据库、网状数据库和关系数据库。其中层次数据库和网状数据库统称为非关系数据库。数据库的分类以数据模型为主线。

1. 层次数据库

层次模型是数据库系统中最早出现的数据模型，它用树形结构表示各类实体以及实体间的联系。层次模型数据库系统的典型代表是 IBM 公司的数据库管理系统（Information Management Systems，LMS），这是一个最早推出的数据库管理系统。

在数据库中，对满足以下两个条件的数据模型称为层次模型。

（1）有且仅有一个节点无双亲，这个节点称为"根节点"。

（2）其他节点有且仅有一个双亲。

若用图来表示，层次模型是一棵倒立的树。节点层次（Level）从根开始定义，根为第一层，根的孩子称为第二层，根称为其孩子的双亲，同一双亲的孩子称为兄弟。图1-6 给出了一个系的层次模型。

层次模型对具有一对多的层次关系的描述非常自然、直观、容易理解，这是层次数据库的突出优点。

2. 网状数据库

在数据库中，对满足以下两个条件的数据模型称为网状模型。

（1）允许一个以上的节点无双亲。

（2）一个节点可以有多于一个的双亲。

网状数据模型的典型代表是 DBTG 系统，也称 CODASYL 系统，它是20世纪70年代数据系统语言研究会（Conference On Data Systems Language，CODASYL）下属的数据库任务组（Data Base Task Group，DBTG）提出的一个数据模型方案。若用图表示，网状模型是一个网络。图1-7 给出了一个抽象的简单的网状模型。

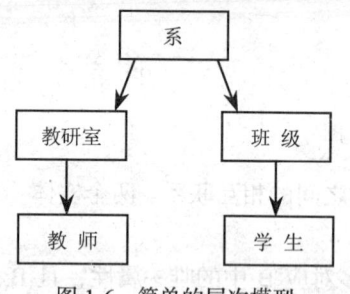

图1-6 简单的层次模型

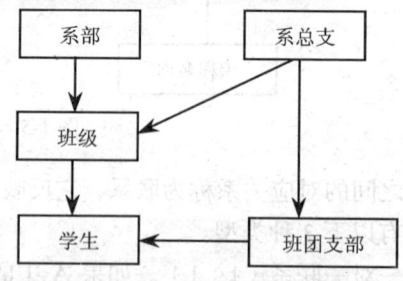

图1-7 简单的网状模型

自然界中实体之间的联系更多的表现形式是非层次关系，用层次模型表示非树形结构是很不直观的，网状模型则可以克服这一弊端。

3. 关系数据库

关系模型是目前应用最广泛的一种数据模型。美国 IBM 公司的研究员 E.F.Codd 于 1970 年发表题为"大型共享系统的关系数据库的关系模型"的论文，文中首次提出了数据库系统的关系模型。20世纪80年代以来，计算机厂商新推出的数据库管理系统（DBMS）几乎都支持关系模型，非关系系统的产品也大都加上了关系接口。当前数据库领域的研究工作都是以关系方法为基础的。

关系模型用二维表格结构表示实体集，用键来表示实体间联系。这个二维表在关系数据库中就称为关系，见表 1-1（这里只列出了部分学生信息）。

表 1-1　　　　　　　　　　　　学生基本信息表

学号	姓名	性别	出生日期	民族	籍贯
20070000001	丁艳艳	女	1990-05-02	汉族	四川
20070000002	陈圆圆	女	1989-08-03	回族	陕西
20070000003	王凯丽	女	1987-11-05	汉族	河北
20070000004	何富平	男	1991-11-01	汉族	广西
20070000005	张华权	男	1986-04-19	汉族	四川
20070000006	曹元庆	男	1988-02-27	回族	陕西

关系模型是建立在关系代数基础上，因而具有坚实的理论基础。与层次模型和网状模型相比，关系模型具有数据结构单一、理论严密、使用方便、易学易用的特点。因此，目前绝大多数数据库系统的数据模型都是采用关系模型。

1.3　关系数据库系统

我们使用的数据库基本都是关系型的，关系数据库是用数学方法来处理数据库中的数据，其理论基础是关系代数。这里简单介绍关系数据库的基本原理。

1.3.1　关系的基本概念及其特点

1. 关系的基本概念

（1）关系：一个关系就是一张二维表，通常将一个没有重复行、重复列的二维表看成一个关系，每个关系都有一个关系名。例如，表 1-1 的学生基本信息就代表一个关系，关系名为学生基本信息。

（2）元组：表中的每行数据称为一个元组，也称为一条记录。

（3）属性：表中的每一列是一个属性值，也称记录的一个字段。

（4）主码（主关键字或主键）：是表中的属性或属性的组合，用于确定唯一的一个元组。

（5）候选关键字：关系中能够成为关键字的属性或属性组合可能不是唯一的。凡在关系中能够唯一区分、确定不同元组属性或属性组合都称为候选关键字。

（6）外部关键字：关系中某个属性或属性组合并非关键字，但却是另一个关系的主关键字，称此属性或属性组合为本关系的外部关键字。关系之间的联系是通过外部关键字实现的。

（7）域：属性的取值范围称为域。

（8）关系模式：对关系的描述为关系模式，其格式为，关系名（属性1，…，属性n）。

在数据库中有两套标准术语，一套是关系数据库理论中的关系、元组、属性、码、域；一套是相对应的关系数据库技术中的表、行（记录）、列（字段）、主键（关键字）、列取值范围。

2. 关系的基本特点

在关系模型中，关系具有以下基本特点。

（1）关系中每一数据项不可再分，也就是说不允许表中还有表。
（2）每一列中的各个数据项具有相同的属性。
（3）每一行中的记录由一个事物的多种属性项构成。
（4）每一行代表一个实体，不允许有相同的记录行。
（5）行与行、列与列的次序可以任意交换，不改变关系的实际意义。

以上是关系的基本性质，也是衡量一个二维表格是否构成关系的基本要素。在这些基本要素中，有一点是关键，即属性是不可再分割的，亦表中不能套表。

1.3.2 关系运算

关系运算的对象是关系，运算结果也为关系。关系的基本运算有两类，一类是传统的集合运算：并、差、交、笛卡尔积等，另一类是专门的关系运算：选择、投影、连接等。

1. 笛卡尔积

给定一组域 $D_1, D_2, \cdots, D_n$，则 $D_1 \times D_2 \times \cdots \times D_n = \{(d_1, d_2, \cdots, d_n) | d_i \in D_i, i=1, 2, \cdots, n\}$ 称为域 $D_1, D_2, \cdots, D_n$ 的笛卡尔积。其中每个 $(d_1, d_2, \cdots, d_n)$ 称为一个 n 元组，元组中的每个 d 是 D_i 域中的一个值。

【例 1.1】 设有域：D_1 姓名={丁艳艳，李霞}、D_2 性别={男，女}、D_3 政治面貌={党员，团员，群众}，则笛卡尔积：D_1 姓名×D_2 性别×D_3 政治面貌={（丁艳艳，男，党员），（丁艳艳，男，团员），（丁艳艳，男，群众），（丁艳艳，女，党员），（丁艳艳，女，团员），（丁艳艳，女，群众），（陈圆圆，男，党员），（陈圆圆，男，团员），（陈圆圆，男，群众），（陈圆圆，女，党员），（陈圆圆，女，团员），（陈圆圆，女，群众）}，见表1-2。

表1-2　　　　　　　　　　　　　笛卡尔积的表

D_1 姓名	D_2 性别	D_3 政治面貌
丁艳艳	男	党员
丁艳艳	男	团员
丁艳艳	男	群众
丁艳艳	女	党员
丁艳艳	女	团员
丁艳艳	女	群众
陈圆圆	男	党员
陈圆圆	男	团员
陈圆圆	男	群众
陈圆圆	女	党员
陈圆圆	女	团员
陈圆圆	女	群众

2. 选择运算

选择也称为限制，它是根据某些条件对关系做水平分割，即选取符合条件的元组（行、记录）。经过选择运算选取的元组可以形成新的关系。它是原关系的一个子集，表示为 $\sigma F(R)$，定义如下：
$$\sigma F(R) = \{t | t \in R \wedge F(t) = \text{True}\}$$

其中，σ是选择运算符，F是条件表达式，R是运算对象即关系。该式表示从R中挑选满足条件F为真的元组所构成的关系。

3. 投影运算

它是对关系进行垂直分割，即选取若干属性（列）。经过投影运算选取的属性可以形成新的关系。它是原关系的一个子集，表示为$A\pi(R)$，定义如下：

$A\pi(R)=\{t[A]|t\in R\}$

其中，π是投影运算符，A是R中的属性列，R是运算对象即关系。该式表示由关系R中符合条件的列所构成的关系。

4. 连接运算（join）

它是从两个关系的笛卡尔积中选取属性间满足一定条件的元组。表示为$R_1 \bowtie R_2(F)$。其中，$\bowtie$是连接运算符，F是条件表达式，R_1和R_2是运算对象即两个关系。

1.3.3 关系的完整性约束

关系完整性是为保证数据库中数据的正确性和相容性，对关系模型提出的某种约束条件或规则。完整性通常包括实体完整性、域完整性、参照完整性和用户定义完整性，其中实体完整性和参照完整性是关系模型必须满足的完整性约束条件。

1. 实体完整性

实体完整性是指关系的主关键字不能取"空值"。

一个关系对应现实世界中一个实体集，表 1-1 所示关系就对应学生的集合。现实世界中的实体是可相互区分、识别的，也即它们应具有某种唯一性标识。在关系模式中，以主关键字作唯一性标识，而主关键字中的属性（称为主属性）不能取空值，否则，表明关系模式中存在着不可标识的实体（因空值是"不确定"的），这与现实世界的实际情况相矛盾，这样的实体就不是一个完整实体。按实体完整性规则要求，主属性不能取空值，如果主关键字是多个属性的组合，则所有主属性均不得取空值。

表 1-1 将"学号"列作为主关键字，该列不得有空值，否则无法对应某个具体的学生，这样的表格不完整，对应关系不符合实体完整性规则的约束条件。

2. 参照完整性

参照完整性是指定义建立关系之间联系的主关键字与外部关键字引用的约束条件。

关系数据库中通常都包含多个存在相互联系的关系，关系与关系之间的联系是通过公共属性来实现的。所谓公共属性：它是一个关系 R（称为被参照关系或目标关系）的主关键字，同时又是另一关系 K（称为参照关系）的外部关键字。如果参照关系 K 中外部关键字的取值，要么与被参照关系 R 中某元组主关键字的值相同，要么取空值，那么，在这两个关系间建立关联的主关键字和外部关键字引用，符合参照完整性规则要求。如果参照关系 K 的外部关键字也是其主关键字，根据实体完整性要求，主关键字不得取空值，因此，参照关系 K 外部关键字的取值实际上只能取相应被参照关系 K 中已经存在的主关键字值。

3. 用户自定义完整性

实体完整性和参照完整性适用于任何关系型数据库系统，主要是对关系的主关键字和外部关键字取值而定义的约束。用户自定义完整性则是根据应用环境的要求和实际的需要，对某一具体应用所涉及的数据提出约束性条件。这一约束机制一般不应由应用程序提供，而应由关系模型提供定义并检验。如用户定义完整性可以定义列之间有效性约束。

1.4 Access 简介

Access 是一个功能强大、方便灵活的关系型数据库管理系统。使用 Access，用户可以管理从简单的文本、数字字符到复杂的图片、动画和音频等各种类型的数据。在 Access 中，可以构造应用程序来存储和归档数据，并可以使用多种方式进行数据的筛选、分类和查询，还可以通过显示在屏幕上的窗体来查看数据，或者生成报表将数据按一定的格式打印出来，并支持通过 VBA 编程来处理数据库中的数据。

1.4.1 Access 的特点

与其他关系型数据库管理系统相比，Access 具有以下特点。

1. 存储文件单一

一个 Access 数据库文件中包含了该数据库中的全部数据表、查询以及其他与之相关的内容，文件单一，便于计算机外存储器的文件管理，也使用户操作数据库及编写应用程序更为方便。而在其他关系型数据库系统中，每个数据库由许多不同的文件组成，往往是一个数据库表为一个文件。

2. 支持长文件名及名称自动更正

Access 支持 Windows 操作系统的长文件名，并且可以在文件名内加空格，从而可以使用叙述性的标题，便于理解和查找。

Access 提供名称自动更正功能，可以因解决因重新定义数据库对象名称而引发的对于相关联的其他对象的影响。一旦用户重新定义了对象的名称，系统将自动更正它并传递给相关联的对象，从而避免或大大减少因此而带来的相关操作的次数。

3. 兼容多种数据库格式

Access 提供了与其他数据库管理软件包的良好接口，能够识别 Visual FoxPro 、Paradox 等数据库管理软件生成的数据库文件，能够直接导入 Office 软件包的其他软件编辑形成的数据表、文本文件、图形等多种内容，而且自身的数据库对象也可以方便地在这些软件中操作。

4. 具有 Web 网页发布功能

Access 通过创建数据访问页，可以将数据库中的数据直接传送到 Internet 上，使用户能够在 Internet 上管理和操作数据库。

5. 操作使用方便

Access 具有图形化的用户界面，提供了多种方便实用的操作向导，用户只需进行一些简单的鼠标操作，或者回答对话框的一些提问，就可以基本完成对数据库的操作工作。另外，利作 Access 与 Office 软件包中其他软件的信息形式的互换性，可将它们的优势结合起来，为熟悉这些软件的用户提供方便。

Access 中嵌入的 VBA（Visual Basic for Application）编程语言是一种可视化的软件开发工具，编写程序时只需要将一些常用的控件摆放到窗体上，即可形成良好的用户界面，必要时再编写一些 VBA 代码即可形成完整的程序。实际上，在编写数据库操纵程序时，如摆放必要的控件、编写基本的代码这样的工作，也都可以自动进行。

1.4.2 Access 的启动和退出

1. 启动方法

Access 软件的启动方法可以有多种，主要方法如下。

（1）单击屏幕底部任务栏中的【开始】按钮，将鼠标指针指向菜单中的【程序】项，再单击【程序】菜单中的【Microsoft Access】。

（2）在【程序】菜单中，单击【Windows 资源管理器】或在【我的电脑】中双击任意扩展名为 MDB 的文件，就能够启动 Access 并同时打开该文件。

2. 退出 Access 的方法

当用户完成操作后，需要退出 Access 时，可选取【文件】下拉菜单中的【退出】命令，或单击位于 Access 窗口右上角的【关闭】按钮，也可使用组合键 Alt+F4。若对内容进行过编辑修改而没有保存，Access 将显示一个信息警告框，询问用户是否保存更改后的内容。单击【是】按钮，Access 将保存修改后的内容，然后退出；单击【否】按钮，不保存所做的修改，直接退出；单击【取消】按钮，则继续在 Access 中，既不保存也不退出。

1.4.3 Access 的数据库对象组成

Acess 将数据库定义成一个.MDB 文件，并分成表、查询、窗体、报表、页、宏和模块等多个对象。

1. 表

表是 Access 数据库最基本的对象，是具有结构的某个相同主题的数据集合。表由行和列组成，如图 1-8 所示。表中的列称为字段，用来描述数据的某类特征。表中的行称为记录，用来描述某一实体的全部信息。记录由若干字段组成。能够唯一标识表中每一条记录的字段或字段组合称为关键字，在 Access 中也称为主键。

在表内可以定义索引，以加快查找速度。一个数据库中的多个表并不是孤立存在的，通过有相同内容的字段可在多个表之间建立关联。

2. 查询

查询是通过设置某些条件，从表中获取所需要的数据。按照指定规则，查询可以从一个表、一组相关表和其他查询中抽取全部或部分数据，并将其集中起来，形成一个集合供用户查看。将查询保存为一个数据库对象后，可以在任何时候查询数据库的内容，如图 1-9 所示。

图 1-8 学生信息表

图 1-9 选课表查询

在数据库视图中显示一个查询时，看起来很像一个表，但查询与表有本质的区别，首先，查询中的数据最终都是来自于表中的，其次，查询结果的每一行可能由好几个表中的字段构成；查询可以包含计算字段，也可以显示基于其他字段内容的一些结果。可以将查询看作是以表为基础数据源的"虚表"。

3. 窗体

窗体是 Access 数据库对象中最具灵活性的一个对象，是数据库和用户的一个联系界面，用于显示包含在表或查询中的数据和操作数据库中的数据。在窗体上摆放各种控件，如文体框、列表框、复选框、按钮等，分别用于显示和编辑某个字段的内容，也可以通过单击、双击等操作，调用与之联系的宏或模块（VBA 程序），完成较为复杂的操作。

在窗体中，不仅可以包含普通的数据，还可以包含图片、图形、声音、视频等多种对象，如图 1-10 所示。

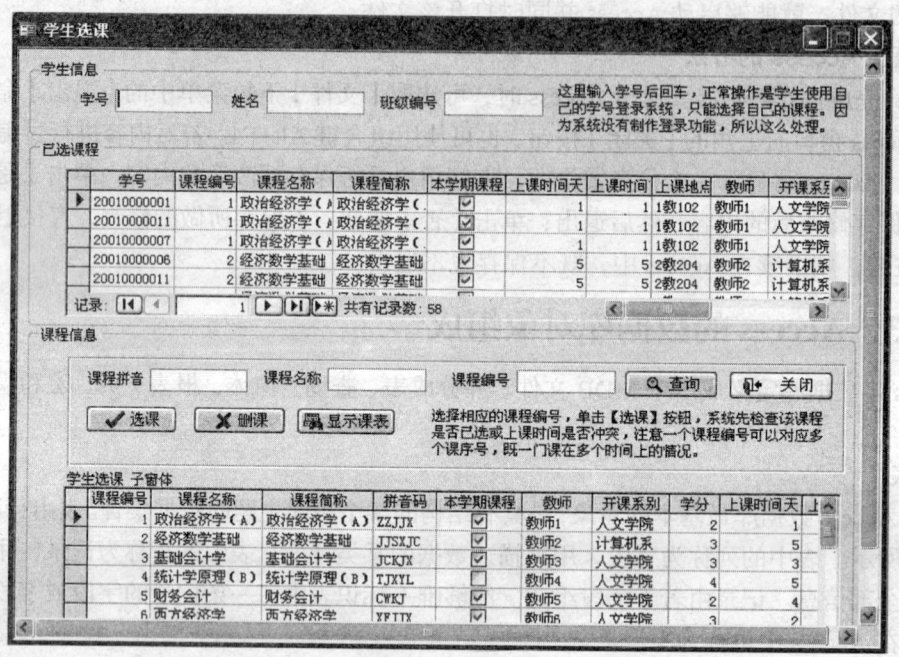

图 1-10　窗体示例

4. 报表

报表可以按照指定的样式将多个表或查询中的数据显示（打印）出来。报表中包含了指定数据的详细列表。报表也可以进行统计计算，如求和、求最大值、求平均值等。报表与窗体类似，也是通过各种控件来显示数据的，报表的设计方法也与窗体大致相同。

5. 页

页（或称为数据访问页）可以实现数据库与 Internet 的相互访问。数据访问页就是 Internet 网页，将数据库中的数据编辑成网页形式，可以发布到 Internet 上，提供给 Internet 上的用户共享。

6. 宏

宏是若干个操作的组合，用来简化一些经常性的操作。用户可以设计一个宏来控制系统的操作，当执行这个宏时，就会按这个宏的定义依次执行相应的操作。宏可以打开并执行查询、打开表、打开窗体、打印、显示报表、修改数据及统计信息、修改记录、修改表中的数据、插入记录、删除记录、关闭表等操作。

当数据库中有大量重复性的工作需要处理时，使用宏是最佳的选择。宏可以单独使用，也可以与窗体配合使用。用户可以在窗体上设置一个命令按钮，单击这个按钮时，就会执行一个指定的宏。

宏有多种类型，它们之间的差别在于用户触发宏的方式。宏可以是包含一系列操作的一个宏，也可以是由若干个宏组成的宏组。另外，还可以在宏操作中添加条件来控制其是否执行。

7. 模块

模块是用 VBA 语言编写的程序段，它以 Visual Basic 为内置的数据库程序语言。对于数据库的一些较为复杂或高级的应用功能，需要使用 VBA 代码编程实现。通过在数据库中添加 VBA 代码，可以创建出自定义菜单、工具栏和具有其他功能的数据库应用系统。

模块由声明、语句和过程组成。Access 有两种类型的模块：标准模块和类模块。标准模块包含与任何其他对象都无关的常规过程，以及可以从数据库任何位置运行的经常使用的过程。标准模块和某个特定对象相关的类型模块的主要区别在于其范围和生命周期。类模块属于一种与某一特定窗体或报表相关联的过程集合，这些过程均被命名为事件过程，作为窗体或报表处理某些事件的方法。

本章小结

本章主要介绍了数据库基本概念和分类，数据库系统的体系结构和功能，关系数据库的基本概念、运算和完整性约束，数据库系统的应用结构和本教材的两个应用案例的简单使用。读者应该认真理解基本概念，加强对数据库系统的认识。

Access 数据库是由表、查询、窗体、报表、页、宏和模块 7 种对象组成的。

第 2 章 数据库的基本操作

根据关系型数据库的理论，一个数据库应用管理系统需要建立多个数据表，当表之间存在复杂的联系时，就需要把它们放到一个数据库中进行集中管理，并且在各表之间建立联系，从而利用表间的联系解决复杂的数据处理问题，实现数据库的多重功能。因此设计一个功能强大的数据库，是设计数据库管理系统中必不可少的一个重要环节。

引例 创建"教务管理系统"数据库

创建数据库是建立一个完整的 Accesss 数据库系统的第一步，只有先创建了数据库，才能根据需求完成数据库中各对象的创建和操作。在本书中，将以创建一个完整的"教务管理系统"为例，具体讲解 Access 数据库的各对象的用法。在本章中，将完成创建"教务管理系统"的第一步操作，创建"教务管理系统"数据库。

创建数据库的方法有多种，最常用的是利用空数据库创建和利用向导进行创建，在本章中将重点讲解这两种创建数据库的方法。

2.1 创建数据库

启动 Access 2003 后，单击【文件】菜单下的【新建】命令，或者单击工具栏的【新建】按钮，或者按快捷键【Ctrl+N】，都会弹出【新建文件】任务窗口，根据任务窗口的提示就可以创建数据库了。弹出窗口如图 2-1 所示。

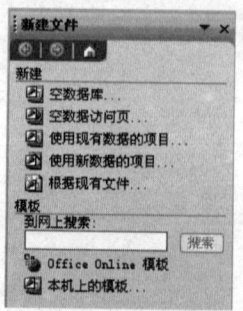

图 2-1 【新建文件】窗口

2.1.1 创建空数据库

选择图 2-1 中的【空数据库】选项,将会弹出【文件新建数据库】对话框,选择新建数据库的存储位置,输入新建数据库的文件名,选择【保存类型】,单击【创建】按钮,即可完成数据库的创建,如图 2-2 所示。

新建数据库默认的文件名为"db1.mdb",默认的保存类型为"Microsoft Office Access 数据库",Access 数据库默认的扩展名为".mdb"。

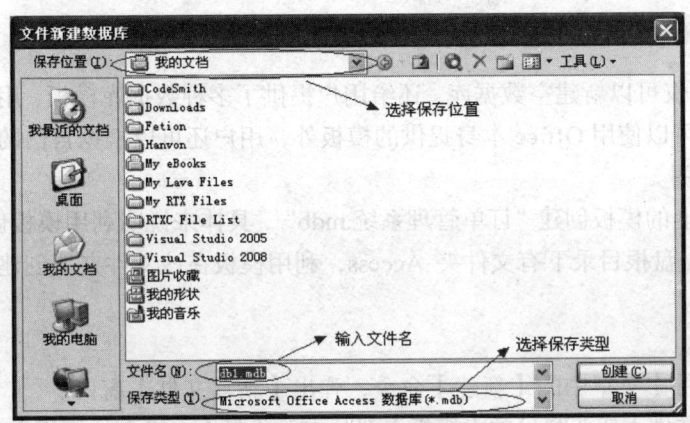

图 2-2 【文件新建数据库】对话框

【例 2.1】在 E 盘根目录下有文件夹 Access,在该文件夹下创建一个名为"教务管理系统.mdb"的数据库。

操作步骤如下。

(1)单击【文件】菜单中的【新建】命令,弹出【新建文件】窗口。

(2)单击【新建文件】窗口中的【空数据库】,弹出【文件新建数据库】对话框。

(3)选择保存位置为"E:\Access",在文件名位置处输入"教务管理系统.mdb"(扩展名.mdb可以省略,系统会自动保存为 mdb 文件),保存类型选择默认值。

(4)单击【创建】按钮,即在 E:\Access 的文件夹下完成了"教务管理系统"数据库的创建。

创建"教务管理系统"数据库后,数据库会自动打开,并在 Access 主窗口中显示,如图 2-3 所示。

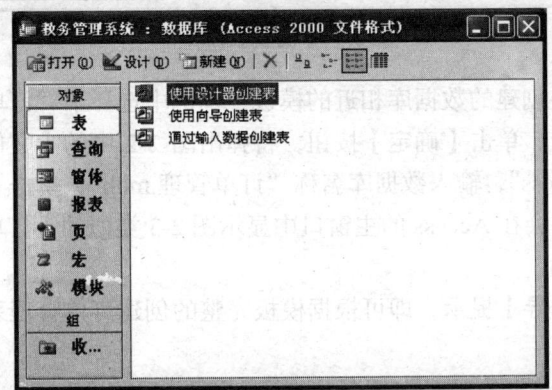

图 2-3 【教务管理系统】数据库窗口

数据库窗口由标题栏、工具栏、对象栏和操作区组成。

标题栏：显示数据库名称、文件类型和文件格式，以及数据库窗口操作按钮。

工具栏：提供了常用的操作按钮（打开、设计、新建和删除）及操作区对象排列按钮（大图标、小图标、列表和详细信息）。

对象栏：列出了表、查询、窗体、报表、页、宏和模块等数据库对象。当前选定对象将以反白显示。

操作区：显示当前选定对象的所有具体操作的列表清单以及常用的创建操作命令。

2.1.2 使用模板创建数据库

Access 2003 不仅可以新建空数据库，还给用户提供了多种数据库模板，用户可以通过模板来创建数据库。除了可以使用 Office 本身提供的模板外，用户还可以根据自己的需求，从网上下载各种模板来进行使用。

下面使用本机上的模板创建"订单管理系统.mdb"，具体来说明利用模板创建数据库的方法。

【例 2.2】在 E 盘根目录下有文件夹 Access，利用模板在该文件夹下创建一个名为"订单管理.mdb"的数据库。

操作步骤如下。

（1）单击【文件】菜单中的【新建】命令，弹出【新建文件】窗口。

（2）在【新建文件】任务窗口的【模板】部分中，单击【本机上的模板】命令，弹出【模板】对话框，选择【模板】对话框中的【数据库】选项卡，显示如图 2-4 所示的对话框。

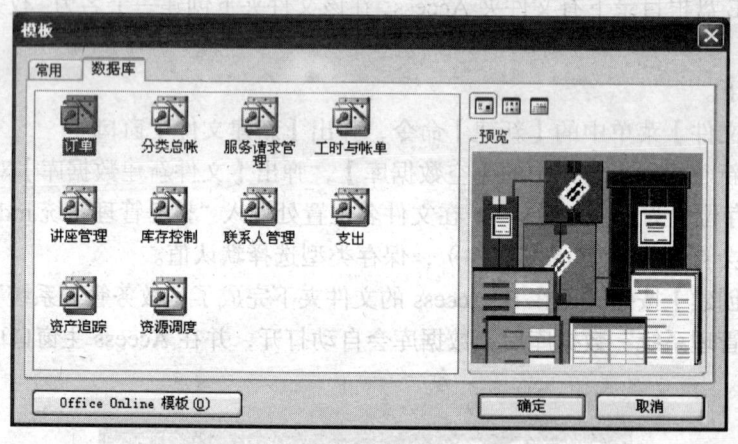

图 2-4 【模板】对话框

（3）选择一个和需要创建的数据库相近的模板，本例中选择了"订单"模板。单击【模板】对话框中的"订单"模板，单击【确定】按钮，将弹出图 2-2 中的【文件新建数据库】对话框，选择存储位置为"E:\Access"，输入数据库名称"订单管理.mdb"，单击【创建】按钮，将会完成数据库的创建。此时，将会在 Access 的主窗口中显示图 2-3 类似的【订单管理】数据库窗口，并弹出【数据库向导】界面。

（4）根据【数据库向导】提示，即可根据模板完整的创建订单管理系统数据库。操作步骤如下列各图所示。

图 2-5 显示当前数据库将存储的各表的信息。

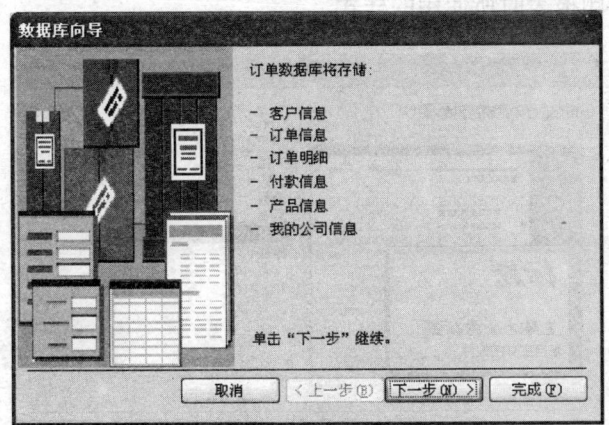

图 2-5 【数据库向导】步骤一

在图 2-6 中设置数据库中各表的字段，复选框选中表示保留该字段。可依次选中各表进行设置。

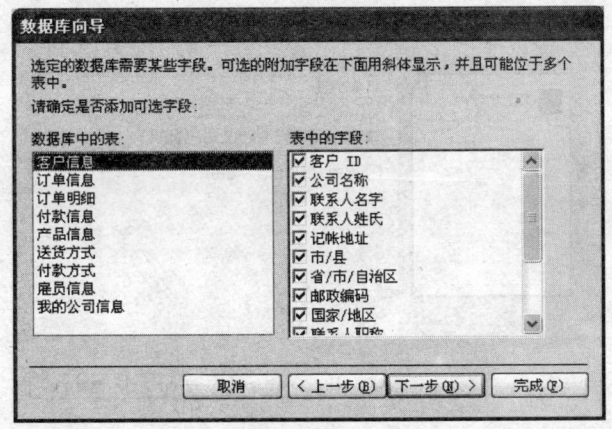

图 2-6 【数据库向导】步骤二

在图 2-7 中选择数据在屏幕上的显示样式。

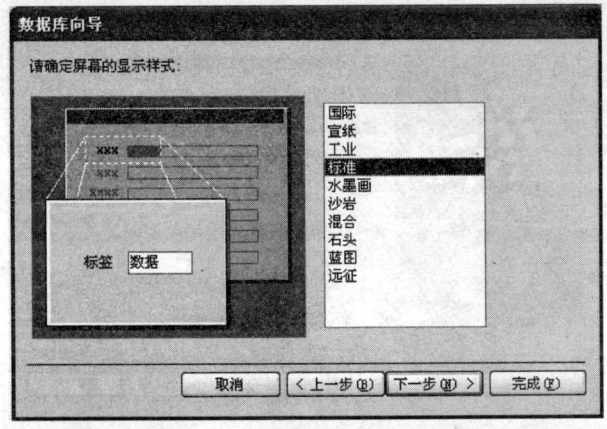

图 2-7 【数据库向导】步骤三

在图 2-8 中设置打印报表时所使用的样式。

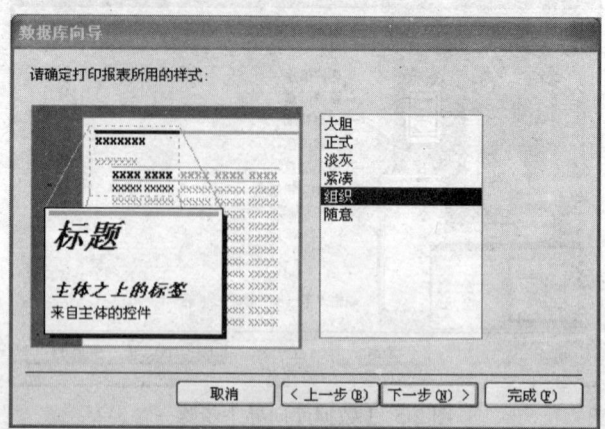

图 2-8 【数据库向导】步骤四

在图 2-9 中输入数据库标题。

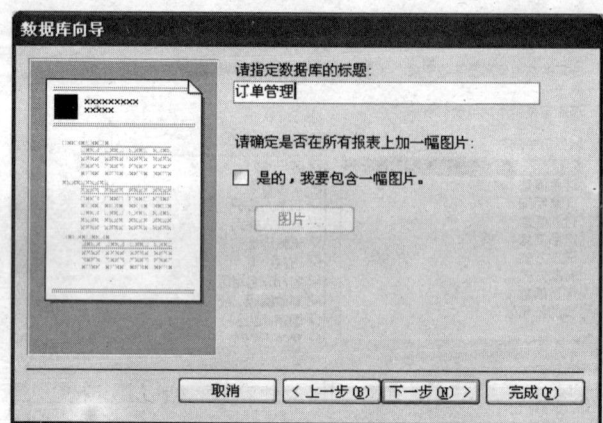

图 2-9 【数据库向导】步骤五

完成数据库的各项设置后,在图 2-10 中选择是否启动数据库。

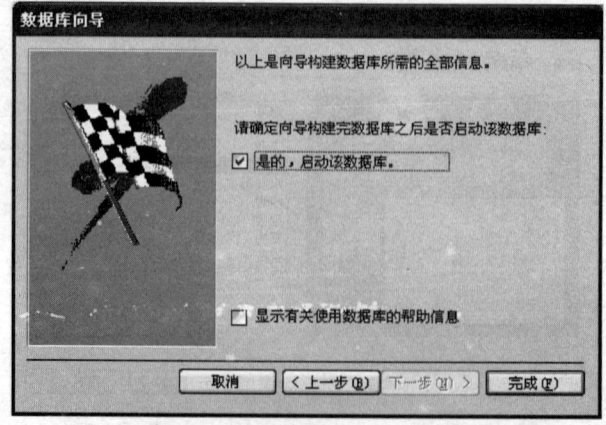

图 2-10 【数据库向导】步骤六

用户在利用向导完成数据库创建时，每一步操作都可以直接选择【完成】，从而跳过其中的部分设置。

图 2-11 提示输入公司信息对话框。

图 2-11 【提示输入公司信息】对话框

在图 2-12 中输入公司信息，输入完毕后，单击【关闭】按钮，则弹出【主切换面板】窗体，如图 2-13 所示。

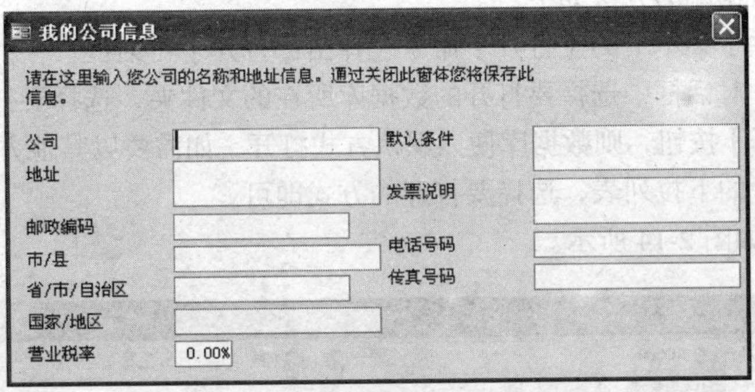

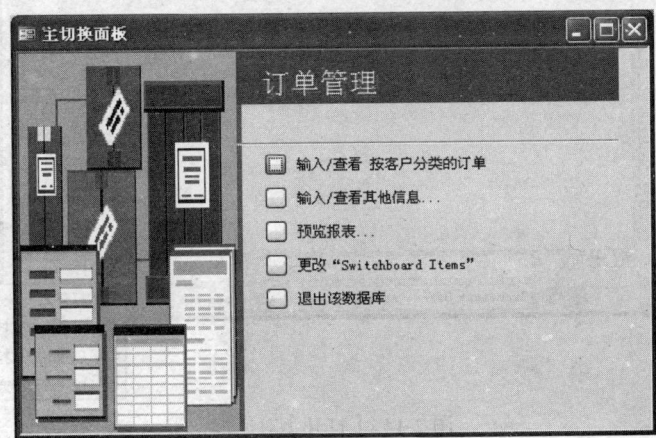

图 2-12 公司信息输入对话框

图 2-13 主切换面板

根据订单管理【主切换面板】窗体视图中所示内容，用户可以对"订单管理系统"数据库进行操作，也可以对数据库现有的设计进行修改。

2.2 数据库的使用

在 Access 2003 中，当创建完成一个数据库后，它将以一个"mdb"的数据库文件存储在磁盘上。当需要使用该数据库时，只需要打开它就可以了，使用完毕后，需要关闭打开的数据库。

2.2.1 打开数据库

当打开数据库时，根据打开方式的不同，对数据库的操作权限也会不尽相同。Access 2003 提供了 4 种数据库的打开方式。

（1）打开：Access 2003 数据库默认的打开方式。以共享方式打开，网络上的其他用户可以再打开这个数据库文件，也可以编辑这个数据库文件。

（2）以只读方式打开：用户只可以对数据库内容进行查看，不能修改数据库。

（3）以独占方式打开：防止网络上的其他用户同时访问这个数据库文件。

（4）以独占只读方式打开：防止网络上的其他用户同时访问这个数据库文件，而且也不能对数据库就行修改。

打开一个已有数据库的方法如下。

（1）选择【文件】菜单下的【打开】命令，弹出【打开】对话框。

（2）在【打开】对话框中选择要打开的数据库所在的文件夹，选择要打开的数据库。

（3）单击【打开】按钮，则数据库便以默认方式打开。如需要以其他方式打开该数据库，则单击【打开】按钮旁的下拉列表，选择要打开的方式即可。

【打开】对话框如图 2-14 所示。

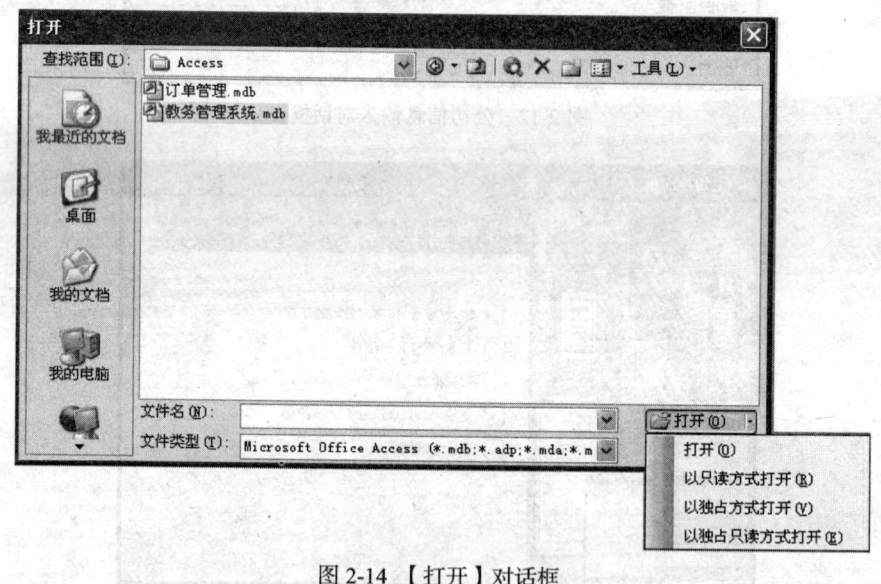

图 2-14 【打开】对话框

2.2.2 设置数据库的默认文件夹

Access 2003 默认保存路径是 C:\My Documents 目录，为了能够和其他的文件进行区分，我们通常在进行数据库系统开发时，都会建立一个专门的文件夹，来存放程序和数据库等文件，以方便管理。在进行各种操作前，我们需要将建立的这个文件夹设置为默认目录。

默认保存路径修改方法：打开 Access 程序，单击菜单栏【工具】下的【选项】命令，接着在出现的【选项】对话框中选择【常规】选项卡，将【默认数据库文件夹】改成我们设置的文件夹，然后单击【确定】按钮即可。设置默认路径的方法如图 2-15 所示。

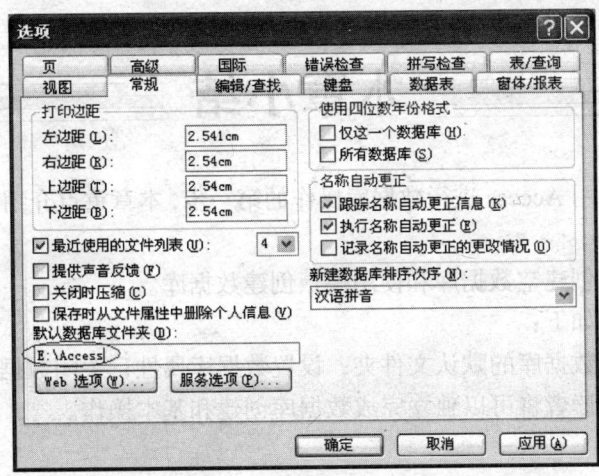

图 2-15 【选项】对话框

2.2.3 设置数据库属性

建立数据库之后，可以对数据库的属性进行查看和设置。单击【文件】菜单下的【数据库属性】命令，弹出【数据库属性】对话框，如图 2-16 所示。

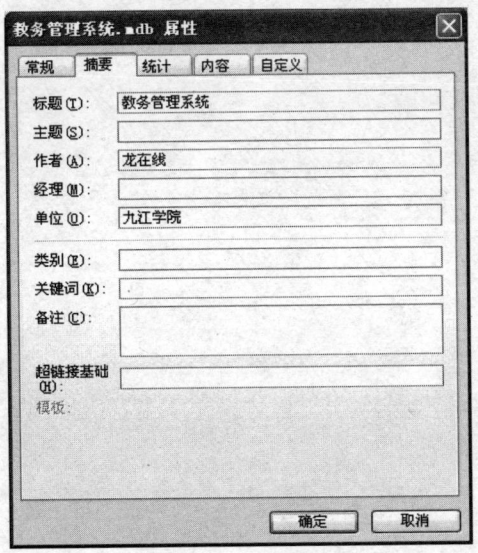

图 2-16 【教学管理系统.mdb 属性】对话框

2.2.4 关闭数据库

Access 2003 是 Office 2003 的套装软件之一，关闭的方法和关闭常用软件的方法类似。常用的方法有以下几种。

（1）单击【文件】菜单下的【关闭】命令，关闭当前数据库。
（2）单击窗口的【关闭】按钮，关闭当前数据库，且退出 Access 程序。
（3）单击【文件】菜单下的【退出】命令，关闭当前数据库，且退出 Access 程序。

本章小结

数据库的创建是利用Access进行数据库操作的第一步，本章重点介绍了数据库的创建和使用方法。

数据库的创建包括创建空数据库和使用模板创建数据库。

数据库的使用方法如下：

打开数据库；设置数据库的默认文件夹；设置数据库属性；关闭数据库。

通过本章的学习，读者将可以独立完成数据库创建和基本操作。

第3章 数据表的基本操作

表是 Access 2003 数据库最基本的对象，数据库中的数据都是存放在表中的，用户对数据的操作也基本上是通过表来完成。表由行和列组成，列称为字段，行称为记录。其中，表中的字段构成了表的结构，而表中的记录构成了表的内容。

对于数据库应用系统，需要建立多个数据表来存储数据，因此，一个数据库中往往包含多个数据表，利用表之间的关联关系能够解决复杂的数据处理问题，实现数据库的多重功能。

引例 "教务管理系统"中表的创建和使用

在上一章中，讲到了创建"教务管理系统"数据库的操作，本章将以"教务管理系统"数据库为基础，创建该数据库中的表，并建立表之间的联系。

表的创建方法有多种，用户可以根据需要选择最方便的创建方法。创建了各表之后的"教务管理系统"数据库如图 3-1 所示。在该系统中，共包含了班级信息、成绩表等 7 张表，创建完成表之后，用户还可以通过操作实现表之间的联系和其他各种功能。

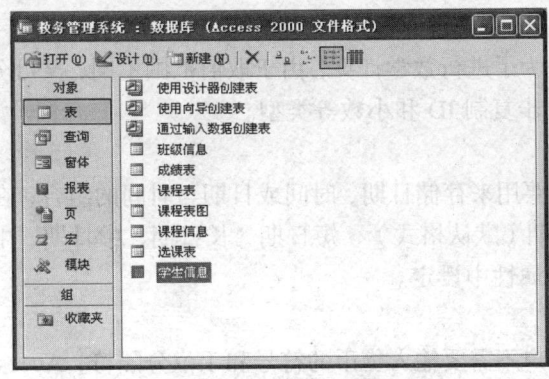

图 3-1 教务管理系统数据库

3.1 表的组成

Access 表由表结构（字段）和表内容（记录）两部分构成。在对表操作时，是对表结构和表内容分别进行的。

3.1.1 表结构的定义

表的结构是指表的组织形式，它包括表中字段的个数、每个字段的名称、数据类型、字段大小、格式、输入掩码、有效性规则等。创建表必须先创建表结构，即说明表的各字段组成。

在 Access 中，字段的命名规则如下。

（1）长度为 1~64 个字符。

（2）可以包含字母、汉字、数字、空格和其他字符，但不能以空格开头。

（3）不能包含句号（.）、惊叹号（!）、方括号（[ ]）和单引号（'）。

虽然字段名中可以包含空格，但建议尽量不要使用空格，因为字段名中的空格可能会和 VBA 存在命名冲突。

3.1.2 表的字段类型

根据关系数据库理论，一个表中的同一列数据应具有相同的数据特征，称为字段的数据类型。数据的类型决定了数据的存储方式和使用方式。Access 的数据类型有 10 种，包括文本、备注、数字、日期/时间、货币、自动编号、是/否、OLE 对象、超级链接和查阅向导等类型。

1. 文本

文本型字段可以保存文本或文本与数字的组合。例如，姓名、地址，也可以是不需要计算的数字，例如，电话号码、邮政编码。默认文本型字段大小是 50 个字符，但一般输入时，系统只保存输入到字段中的字符。设置"字段大小"属性可控制能输入的最大字符个数。文本型字段的取值最多可达到 255 个字符，如果取值的字符个数超过了 255，可使用备注型。

2. 备注

这是从 Access 2000 才有的类型，最多可存储 65 535 个字符，通常情况下，这种字段是用来提供描述性的注释，不具有排序和索引的属性，更不能作为表的主键存在。

3. 数字型

这种字段类型主要是为了进行数学计算，由于取值范围不同，又可分为字节、整型、长整型、单精度型、双精度型、同步复制 ID 和小数等类型。

4. 日期/时间

具有固定的格式，主要用来存储日期、时间或日期与时间的组合，在 Access 中这种字段共占 8 个字节，可分为普通日期（默认格式）、短日期、长日期、中日期、中时间、mm/dd/yy 等几种形式，具体的形式可以在属性中设定。

5. 货币

具有固定的格式，用户不需要输入货币的符号和千位分隔符，Access 会根据用户输入的数字自动地添加货币符号和分隔符。可以存储的小数部分为 4 位，左边可以是 15 位，而且当小数部分的数据多于 2 位时，Access 具有四舍五入的功能。

6. 自动编号

自动编号类型属于数字型数据，以长整型的形式存储，当向表中添加数据记录时，Access 会自动地填写这种字段，可以顺次加 1 或用一个随机产生的长整型数据来填充，具体的做法取决于用户对新值属性的设置。

7. 是/否（Yes/No）

这是一种逻辑（布尔）型数据，在 Access 中-1 为"是"（Yes），0 为"否"（No）。主要用来存储那些只有两种可能的数据，如性别、婚姻状况等。

8. OLE 对象

主要用来存储大对象，包括位图图形、矢量类型（绘图、声音文件和其他 ActiveX 组件应用创建的二进制数据等），最大容量可达 1GB。

9. 超级链接

用来存储超级链接，单击【超级链接】字段，将导致 Access 启动 Web 浏览器并且显示所指向的 Web 页面。可以通过【插入】菜单中的【超级链接】命令向表中加入一个超级链接的地址。

10. 查阅向导

查阅向导数据类型的字段允许使用另一个表中某字段值来定义此字段的值。从数据型列表中选择此选项，将打开向导以进行定义。其长度通常为 4KB。

 在 Access 中不论用户将文本字段的长度设为多少，数据库文件总是把它们存储为一个可变长的记录，所有尾部的空格都将被删去。这在传统的关系型数据库管理系统中是做不到的，传统的 RDBMS 会填入一些空格把记录都变为规定的长度，从而浪费了磁盘的空间。

3.2 表的创建

3.2.1 使用向导创建表

使用向导创建表实质上是用户在 Access 提供的【表向导】的引导下，从 Access 提供的表中选定某个表作为基础来创建所需的表。如果使用【表向导】创建出来的表还不符合用户的需求，则可通过修改表的结构来解决。

【例 3.1】在"教务管理系统"数据库中，使用向导创建表的方法，创建一个名为"学生信息"的表。

（1）打开【教务管理系统数据库】，选择【表】对象，在右侧窗格中选择【使用向导创建表】选项，如图 3-2 所示。

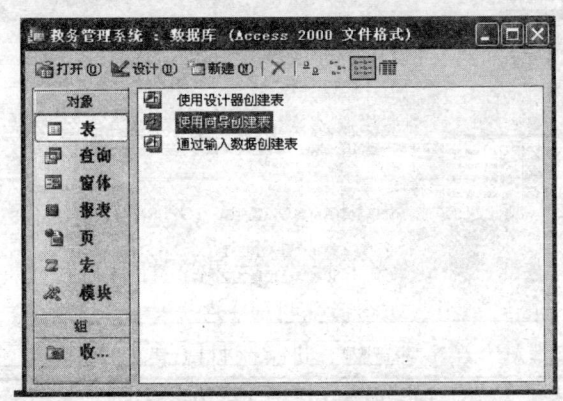

图 3-2 使用向导创建表步骤一

（2）选择一个创建"学生信息"表的基表。在此处选择了"学生"表，如图3-3所示。

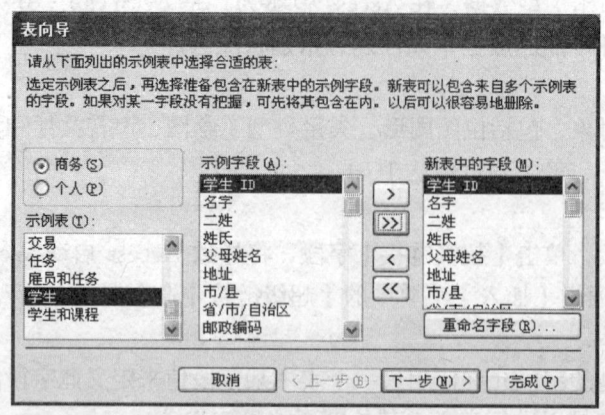

图3-3　使用向导创建表步骤二

（3）设置字段及字段名。在示例字段中选择需要用到的字段，这时【新表中的字段】框中将显示所选择字段的字段名。（可以双击【示例字段】框中的字段，也可以单击选择按钮，其中【>】按钮表示选择当前的一个字段，【>>】按钮表示选择基表中的全部字段。如想取消选择的字段，可以双击【新表中的字段】框中的字段，也可以单击【<】或【<<】按钮）。

基表中的字段名称可能和需要创建的表字段名称有差别，需要进行修改，单击【重命名字段】按钮将可以对字段进行重命名，如图3-4所示。

图3-4　重命名字段

（4）设置表名和主键。在【表名称】框中输入表名，然后选择是否利用向导设置表的主键。如选择【是】，向导会自动增加自增的ID作为表的主键，如图3-5所示；如选择【否】，向导则会让用户选择用哪个字段作为表的主键，如图3-6所示。

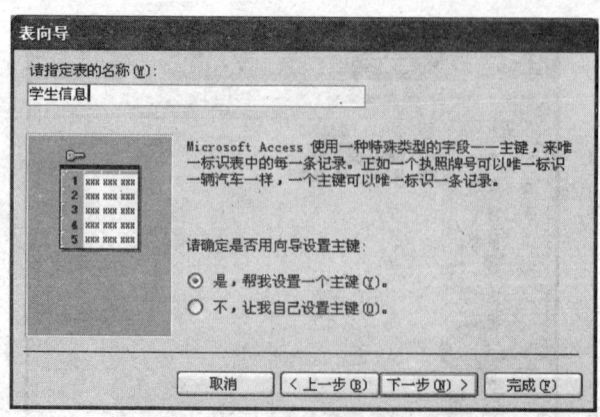

图3-5　使用向导创建表步骤三

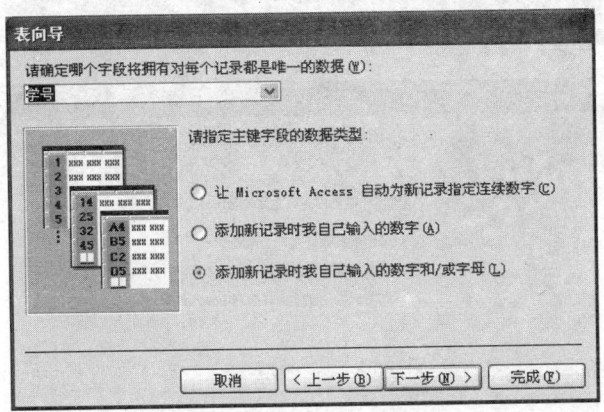

图 3-6　用户设置表的主键

（5）设置表之间的联系。如果创建的表为数据库中的第 1 张表，则不会出现此步操作，如果不是，则需要设置该表和前表之间的关系。如图 3-7 所示，如表之间不相关联，直接单击【下一步】即可；如表之间有关联，单击图 3-7 中的关系进行设置，如图 3-8 所示。

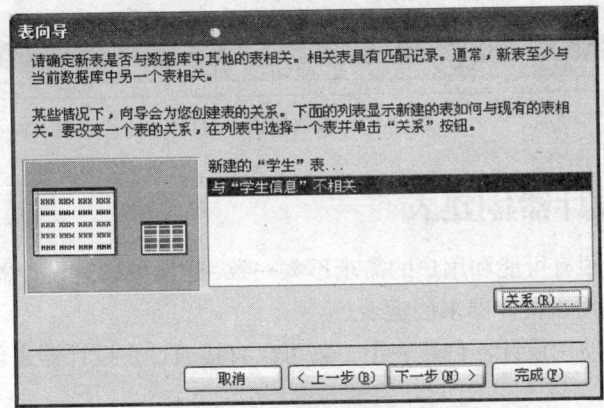

图 3-7　使用表向导创建表步骤四

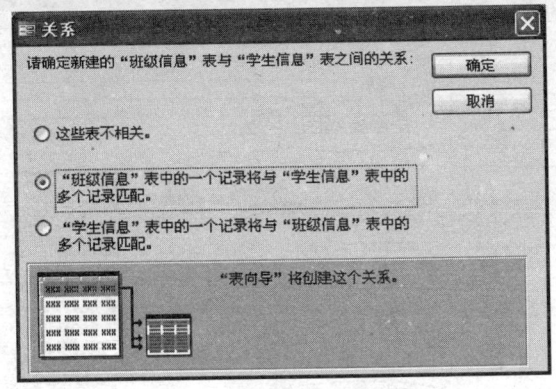

图 3-8　设置表之间的关系

（6）完成表的创建。当表创建完成后，如果不需要做修改，单击【完成】就完成了表的创建，如果还要有后续操作则可根据向导提示完成，如图 3-9 所示。

如果表结构需要进一步修改，单击【修改表的设计】；如果需要输入数据，单击【直接向表中输入数据】或者单击【利用向导创建的窗体向表中输入数据】。

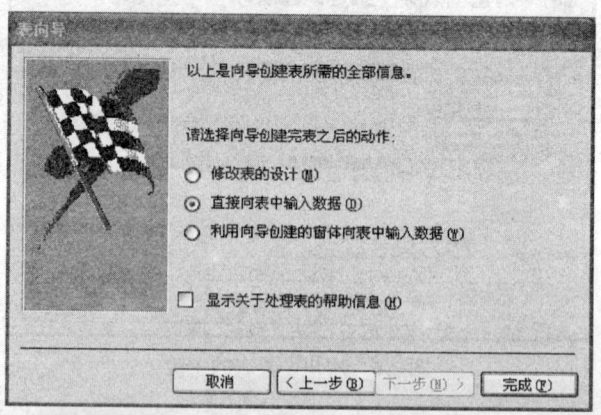

图 3-9　表向导的完成

（7）输入数据。一般创建完成表后，需要向表中输入数据，在图 3-9 中选择【直接向表中输入数据】，则会弹出数据输入窗口，如图 3-10 所示。

图 3-10　表数据输入窗口

3.2.2　使用设计器创建表

利用向导创建的表很有可能和用户的需求不太一致，还需要通过设计器对表进行修改。因此，更多的用户选择直接使用表设计器来创建表。

选择图 3-1 中的【使用设计器创建表】，就可以直接通过表设计器来创建表了。表设计器如图 3-11 所示。

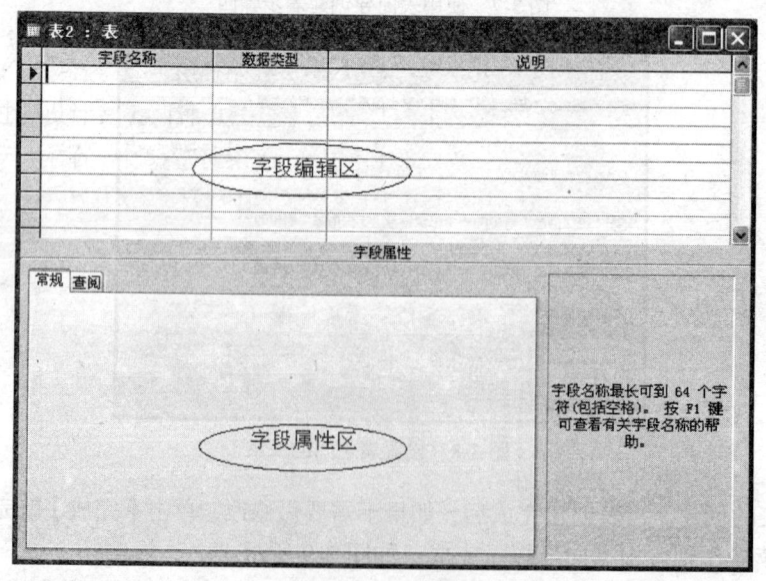

图 3-11　表设计器

【例 3.2】在"教务管理系统"数据库中,使用表设计器创建"学生信息"的表。

(1)打开【教务管理系统】数据库,选择【使用设计器创建表】,弹出如图 3-11 所示的表设计器。

(2)在【字段名称】列输入各字段的名称,选择各字段的数据类型,如图 3-12 所示。

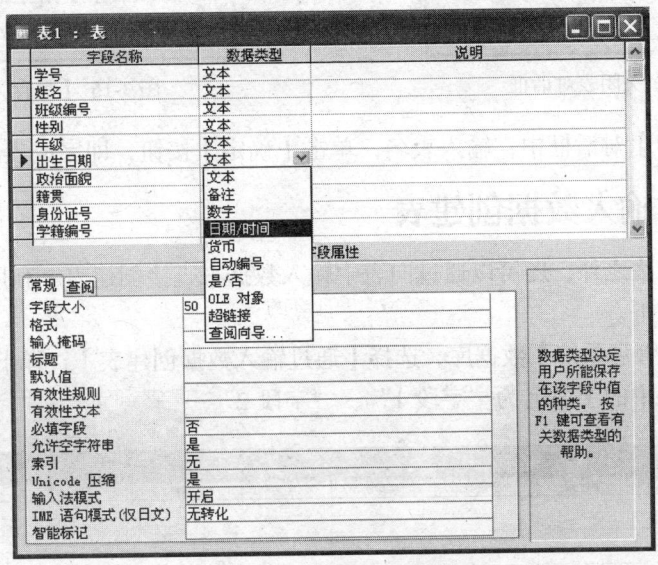

图 3-12 输入字段和数据类型

(3)设置表的主键。右键单击要设置为主键的字段,会弹出字段操作的快捷菜单,选择【主键】,即完成了表中主键的设置。有时表中的主键由多个关键字组成,只需要按住 Ctrl 键选取构成主键的多个字段,然后按住 Ctrl 键单击右键进行设置即可。取消主键设置的方法和设置主键类似,如图 3-13 所示。

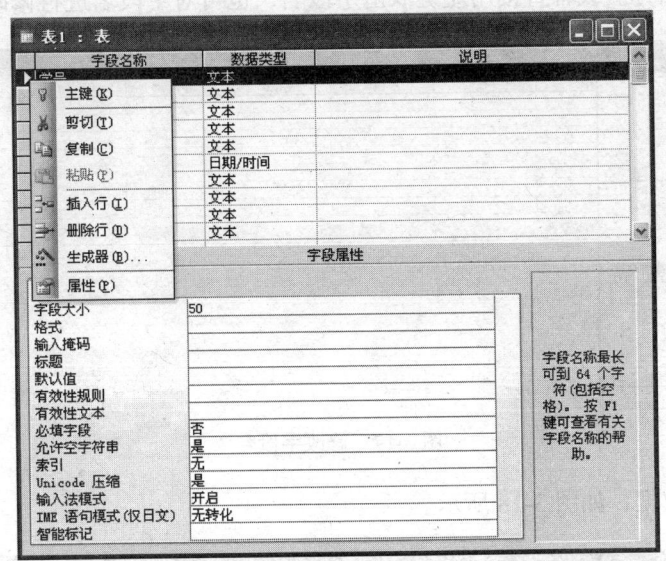

图 3-13 设置主键

(4)输入完成后,单击【关闭】按钮,弹出保存表的对话框,如图 3-14 所示。选择【是】,

则会保存表，弹出存储表的对话框，如图 3-15 所示；选择【否】，将放弃对表的创建；选择【取消】，将继续对表结构进行编辑。

图 3-14 关闭表对话框

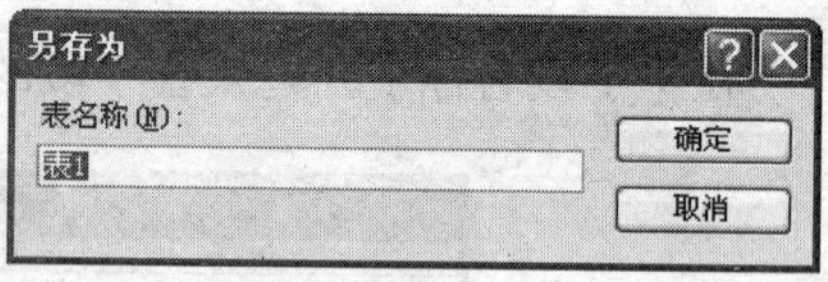

图 3-15 【另存为】对话框

（5）在【另存为】对话框中，输入表名，单击【确定】按钮，即完成表的创建。

3.2.3 通过输入数据创建表

除了前面两种方法之外，还可以通过向表中输入数据来直接创建表。利用输入数据创建"学生信息"表的方法如下。

（1）打开【教务管理系统】数据库，选择【通过输入数据创建表】，弹出如图 3-16 所示的数据输入窗口。此时表中的字段名为"字段 1"、"字段 2"……

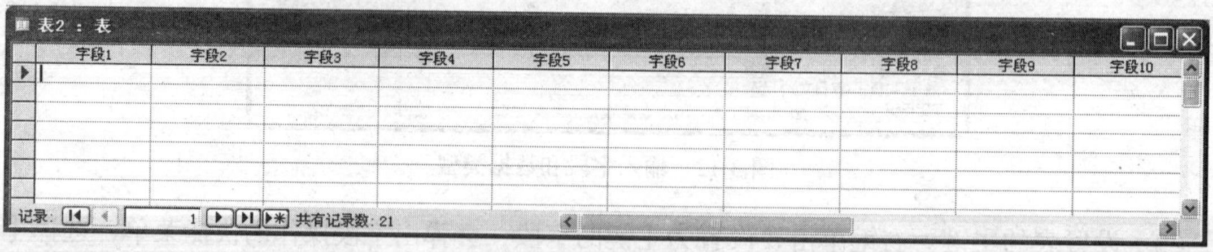

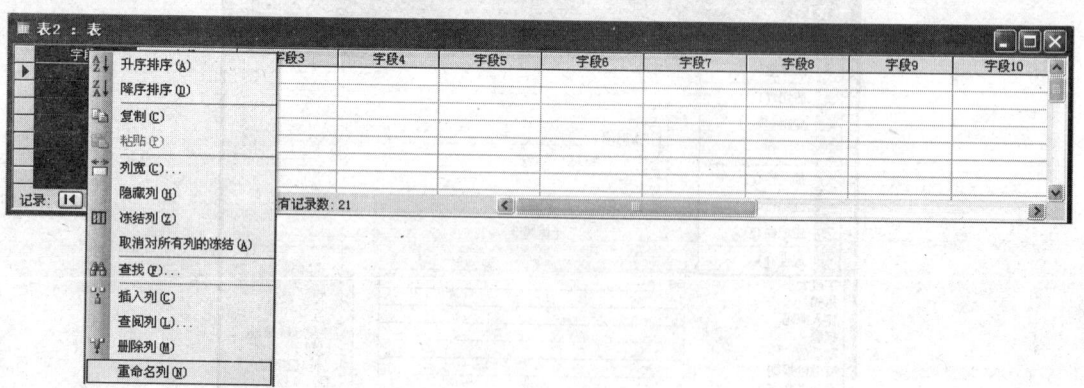

图 3-16 数据输入窗口

（2）修改字段名。右键单击要修改字段名的字段，弹出字段操作快捷菜单，选择【重命名列】选项，修改字段的名称。或者直接用左键双击字段名，也可对字段名进行修改，如图 3-17 所示。

图 3-17 修改字段名

（3）直接输入数据，如图 3-18 所示。

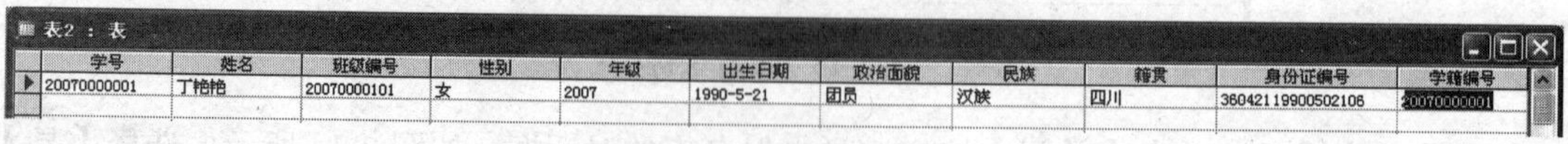

图 3-18 数据输入

(4)保存表。所有数据输入完毕后,单击关闭按钮,输入表名,对数据表进行保存。方法同例 3.2 的操作。

3.2.4 表记录的输入

表由结构和记录组成,创建表主要是创建了表的字段,即完成了表结构的创建,还需要向表中输入记录,才能构成一个完整的表。

在前面讲到的三种创建表的方法中,使用向导创建表在创建表结束后,会提示是否输入记录,此时可以完成记录的输入;通过输入数据创建表,直接就将记录输入到了表中;使用设计器创建表,只是创建了表的结构,还需要进一步向表中输入数据。

当创建完表后,无论表中是否有数据,都会在右侧窗口中显示一个以表名命名的图标,如图 3-19 所示。

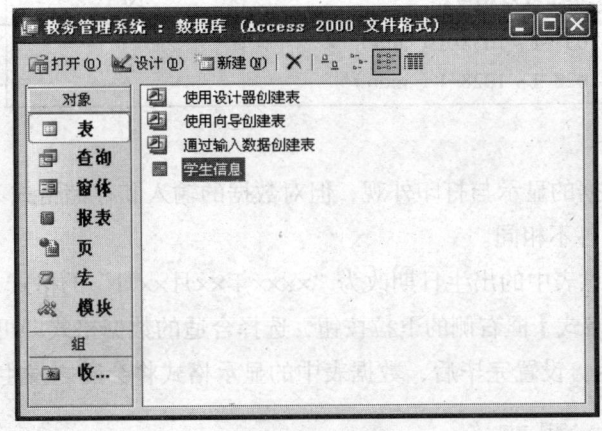

图 3-19 数据表

双击要添加数据的表图标,就会把该表打开,并显示该表中已经存在的数据,如表中没有记录,则显示一张空表,如图 3-20 所示。此时直接向表中输入数据,当所有记录输入完毕后,单击关闭按钮保存,即完成了表记录的输入。

图 3-20 表记录的输入

3.3 表字段的操作

在创建完表之后,表的结构(字段)就已经创建完毕。如果存在错误,或者对于某些字段的属性细节要进行调整,就要对表的字段进行修改。在表的创建过程中,已经讲到了表字段添加、修改字段名及数据类型等操作,本节中将重点讲解表字段常用属性的设置。

1. 字段大小

字段大小是指文本型字段的最大长度或数字型字段的取值范围。只有文本型或数字型字段才有此属性。

另外，对于数字类型的字段，可以根据实际需要，选择不同的字段大小属性。通过单击字段大小属性右侧的下拉列表框可以选择不同类型的数字。常见的数字类型如表 3-1 所示。

表 3-1　　　　　　　　　　　数字型字段的字段属性

类　　型	取值范围	小数位数	长度（字节）
字节	0 ~ 255	无	1
整数	−32768 ~ 32767	无	2
长整数	−2147483648 ~ 2147483647	无	4
单精度	−3.4×1038 ~ 3.4×1038	7	4
双精度	−1.79769×10308 ~ 1.79769×10308	15	8
同步复制 ID	长整型或双精度型	N/A	16
小数	−1038−1 ~ 1038−1（.adp） −1028−1 ~ 1028−1（.mdb）	28	12

2. 格式

字段的格式决定数据的显示与打印外观，但对数据的输入和存储格式不产生影响。数据类型不同，其格式的选项也各不相同。

例如，要将学生信息表中的出生日期改为"××××年××月××日"的格式，只需选中表中的"出生日期"字段，单击【格式】框右侧的下拉按钮，选择合适的数据格式即可（此处选择【长日期】格式），如图 3-21 所示。设置完毕后，数据表中的显示格式将会随之发生改变。

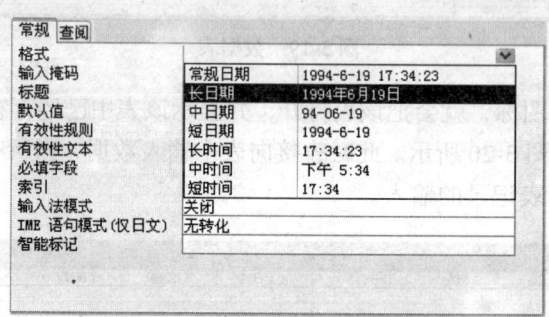

图 3-21　设置"出生日期"字段格式

3. 输入掩码

输入掩码用于控制输入数据时的格式外观以及存储方式，便于统一输入格式，减少输入错误，提高输入效率。主要用于文本、日期/时间类型的字段。

输入掩码和字段格式都对格式产生影响，但两者是有区别的。格式属性定义数据的显示与打印外观，输入掩码属性定义的数据的输入外观，能对数据输入作必要的控制以保证输入数据的正确性。简单来讲，格式属性控制输出格式，而输入掩码属性控制输入格式。

Microsoft Access 按照表 3-2 转译【输入掩码】属性定义中的字符。若要定义字面字符，请输入该表以外的任何其他字符，包括空格和符号。若要将下列字符中的某一个定义为字面字符，则在字符前面加上反斜线（\）。

表 3-2　　　　　　　　　　　　　输入掩码格式字符说明

字符	说　　明
0	数字（0 到 9，必选项；不允许使用加号 [+] 和减号 [-]）
9	数字或空格（非必选项；不允许使用加号和减号）
#	数字或空格（非必选项；空白将转换为空格，允许使用加号和减号）
L	字母（A 到 Z，必选项）
?	字母（A 到 Z，可选项）
A	字母或数字（必选项）
a	字母或数字（可选项）
&	任一字符或空格（必选项）
C	任一字符或空格（可选项）
. , : ; - /	十进制占位符和千位、日期和时间分隔符（实际使用的字符取决于 Microsoft Windows 控制面板中指定的区域设置）
<	使其后所有的字符转换为小写
>	使其后所有的字符转换为大写
!	使输入掩码从右到左显示，而不是从左到右显示。输入掩码中的字符始终都是从左到右填入。可以在输入掩码中的任何地方包括感叹号
\	使其后的字符显示为原义字符。可用于将该表中的任何字符显示为原义字符（例如，\A 显示为 A）
密码	将"输入掩码"属性设置为"密码"，以创建密码项文本框。文本框中键入的任何字符都按字面字符保存，但显示为星号（*）

4. 标题

标题属性可以指定字段的别名，该别名在表的数据标示图中会作为字段列标题显示出来。如果没有为字段设置标题，则字段名即为默认的列标题。

5. 默认值

默认值属性用于指定产生新记录时该字段自动输入的值，这样可以提高输入效率，默认值为常量、函数或者表达式。

如将学生信息表中性别字段的默认值设为"男"后，每产生一条新记录，性别字段就会自动输入值"男"。

6. 有效性规则

有效性规则用于检查该字段所输入的值是否满足一定的条件。如不满足条件，数据则无法保存。

如性别字段的值只能是"男"或"女"，为了控制输入的正确性，就可以在有效性规则栏输入"="男" or ="女""，当有有效性规则限制字段的输入后，性别字段输入的数据将只能是"男"或"女"，否则将会报错。

7. 有效性文本

有效性文本是和有效性规则一起使用的。当输入的数据不满足有效性规则的条件限制时，就会弹出一个提示窗口，显示有效性文本，以提示用户字段的输入规则。

默认值、有效性规则和有效性文本常配合一起使用，以控制数据的输入。设置学生信息表中"性别"字段有效性规则如图 3-22 所示。

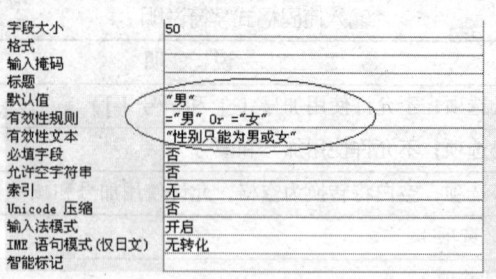

图 3-22 "性别"字段有效性规则设置

8. 必填字段

设置字段的值是否必须填写，系统默认【必填字段】为【否】。如字段的值不能为空（Null），则需将必填字段属性设为【是】，那么在输入新记录时，必须输入该字段的值。

9. 索引

索引是一项数据库技术，通过对数据进行逻辑排序，从而实现数据的快速查找。索引内容将在后续章节中详细介绍。

10. Unicode 压缩

该属性决定是否对文本、备注等字段的内容进行压缩，以节约存储空间，系统默认选择"是"。

11. 输入法模式

用于控制不同字段采用不同的输入法模式，以减少启动或关闭中文输入法的次数。

3.4 表记录的操作

表一旦设计完成后，结构一般不会发生变化，也就是说很少的情况会改动表的字段，大部分的操作都是针对表中的记录来进行的。

1. 添加记录

创建表的时候，可以直接向表中输入记录。当记录没有输入完毕，需要增加记录时，就需要向表中添加记录了。向表中添加记录的步骤如下。

（1）打开数据库。

（2）选择要添加数据的表，双击打开。

（3）在表的浏览窗口中，在 ※ 指示的记录行输入新的记录。

（4）输入完毕后保存表。

输入记录时，如果输入的数据没有达到字段宽度，按回车键、Tab 键或向右方向键进行下一个字段的输入；如果输入的数据达到数据宽度，该字段将无法继续输入，同时发出响声提示用户。输入的数据必须与字段类型一致，否则系统将会弹出提示框并发出响声。

对于不同类型的数据，输入方法也不一样，各种数据类型的输入方法如下。

（1）文本、数字、货币型数据。对于文本、数字、货币型的数据，直接在单元格中进行输入。

（2）是/否型数据。对于是否型数据会显示一个复选框，选中则表示输入【是】，其值为-1，否则表示输入了【否】，其值为 0。

（3）日期/时间型数据。输入日期/时间型数据，只按最简单的方式输入即可，无须将整个日期全部输入，Access 会自动按格式属性中定义的格式显示。

（4）OLE 对象型数据。这种字段采用插入对象的方式来输入数据。

选择要添加数据的字段，打开【插入】菜单，选择【对象】选项，进入插入对象窗口，如图 3-23 所示。可以选择新建一个对象，也可以使用已有的对象。

以使用现有对象为例：单击【浏览】按钮，选定对象所在的位置，再单击【确定】按钮即可。OLE 对象型数据一般用于存储 BMP 图像数据。

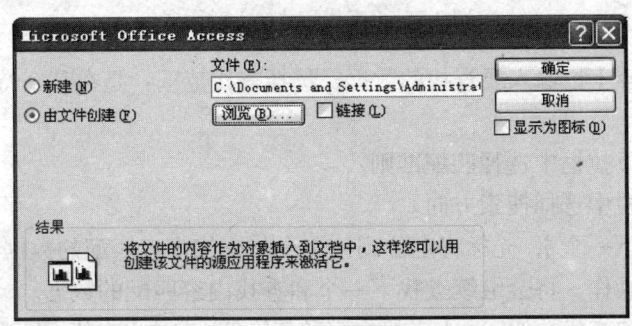

图 3-23　插入对象对话框

（5）超链接型数据。超链接型数据的输入，可用【插入超链接】对话框来实现。选择【插入】菜单中的【超链接】命令，则会弹出【插入超链接】对话框，输入或选择需要链接的地址即可。

（6）查阅列表字段。一般情况下，表中的大部分字段的内容都来自用户输入的数据，或从其他数据源导入的数据。但在有些情况下，某个字段的内容也可以取自于一组固定的数据或其他表中的某个字段，这就是字段的查阅功能，它使得利用【查阅向导】类型的字段在输入数据时可以从下拉列表中选择，数据输入方便快捷。

2. 修改记录

打开需修改的表，定位到要修改的记录，输入新的字段值，当前记录标志▶将变为 ✎。对记录做出修改后，如果还没有保存，可以按 Esc 键取消所作的修改。

3. 复制记录

打开要复制记录所在的表，选择要复制的记录，右键单击，弹出快捷菜单，如图 3-24 所示。选择【复制】，然后到目标位置单击右键，选择【粘贴】即可。

4. 删除记录

打开待删除记录所在的表，选择要删除的记录，右键单击，弹出快捷菜单，选择【删除】即可。

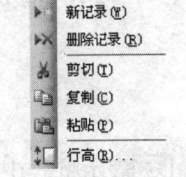

图 3-24　记录操作快捷菜

5. 数据的查找和替换

当表中存储了大量的数据时，用户通过浏览方式查看表中的数据，或对表中的某项数据做相同的修改，会有一定的困难，Access 提供了数据查找和替换功能，可以快速地对所需查找的数据进行定位或修改。数据查找的操作步骤如下。

（1）打开数据库及表。

（2）打开【编辑】菜单，选择【查找】(或【替换】)命令，将弹出【查找和替换】对话框，选择【查找】选项卡，如图 3-25 所示。

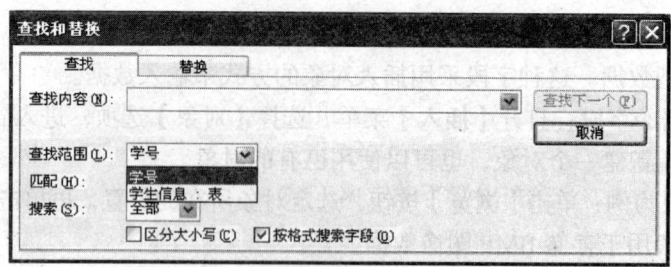

图 3-25 【查找和替换】对话框

（3）在【查找内容】栏输入要查找的数据，选择查找范围：是在某个特定的字段中查找，还是在整个表中查找。

（4）在【匹配】下拉框中选择匹配准则。

（5）在【搜索】栏中选择搜索方向。

（6）单击【查找下一个】，光标将定位到第 1 个与查找内容匹配的数据项上。

（7）重复第 6 步操作，将会继续查找下一个和查找内容匹配的数据。

数据替换的方法和查找类似，输入查找内容和替换值，单击【查找下一个】，找到待替换的值，再单击【替换】就可以替换当前选定的数据了，如单击【全部替换】，则会将查找范围内的所有该数据全部替换。

3.5 表记录的排序与筛选

3.5.1 表记录的定位

在 Access 的表中，▶所指向的记录行被称为当前记录，表中对记录的操作都是针对当前记录进行的，移动▶所在位置的操作称为表记录的定位。表中记录的定位可以通过表浏览窗口底部的记录定位按钮完成，也可以通过菜单操作来完成。

（1）记录定位按钮。记录定位按钮显示在表浏览窗口的底部，如图 3-26 所示。

图 3-26 记录定位按钮

▐◀ 表示将表中的第 1 条记录设置为当前记录；

◀ 表示将当前记录的上一条设置为当前记录；

▶ 表示将当前记录的下一条设置为当前记录；

▶▌ 表示将表中的最后一条记录设置为当前记录；

▶* 表示添加一条新记录，并将其设置为当前记录。

（2）菜单操作。单击【编辑】菜单，选择【定位】选项，便可以打开记录定位菜单，如图 3-27 所示。

菜单中 5 个选项的功能分别对应着 5 个记录定位按钮的功能，在此就不再赘述。

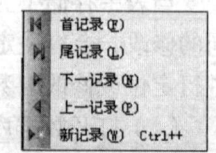

图 3-27 记录定位菜单

3.5.2 表记录的排序

在表浏览窗口中，表中的数据显示顺序通常是根据数据输入的先后顺序排列的，更多的时候，用户使用数据库中的数据是希望按照某种需求排列表中的记录顺序，Access 系统提供了重新排列数据顺序的工具，可以通过对表中记录进行排序的操作，来实现对表中记录的重新排列。

对表中记录的排序操作步骤如下。

（1）打开待进行记录排序的表。

（2）在表浏览窗口中，选定要排序的字段，再打开【记录】菜单，选择【排序】选项，再选择【升序】或【降序】，即可完成表按照该字段的排序。

表记录的排序不仅可以按照某一个字段进行，也可以按照多个字段完成。对多个字段排序的前提条件是：多个字段必须相邻，如果不相邻，则需要将它们移动到一起。在多字段排序时，左侧的字段将优先排序，当左侧字段值相同时，在按照右侧的字段进行排序。

3.5.3 表记录的筛选

筛选的作用是从表中，将满足条件的记录查找并显示出来。筛选与查找有所不同，筛选中所找到的信息是一个或一组记录，而不是某个具体的字段值。筛选并不改变表中的记录数据，可以通过取消筛选，来显示原表中的所有记录。筛选的方法有按窗体筛选、按选定内容筛选、内容排除筛选、高级筛选。

筛选表中记录操作步骤如下。

（1）打开待进行数据筛选的表。

（2）在表浏览窗口中，选定用于筛选的字段及其字段名下的一个具体的数据项，打开【记录】菜单，选择【筛选】选项，将打开对应的子菜单，如图 3-28 所示。

当选择【按窗体筛选】，打开【按窗体筛选】窗口，由用户确定字段的筛选条件，满足条件的记录被筛选出来。

当选择【按选定内容筛选】，则筛选出的记录是与选定字段值相等的选定记录。

当选择【内容排除筛选】，则筛选出的记录是与选定字段值不相等的记录。

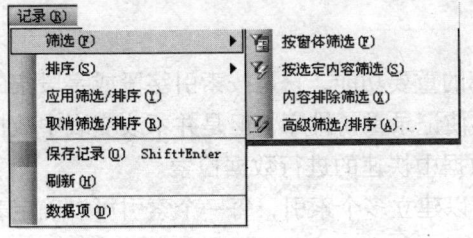

图 3-28 【记录】→【筛选】菜单

当选择【高级筛选/排序】，打开【筛选】窗口，由用户设置字段和筛选条件，满足条件的记录被筛选出来。

3.5.4 列的显示与隐藏

在浏览表中数据时，用户可以通过冻结表中列的操作，防止因移动滚动条将某个或某些字段移出窗口。

表中的列一旦被冻结，只有通过解冻列的操作才能恢复。

冻结/解冻列的操作步骤如下。

（1）打开待操作的表。

（2）在表浏览窗口中，选定需要冻结/解冻的列，再打开【格式】菜单，选择【冻结列】或【取消对所有列的冻结】选项。

筛选表中的记录，是在浏览表中数据时，限制行的显示个数，有时对于表中字段的个数也需要限制。隐藏表中列的操作便可以限制表中字段的显示个数，隐藏起来的字段若要再使用，可撤销字段的隐藏。

表中列的隐藏的操作步骤如下。

（1）打开待操作的表。

（2）在表浏览窗口选定需要隐藏的列，再打开【格式】菜单，选择【隐藏】列。

撤销表中列的隐藏的操作步骤如下。

（1）打开待操作的表。

（2）打开【格式】菜单，选择【撤销隐藏列】选项，打开【撤销隐藏列】窗口。

（3）在【撤销隐藏列】窗口中，选择欲撤销隐藏的列字段名。

3.6 表的关联

一个数据库中包含多张表，各表之间可能会存在各种各样的联系，通过建立关系能够将多张表间的数据联系为一个整体。关系由 E-R 模型中的联系演化而来，关系有 3 种：一对一关系、一对多关系和多对多关系。Access 不支持直接的多对多关系，多对多的关系是通过两个一对多的关系构成的。

在 Access 中，同一个数据库中的多个表，如想建立表之间的关联，必须给表中的某字段建立主键或索引。

建立主键在前面的章节已经讲到，在此就不再叙述，本节将重点讲述索引的操作。

3.6.1 建立索引

索引（Index）是数据库的重要功能，它是按索引字段或字段集的值使表中的记录有序排列的一种技术。索引虽然是能够使记录重新排序，但是并不改变表中数据的物理顺序。索引如同书本的目录一样，可以在大量数据中快速的进行数据检索。

一般情况下，一个表可以建立多个索引，每一个索引可以确定表中记录的一种逻辑顺序。在 Access 中，除了 OLE 对象型、备注型及逻辑型字段不能建立索引外，其余类型的字段都可以建立索引，并且不仅可以利用单个字段创建索引，也可以利用多个字段的组合来创建索引，但最多不能超过 10 个字段。

索引的类型包括 3 种。

（1）主索引：Access 将表的主键自动设为主索引，即主键就是主索引，主索引只能有一个。

（2）唯一索引：该索引字段的值必须是唯一的，不能有重复。在 Access 中，唯一索引可以有多个。

（3）普通索引：该索引字段的值可以有重复。

创建索引的方法通常有两种，可以通过字段的索引属性来完成，也可以通过打开索引对话框来创建。但多字段的索引需要通过索引对话框才能建立。

通过字段的索引属性创建索引的操作步骤如下。

（1）打开要创建索引的表，进入表的设计视图。

（2）选择要创建索引的字段，选择索引属性，索引框中有3个选项。

无：表示不建立索引。

有（有重复）：表示建立索引，且索引字段值允许重复。

有（无重复）：表示建立索引，索引字段值不允许重复。

选择【有】即可创建索引。

通过索引对话框创建索引的操作步骤如下。

（1）打开要创建索引的表，进入表的设计视图。

（2）单击【视图】菜单，选择【索引】命令，将会弹出索引对话框。

（3）输入【索引名称】，选择建立索引的字段名及排序次序。

（4）选择索引类型，关闭索引对话框，即完成索引的创建。

主索引：如选择【是】，则该字段被定义为主键。

唯一索引：如选择【是】，该字段的取值不能重复。

忽略 Nulls：如选择【是】，排除带有 Nulls 值的记录。

【例3.3】为学生信息表创建索引，其中以"学号"的升序建立主索引，以姓名的升序和出生日期的降序建立普通索引。

操作步骤如下。

（1）打开【学生信息】表，选择设计视图。

（2）单击【视图】菜单，选择【索引】命令，弹出索引对话框。

（3）设置主索引。输入索引名称为"学号"，选择字段名称为"学号"，选择排序次序为【升序】。在【索引属性】栏，选择主索引选项为【是】，完成主索引的设置。

（4）设置普通索引，输入索引名称为"姓名+出生日期"，字段名称分别选择"姓名"和"出生日期"，排序次序分别选择【升序】和【降序】。在【索引属性】栏中，选择主索引和唯一索引选项为【否】，完成普通索引的设置，如图 3-29 所示。

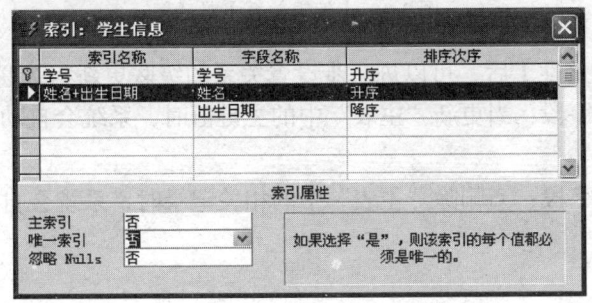

图 3-29　设置索引

使用多字段索引时，Access 将首先使用定义在索引中的第 1 个字段进行排序。如果第一个字段中有相同的记录，就用索引中定义的第 2 个字段进行排序，依此类推。

3.6.2 表关联的建立

当两个有关系的表以某个相关联的字段建立了索引,就可以建立两个表之间的关联了。当创建表之间的关系时,联接字段不一定要有相同的名称,但数据类型必须相同。联接字段在一个表中通常是主键,同时作为外部关键字(外键)存在于关联的表中。

联接字段在两个表中均为主索引,则两个表之间就是一对一关联;若只在一个表中为主索引,则两个表之间就是一对多关系。关系中处于"一"方的表称为主表或父表,另一个表则称为子表。

建立表之间的关联,其操作步骤如下。

(1)打开数据库。确定数据库中需建立关联的两个表,它们有关联字段,并且分别建立了索引。

(2)在数据库窗口中,打开【工具】菜单,选择【关系】命令。

(3)在显示表窗口中,将表添加到【关系】窗口中。

(4)在【关系】窗口中,将一个表中的相关字段拖到另一个表中相关字段的位置。

(5)在【编辑关系】窗口中,选择【实施参照完整型】,再单击【创建】按钮,两表中的关系字段就有了一根连线,表之间的关联也创建完成。

3.6.3 关系的参照完整性

参照完整性是指"从表"中相关字段的取值范围不能超过"主表"中相关字段的取值范围。在 Access 中的表建立关联后,可以进一步设置关系的参照完整性,来对数据进行限制与约束。

右键单击表之间的连线,将会弹出关系的操作菜单,可以实现关系的进一步编辑或者删除两表之间的关系。选择【编辑关系】,将会弹出【编辑关系】对话框,可以对关系进行进一步设置。【编辑关系】对话框如图 3-30 所示。

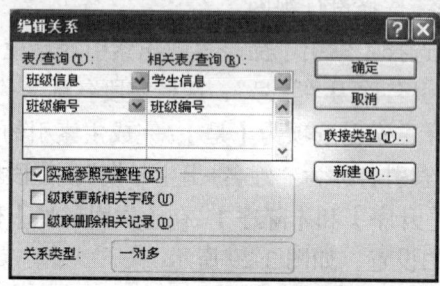

图 3-30 【编辑关系】对话框

选择【实施参照完整性】后,可以进一步设置关系的级联更新与级联删除属性。

(1)级联更新相关字段:当更新"主表"中的主键值时,系统会自动更新"从表"中所有相关记录的外键值。

(2)级联删除相关字段:当删除"主表"中的相关记录时,系统会自动删除"从表"中所有的相关记录。

3.7 子表的使用

子表是相对父表而言的,它是一个嵌在另一个表中的表。当两个表建立了关系之后,主表的数据表视图中的每条记录前都会产生一个【+】号,单击【+】时,会展开从表中相关的记录数据,显示子数据表子窗口,此时【+】变成【-】,表示从表中数据处于展开状态。当单击【-】时,子表中的数据将会折叠起来,【-】也变为【+】显示。显示子表内容如图3-31所示。

可以通过单击【格式】菜单下的【子数据表】命令,选择【全部展开】(或【全部折叠】)菜单,可以将全部子数据表展开或隐藏。

使用子表的操作步骤如下。

(1)打开数据库,打开父表。

(2)在【数据库】窗口中,打开【插入】菜单,选择【子数据表】。

(3)在【插入子数据表】窗口中,添加子表。

(4)在表浏览窗口中,单击记录前的【+】或【-】,就可以打开或关闭子表。

(5)在【数据库】窗口中,打开【格式】菜单下的【子数据表】,选择【删除】命令,可以删除子表与父表的嵌套关系,此时父表记录前的【+】或【-】将会消失。

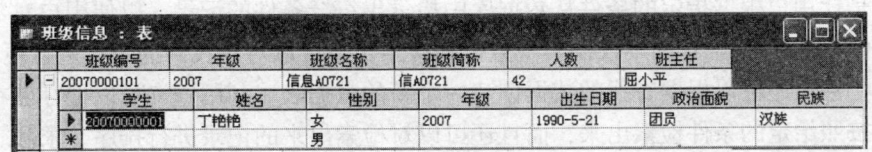

图 3-31　子表的显示

本章小结

表是数据库的最基本对象,本章重点讲解了表的基本操作。表由表结构和表内容组成,表的操作也分为对表字段和表记录的操作。

本章首先讲到了表的组成,介绍了 Access 中所用到的数据类型;通过创建表的操作,介绍了数据表创建的3种常见方法,并针对表的组成重点讲解了表字段和表记录的基本操作。在表记录基本操作的基础上,讲到了表记录的排序、筛选等操作。通过表的排序引入索引的概念,并进一步讲到通过索引操作完成的表的关联和子表的应用,实现了对多表的操作。

通过本章的学习,读者将可以在数据库中完成表的创建,并对字段和记录进行各种操作,并能够通过建立表之间的关联完成对多个表的同时操作。

第4章 查询

在数据库中通常会存储大量的数据，比如要存储一个学校全部的学生数据，它可能有几万条之多，要从这么多的数据中找出某个学生的信息是非常困难的。因此要借助查询这样一个重要工具。查询就是让用户根据指定的条件从数据库中检索出符合条件的记录，以便用户对数据进行查看和分析。但在 Access 中查询不仅仅实现数据的检索，还可以对查找到的数据进行更改、添加、删除等操作，甚至还可以根据查找的数据创建一个新的数据表。利用查询可以把存储在多个数据表中的记录按照给定的条件检索出来，而且还可以对检索出来的记录进行排序、求和、求平均、求最大值、求最小值等统计运算。

引例 学生人数和平均年龄统计

在教学管理中为了方便进行学生生活住宿资源进行分配，经常需要对学生的信息按照各种方式进行统计。我们在上一章中讲述了数据表的建立，以及数据的筛选，通过数据的筛选可以方便地筛选出所有的"男生"或者"女生"的记录，其操作步骤如下。

（1）打开"学生信息"表，选择性别为"女"的任意一条记录。

（2）选择菜单中的【记录】→【筛选】→【按选定内容筛选】命令，筛选出学生信息表中的所有女生记录，如图 4-1 所示。

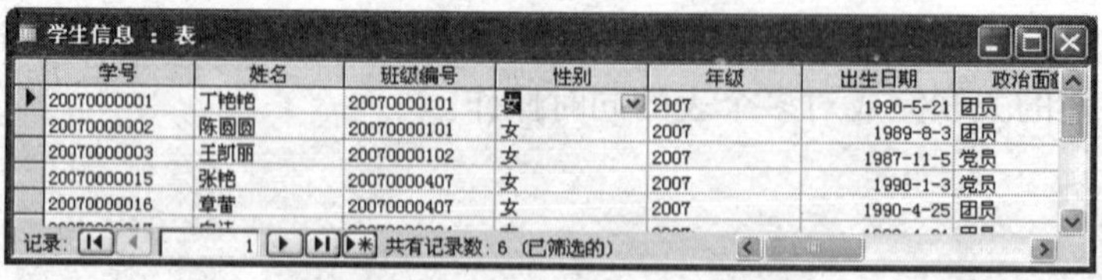

图 4-1 筛选出所有女生信息

（3）如果我们要统计女生的人数，可以对筛选出的结果进行计数，就可以统计出女生的人数，同样的方法可以统计出男生的人数。

 采用这种方法在表记录不太多的时候我们进行计数比较方便，如果记录非常多要数清楚总共有多少记录是一件非常困难的事。

刚才我们统计了男生和女生的人数，如果我们要统计男生和女生的平均年龄应该怎么办呢？首先，我们应该通过每个人的"出生日期"计算出年龄，然后分别计算男生和女生的年龄总和，然后通过上面统计出来的男生和女生的人数,分别计算男生和女生的平均年龄。在这个计算过程中我们采用前面所学的知识很难快速完成,下面介绍一下完成这个统计操作的基本过程。

(1)选择【查询】对象,双击【在设计视图中创建查询】,添加"学生信息"表。

(2)选择工具栏中的【总计】按钮,如图4-2所示。

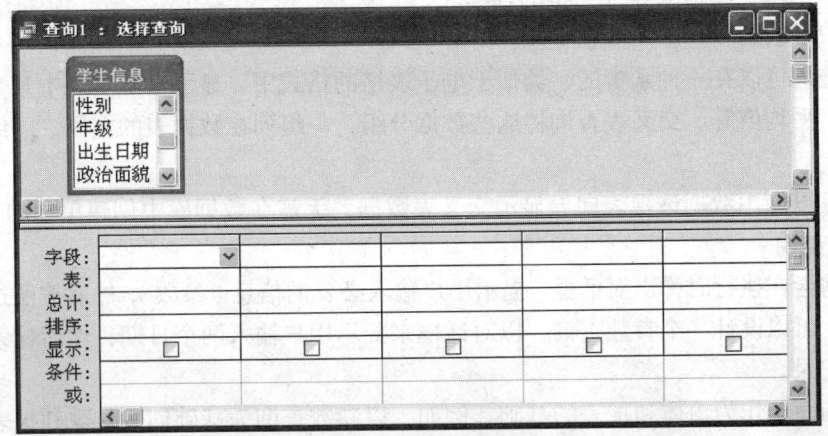

图4-2 带有总计功能的查询设计窗口

(3)添加"性别"字段和"平均年龄:Year(Date())-Year([出生日期])",分别设置字段的总计为"分组"和"平均值",如图4-3所示。

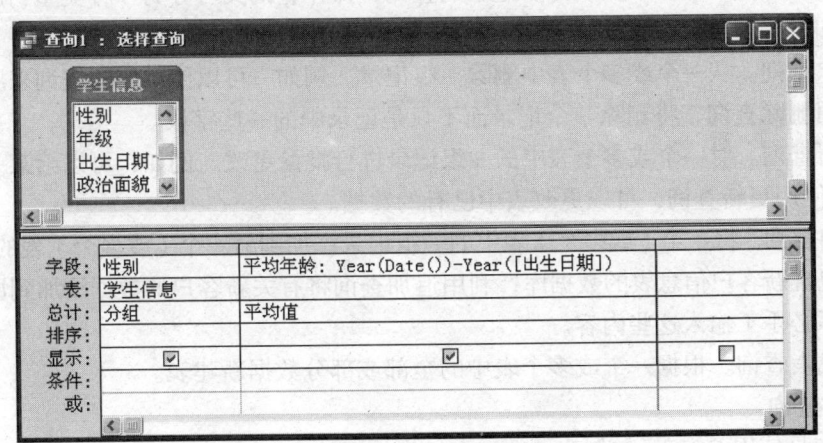

图4-3 男女生平均年龄统计

(4)运行查询,就可以方便快捷地分别统计出男生和女生的平均年龄。

在本章中我们将具体讲解一下通过查询完成数据的统计、分析和计算的基本方法。

4.1 查询概述

4.1.1 查询的类型和作用

在Access中,提供了5种类型的查询,包括选择查询、参数查询、交叉表查询、操作查询和

SQL 查询。

1. 选择查询

选择查询是最常见的查询类型，它从一个或多个表中检索数据，在一定的限制条件下，还可以通过选择查询来更改相关表中的记录。使用选择查询也可以对记录进行分组，并且可对记录进行总计、计数、求平均值等其他类型的计算。

2. 交叉表查询

交叉表查询可以在一种紧凑的、类似于电子表格的格式中，显示来源于表中某个字段的合计值、计算值、平均值等。交叉表查询将这些数据分组，一组列在数据表的左侧，一组列在数据表的上部。

注意：可以使用数据透视表向导显示交叉表数据，无需在数据库中创建单独的查询。

3. 参数查询

参数查询会在执行时弹出对话框，提示用户输入必要的信息（参数），然后按照这些信息进行查询。例如，可以设计一个参数查询，以对话框来提示用户输入两个日期，然后检索这两个日期之间的所有记录。

参数查询便于作为窗体和报表的基础。例如，以参数查询为基础创建月盈利报表。打印报表时，Access 显示对话框询问所需报表的月份。用户输入月份后，Access 便打印相应的报表。也可以创建自定义窗体或对话框，来代替使用参数查询对话框提示输入查询的参数。

4. 操作查询

操作查询是在一个操作中更改许多记录的查询，操作查询又可分为 4 种类型：删除查询、更新查询、追加查询和生成表查询。

（1）删除查询。从一个或多个表中删除一组记录。例如，可以使用删除查询来删除没有订单的产品。使用删除查询，将删除整个记录而不只是记录中的一些字段。

（2）更新查询。对一个或多个表中的一组记录进行批量更改。例如，可以给某一类雇员增加 5% 的工资。使用更新查询，可以更改表中已有的数据。

（3）追加查询。将一个（或多个）表中的一组记录添加到另一个（或多个）表的尾部。例如，获得了一些包含新客户信息表的数据库，利用追加查询将有关新客户的数据添加到原有"客户"表中即可，不必手工输入这些内容。

（4）生成表查询。根据一个或多个表中的全部或部分数据新建表。

5. SQL 查询

SQL 查询是使用 SQL 语句创建的查询。经常使用的 SQL。查询包括联合查询、传递查询、数据定义查询、子查询等。

（1）联合查询。将来自一个或多个表或查询的字段（列）组合为查询结果中的一个字段或列。例如，如果 6 个销售商每月都发送库存货物列表，可使用联合查询将这些列表合并为一个结果集，然后基于这个联合查询创建生成表查询来生成新表。

（2）传递查询。直接将命令发送到 ODBC 数据库，如 Microsoft SQL Server 等，使用服务器能接收的命令。例如，可以使用传递查询来检索记录或更改数据。

（3）数据定义查询。用于创建或更改数据库中的对象，如 Access 或 SOL Server 表等。

（4）子查询。包含另一个选择查询或操作查询中的 SQL Select 语句。可以在查询设计网格的"字段"行输入这些语句来定义新字段，或在"准则"行来定义字段的准则。

4.1.2 查询准则

查询通过指定的条件查找满足该条件的数据，该条件称为查询准则。查询准则是运算符、常量、字段值、函数、字段名和属性等的任意组合。想要进行快捷、有效的查询，必须掌握查询准则的书写方法。

1. 准则中的运算符

运算符主要有关系运算符、逻辑运算符和特殊运算符。各运算符的功能如表 4-1 所示。

表 4-1　　　　　　　　　　　　　　运算符

功　　能	运　算　符
比较	=, >, <, >=, <=, !=, <>, !>, !<, NOT+上述比较运算符
确定范围	BETWEEN AND，NOT BETWEEN AND
确定集合	IN, NOT LIKE
字符匹配	LIKE, NOT LIKE
空值	IS NULL, IS NOT NULL
多重条件	AND, OR

2. 准则中的函数

Access 提供了大量的标准函数，如：数值函数（见表 4-2）、字符函数（见表 4-3）、日期时间函数（见表 4-4）等。利用这些函数可以更好地构建查询准则，方便用户进行查询统计分析。

表 4-2　　　　　　　　　　　　　　数值函数

函　　数	说　　明
Abs(数值表达式)	返回数值表达式的绝对值
Int(数值表达式)	返回数值表达式的整数部分
Sqr(数值表达式)	返回数值表达式的平方根
Sgn(数值表达式)	返回数值表达式的符号值。数值表达式>0，返回 1；=0，返回 0；<0，返回 −1

表 4-3　　　　　　　　　　　　　　字符函数

函　　数	说　　明
SPACE(数值表达式)	返回数值表达式的值确定的空格个数组成的字符串
STRING(数值表达式，字符串表达式)	返回由字符表达式的第一个字符重复组成的指定长度为数值表达式的值的字符串
LEFT(字符串表达式，数值表达式)	返回字符串左边的数值表达式值个字符
RIGHT(字符串表达式，数值表达式)	返回字符串右边的数值表达式值个字符
LEN(字符串表达式)	返回字符串表达式的字符个数，如字符串为 null，返回 null
LTRIM(字符串表达式)	去掉字符串表达式左边的空格
RTRIM(字符串表达式)	去掉字符串表达式右边的空格
TRIM(字符串表达式)	去掉字符串表达式两边的空格
MID(字符串表达式，数值表达式 1，数值表达式 2)	返回字符串表达式从左边算起第数值表达式 1 开始，截取长度为数值表达式 2 的字符串

表4-4　　　　　　　　　　　　　　日期时间函数

函　数	说　　明
DAY(date)	返回给定日期1～32的值，表示给定日期是一个月中的哪一天
MONTH(date)	返回给定日期1～12的值，表示给定日期是一年中的哪个月
YEAR(date)	返回给定日期100～9999的值，表示给定日期是哪一年
WEEKDAY(date)	返回给定日期1～7的值，表示给定日期是一个周中的哪一天
HOUR(date)	返回给定日期0～23的值，表示给定时间是一天中的哪个钟点
DATE()	返回当前系统日期

 如果需要测试这些函数可以在VBA的立即窗口中执行，通过快捷键Ctrl+G可以打开立即窗口。

在Access中建立查询时，经常会使用文本值作为查询准则，表4-5所示为以文本值作为准则的示例。

表4-5　　　　　　　　　　　　　使用文本值作为准则示例

字　段　名	准　　则
职称	"教授"
职称	"教授" or "副教授"
课程名称	Like "计算机*"
姓名	In（"李元"，"王朋"）
姓名	Not Like "王*"
姓名	Left（[姓名]，1）="王"
姓名	Len（[姓名]）<=4
学生编号	Mid（[学生编号]，3，2）="03"

在Access中查询时，有时需要以计算或处理日期得到的结果作为准则，表4-6所示为一些准则的示例。

表4-6　　　　　　　　　　　　　使用日期作为准则示例

字　段　名	准　　则
工作时间	Between #92-01-01# And #92-12-31#
工作时间	<Date（）-15
出生日期	Year（[出生日期]）=1980
工作时间	Year（[工作时间]）=1980 And Month（[工作时间]）=4

4.2　选择查询

选择查询是最常见的查询类型，它从一个或多个表中检索数据，利用选择查询可以非常方便地查看数据表或已有查询中所需的部分字段的数据记录。选择查询的结果是一个动态的记录集，当基表中数据发生变化时查询结构集中的数据会对应发生改变。通过选择查询可以非常方便地对查询的结构进行排序、分组,并对记录作求和、计数、最大小值、平均等计算。

4.2.1 使用查询向导创建查询

同创建表一样 Access 提供了向导方式,可以帮助我们傻瓜式地快速创建所属的各种查询,如简单查询向导、交叉表查询向导等。在 Access 中使用查询向导建立查询默认情况下是简单查询。利用查询向导建立查询,首先在数据窗口中选择【查询】对象,然后双击【使用向导创建查询】,如图 4-4 所示。如果要利用查询向导创建其他类型的查询,可以在数据窗口的菜单中选择【新建】命令,将打开图 4-5 所示新建查询对话框,从中选择一种查询向导将进入相应的查询向导模式。

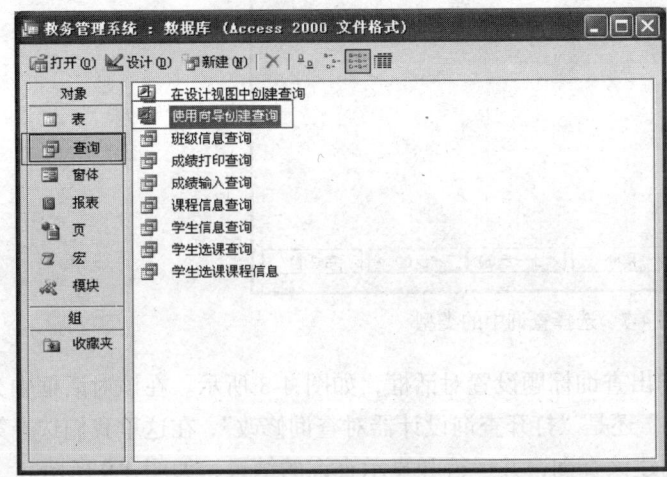

图 4-4 用查询向导创建查询

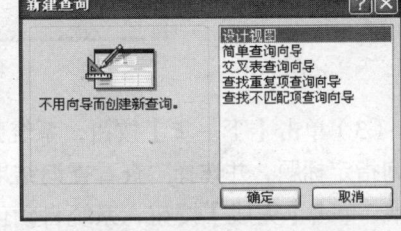

图 4-5 【新建查询】对话框

简单查询向导可以实现查询列(属性)的筛选、多个表的连接和查询的统计计算。但是简单查询向导不能设置查询的条件。

下面将以创建"学生成绩管理"为例,创建学生学号、姓名、课程名称及其成绩的简单查询。

(1)利用查询向导创建一个简单查询,在【表/查询】下拉列表框中选择所基于的数据源。数据源可以是已经建立的表或其他查询。然后在【可用字段】列表框中选择该查询所需的字段。由于本查询涉及的数据分别来自"学生信息表"、"课程信息表"和"成绩表"。因此,首先选择"学生信息表",在【可用字段】列表框中选择"学号"、"姓名"字段,然后在"课程信息表"中选择"课程名称"字段,最后在"成绩表"中选择"成绩"。最终选定的字段如图 4-6 所示。

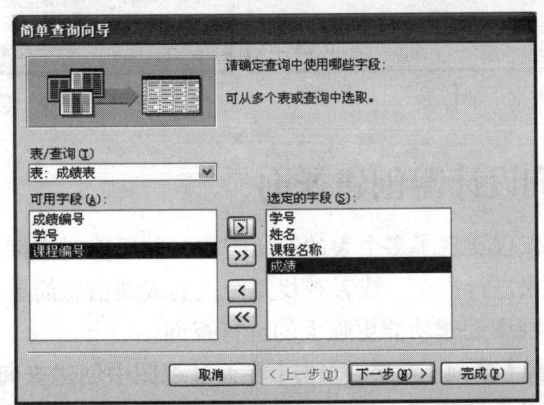

图 4-6 选择查询中的字段

（2）单击【下一步】按钮，系统弹出查询类型选择对话框。查询类型有"明细"和"汇总"两个选项，如图4-7所示。其中，明细查询仅仅显示查询结果中每条记录的各个字段，而"汇总"查询则可以用来计算字段的最大值、最小值、平均值和总值等。在这里由于我们现在还不需要进行复杂计算因此选择"明细"。

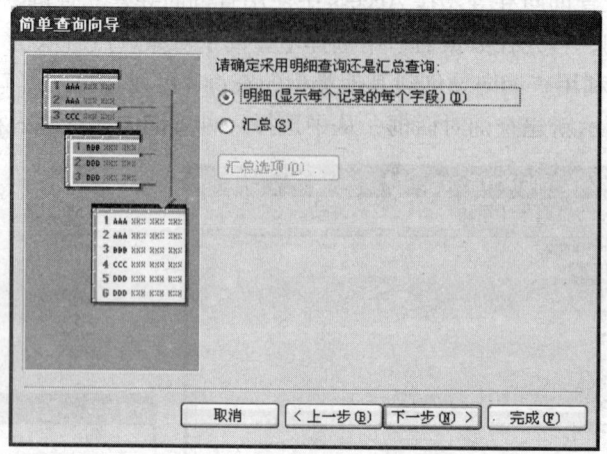

图4-7 选择查询中的类型

（3）单击【下一步】按钮，系统弹出查询标题设置对话框，如图4-8所示。在该对话框中为查询指定标题，并选择"查看查询结果"还是"打开查询设计器对查询修改"，在这里我们选择第1种。单击【完成】按钮，系统自动创建该查询，并运行和显示查询的结果，如图4-9所示。

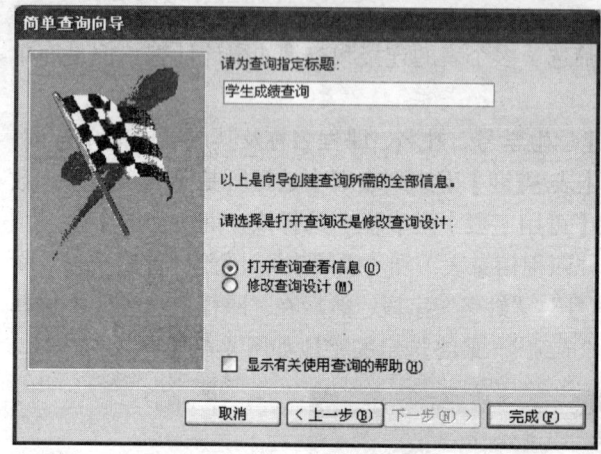

图4-8 设置查询中的标题

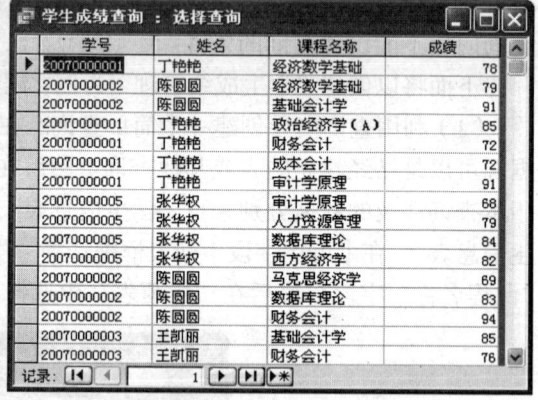

图4-9 学生成绩查询结果

4.2.2 使用查询设计器创建查询

上一小节创建的查询仅仅实现了多个表的连接查询，并不能对查询的结果设置条件。在平时操作中经常会对查询的结果进行排序，或者查找某个人的成绩信息简单查询向导将不能够完成，这时必须借助于查询设计视图创建功能更强大的选择查询。

（1）在数据窗口中选择【查询】对象，双击【在设计视图中创建查询】，这时会打开【显示表】对话框选择查询需要的表。在这里我们添加"学生信息表"、"课程信息表"和"成绩表"，如图

4-10 所示。注意在选择的工程中应该按下 Ctrl 键，单选需要的表。

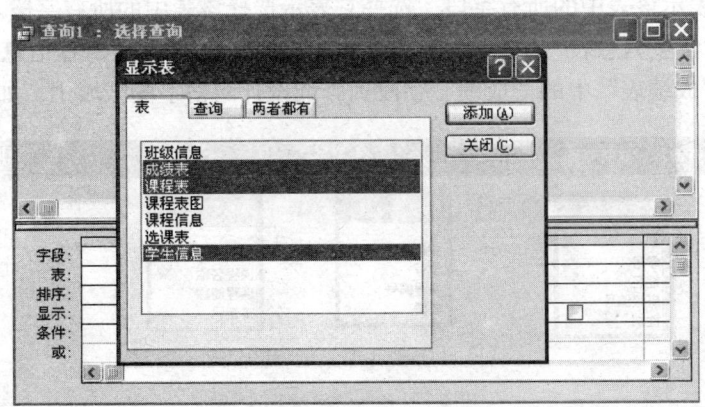

图 4-10 【显示表】对话框

（2）在【显示表】对话框中添加所有需要的表，然后关闭该对话框。如果【显示表】对话框关闭了，我们要修改添加的表，可以在查询设计视图中，通过右击，在弹出的快捷菜单中单击【显示表】命令或者直接单击工具栏中的【显示表】按钮 来打开【显示表】对话框，重新添加新的数据源。要删除已经添加的数据表可以在查询设计视图上半部分的数据显示窗口中，右键单击要删除的表，从弹出的快捷方式中，选择【删除表】。

（3）图 4-11 所示为刚刚添加了学生成绩信息 3 个表之后的查询设计视图窗口，它由两部分组成：数据显示窗口和查询设计网格。其中，上部分的数据显示窗口列出了新建查询的数据来源，若表之间已经建立了关系，则该窗口中也会通过一条关系线表示出表与表之间的联系，在线条上右击可以删除联系或者编辑联接属性。查询设计网格则是进行查询设计的区域，在该区域中包括了查询设计的字段、表、排序、是否显示、条件等属性。

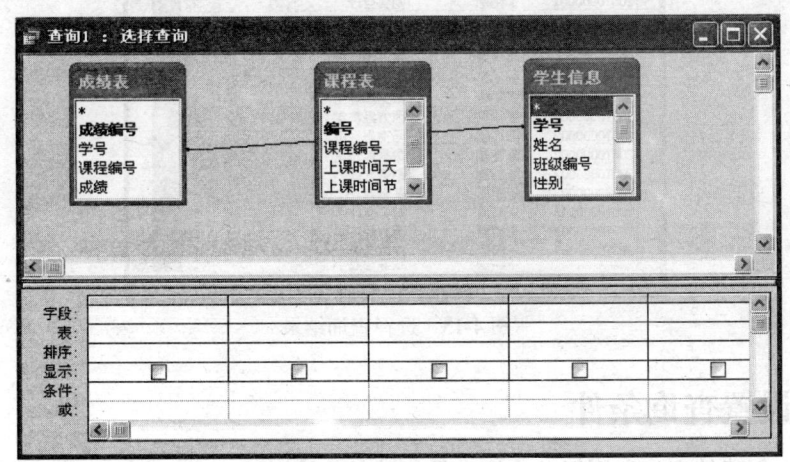

图 4-11 查询设计视图窗口

（4）接下来为创建的学生成绩查询添加所需要的字段。添加字段有以下几种方式。

● 在数据源显示窗口中，双击所需要添加的字段，则该字段会自动添加到查询设计网格的"字段"区域中。

● 在数据源显示窗口中，拖动所需要添加的字段到查询设计网格的"字段"区域中。

● 在查询设计网格的"表"中选择相应的表，然后在"字段"中选择需要的字段。注意"字段"中的*号字段表示该表中的所有字段，选择它表示选择该表中的所有字段。

在这里添加"学生信息表"中的"学号"、"姓名"字段，添加"课程信息表"中的"课程名称"字段，添加"成绩表"中的"成绩"字段到查询设计网格字段区域中，如图 4-12 所示。

图 4-12 添加完字段的查询设计视图窗口

（5）单击工具栏中的【运行】按钮 来运行查询，查看运行结果。也可以通过单击工具栏中的【视图切换】按钮 切换到该查询的数据表视图查看运行结果，如图 4-13 所示。

查询1 : 选择查询

学号	姓名	课程名称	成绩
20070000001	丁艳艳	经济数学基础	78
20070000002	陈圆圆	经济数学基础	79
20070000002	陈圆圆	基础会计学	91
20070000001	丁艳艳	政治经济学（A）	85
20070000001	丁艳艳	财务会计	72
20070000001	丁艳艳	成本会计	72
20070000001	丁艳艳	审计学原理	91
20070000005	张华权	审计学原理	68
20070000005	张华权	人力资源管理	79
20070000005	张华权	数据库理论	84
20070000005	张华权	西方经济学	82
20070000002	陈圆圆	马克思经济学	69
20070000002	陈圆圆	数据库理论	83
20070000002	陈圆圆	财务会计	94
20070000003	王凯丽	基础会计学	85
20070000003	王凯丽	财务会计	76
20070000003	王凯丽	西方经济学	68
20070000003	王凯丽	成本会计	74

记录: 1 共有记录数: 51

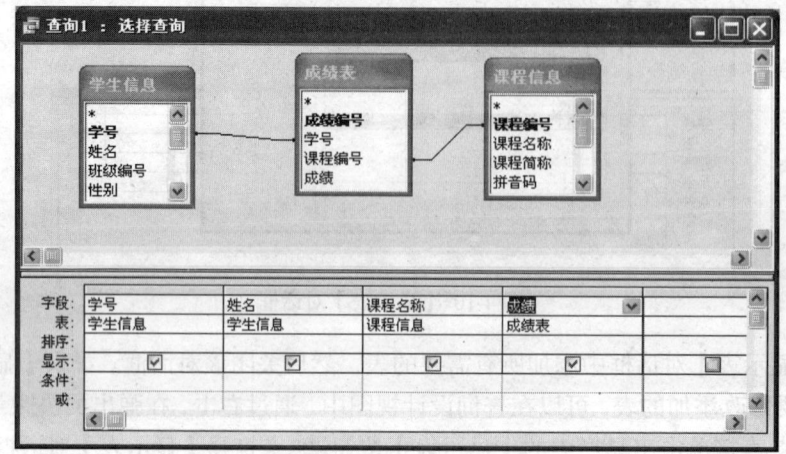

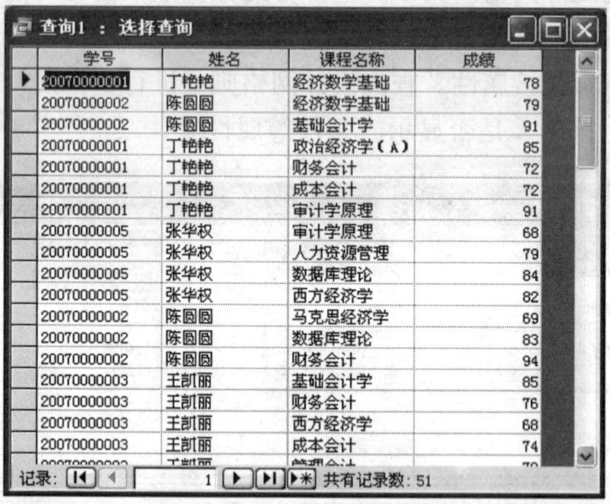

图 4-13 选择查询结果

4.2.3 设置查询条件

上一小节中创建的查询和用简单查询向导创建的查询基本上是一样的，在实际查询操作中经常需要设置查询条件，用来查询出满足条件的记录，如需要查询出所有 90 分以上的学生成绩信息。利用查询条件可以实现比较强大的信息检索功能。

要设置查询条件可以在查询设计网格相应字段的【条件】中进行设置，如要查询所有 90 分以上的学生的成绩信息，可以"成绩"字段对应的【条件】网格中输入">=90"，如图 4-14 所示。

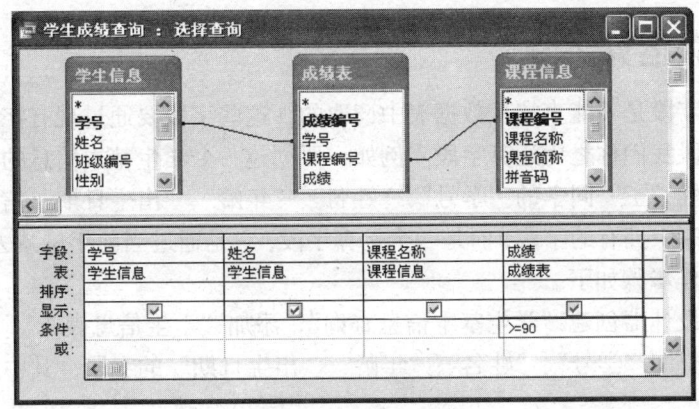

图 4-14　设置查询条件

在 Access 中为了减少设置错误，还可以采用【表达式生成器】来设置查询条件，如要检索所有学生"财务会计"的成绩，可以按照以下步骤进行操作。

（1）在查询设计网格中，右击课程名称的条件区域，在弹出的快捷菜单中选择【生成器】，激活表达式生成器对话框，如图 4-15 所示。

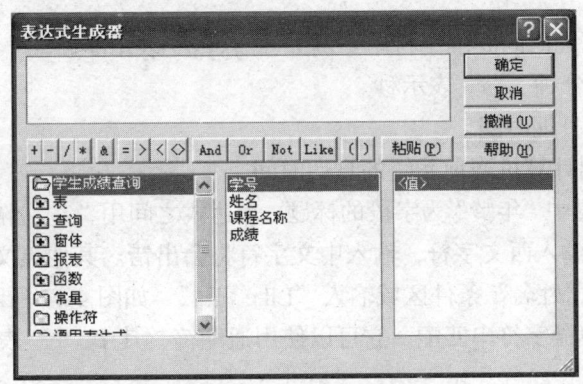

图 4-15　表达式生成器

（2）在表达式生成器对话框的字段列表中双击"课程名称"，将其添加到表达式生成器上部表达式编辑框中，再选择"="运算符将其也添加到上部表达式编辑框中，最后在表达式编辑框的"="后面输入"财务会计"，效果如图 4-16 所示。

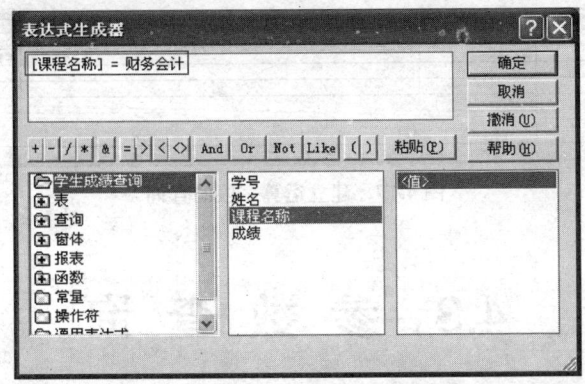

图 4-16　利用表达式生成器设置条件

4.2.4 建立运算字段

在查询中有些字段是不能直接从数据表中读取的，这些字段要通过现有字段的一些运算才能够得到，这样的字段我们称之为运算字段。例如，要创建一个学生基本信息的查询，在这个查询中需要查询出所有姓"王"同学的"学号"、"姓名"、"年龄"、"出生日期"信息。其中"年龄"字段并非原来数据库中拥有的字段，而是一个运算字段，它是通过当前年份减去出生日期等到的，这个查询建立的操作步骤如下。

（1）通过查询设计器创建"学生基本信息查询"，添加"学生信息表"。

（2）添加需要查询"学号"、"姓名"、"年龄"、"出生日期"的字段，其中对于年龄字段的输入方法如下：

年龄：DatePart（"yyyy", Now（））-DatePart（"yyyy", [出生日期]）

对于这个表示中，DatePar、Now 都是系统内置函数，可以在生成器的"函数→内置函数→日期/时间"中查找。

DatePart 函数：返回一个包含已知日期的指定时间部分的整数。

语法：DatePart（interval, date）

参数：

● Interval：要返回的时间间隔字符串。例如："yyyy"表示年、"d"表示日、"m"表示月、"h"表示时、"n"表示分钟、"s"表示秒。

● Date：要计算的日期时间。

● Now 函数：返回计算机当前系统的日期时间。

在"年龄"字段设置中"年龄"为字段的标题，表达式之间用"："分隔。注意在输入这个"："时一定要在英文状态下输入西文字符，输入中文字符将会出错。其他英文字符的大小写随意。

（3）在查询设计器"姓名"条件区域输入"Like 王*"，如图4-17所示。在 Access 中的查询表达式中"like"表示模糊字符串匹配，它可以使用通配符，其中"*"表示任意多个字符，"?"表示一个字符。

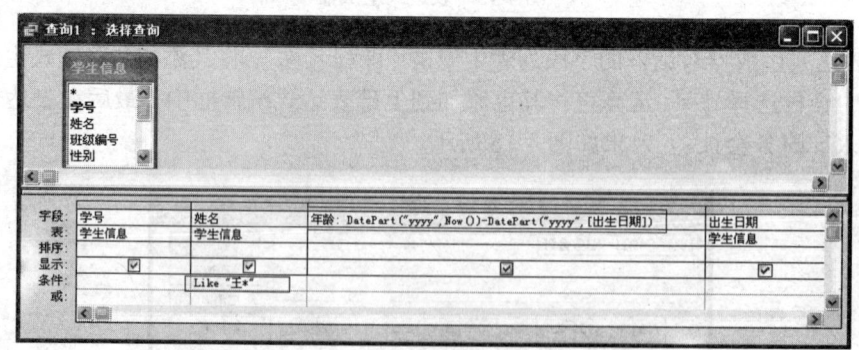

图 4-17 建立运算字段的查询

4.3 参数查询

参数查询是一种特殊的查询，它在执行时会激活对话框要求用户输入查询的条件值信息，然后根据用户的输入查询出对应的结果。例如,我们在前面查询了 90 分以上学生的成绩信息,这个查询只能完成查找 90 分以上的学生成绩信息,如果我们要查询 80 分以上或者 70 分以上的学生成绩信息就必须重新创建新的查询。为此,Access 提供了参数查询以实现这一类查询功能,参数查询可以把要查的成绩作为查询的参数,在查询运行的时候输入。参数查询经常用到后面简介的窗体和报表中。因此利用参数查询可以提供查询的通用性,在查询执行过程中,用户只要输入不同的信息就可以利用同一个查询查找出不同的结果,而不需要改变查询本身的设计。

下面以"学生成绩查询"为例,创建一个参数查询,根据学生的姓名进行模糊查询出对应学生的成绩信息,具体的操作步骤如下。

(1) 利用查询设计器按照 4.2.2 小节介绍的方法创建一个学生成绩的简单查询,如图 4-18 所示。

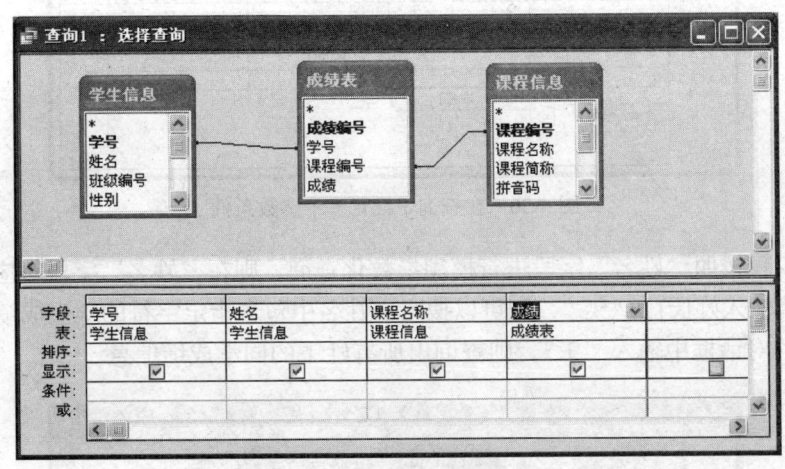

图 4-18 学生成绩的简单查询

(2) 在"姓名"字段对应的条件网格中输入"[请输入姓名]"。注意这里的"[]"必须是英文符号,中文符号将会出错。运行该查询,将出现一个对话框,要求用户输入要查的学生姓名,如图 4-19 所示。输入你要查询的学生姓名后将会查询出相应的结果。

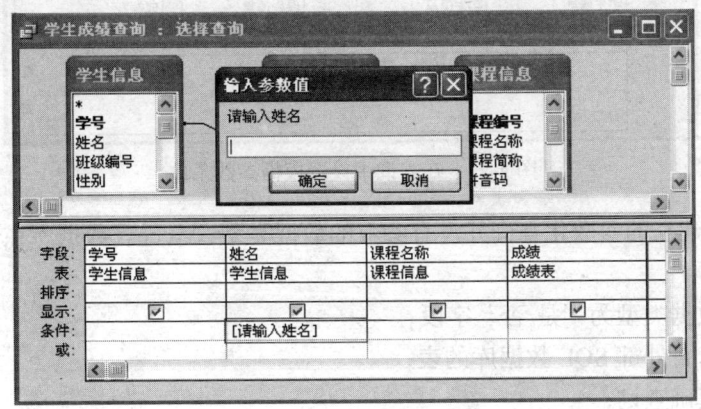

图 4-19 在查询中设置参数条件

(3) 如果既想根据学生的姓名进行查询,又想根据学生的学号进行查询,只需要在刚才创建的查询中"学号"字段的"或"网格中输入"[请输入学号]",如图 4-20 所示。保存运行该查询,将依次弹出两个对话框,第 1 个要求输入姓名,第 2 个要求输入学号。不输入姓名直接单击【确定】按钮将进入学号输入对话框,则系统将按照输入的学号进行检索。因为这两个条件之间的关系是"或",如果把"[请输入学号]"改在条件网格中,则只有输入的学号和姓名是对应的同一个学生才能查找出相应的成绩信息。

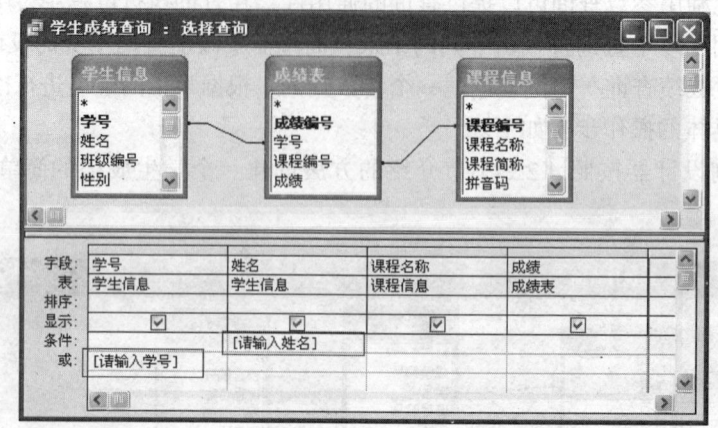

图 4-20　在查询中设置多个参数条件

（4）如果仅仅按照"姓名"字段进行模糊参数化查询,则在"姓名"字段对应的条件网格中输入" Like [请输入姓氏] & "*" ",则可以搜索出姓名中包含指定字符的学生成绩信,如图 4-21 所示。在弹出的对话框中输入"王",则查询出所有姓王的同学成绩信息。

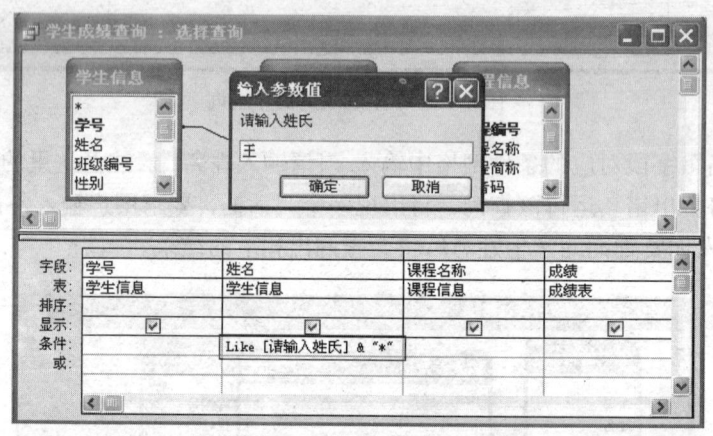

图 4-21　在查询中设置模糊参数条件

（5）我们刚才建立的参数化查询并没有参数的数据类型,Access 数据库在以下情况下必须为参数制定数据类型:

- 提示输入数据类型为"是/否"字段;
- 提示字段来自外部 SQL 数据库的表;
- 是图表的基础查询;
- 是交叉表查询或者是交叉表查询的基础查询。

下面创建"是否本学期课程"的课程信息参数化查询,在这个查询中"本学期课程"为"是/否"类型字段,如图 4-22 所示。在这里创建"是否本学期课程"的参数化查询过程如下。

课程信息 : 表

课程编号	课程名称	课程简称	拼音码	本学期课程	教师	开课系别	学分
1	政治经济学（A）	政治经济学（A）	ZZJJX	☑	教师1	人文学院	2
2	经济数学基础	经济数学基础	JJSXJC	☑	教师2	计算机系	3
3	基础会计学	基础会计学	JCKJX	☑	教师3	人文学院	3
4	统计学原理（B）	统计学原理（B）	TJXYL	☐	教师4	人文学院	4
5	财务会计	财务会计	CWKJ	☑	教师5	人文学院	2
6	西方经济学	西方经济学	XFJJX	☑	教师6	人文学院	3
7	成本会计	成本会计	CBKJ	☑	教师7	人文学院	3
8	国家税收	国家税收	GJSS	☐	教师8	人文学院	3
9	管理会计	管理会计	GLKJ	☑	教师9	人文学院	2
10	审计学原理	审计学原理	SJXYL	☑	教师10	人文学院	2
11	人力资源管理	人力资源管理	RLZYGL	☑	教师11	人文学院	3
12	马克思经济学	马克思经济学	MKSJJX	☑	教师12	人文学院	2
13	数据库理论	数据库理论	SJKLL	☑	教师13	计算机第	3
0				☐			0

记录: 1 共有记录数: 13

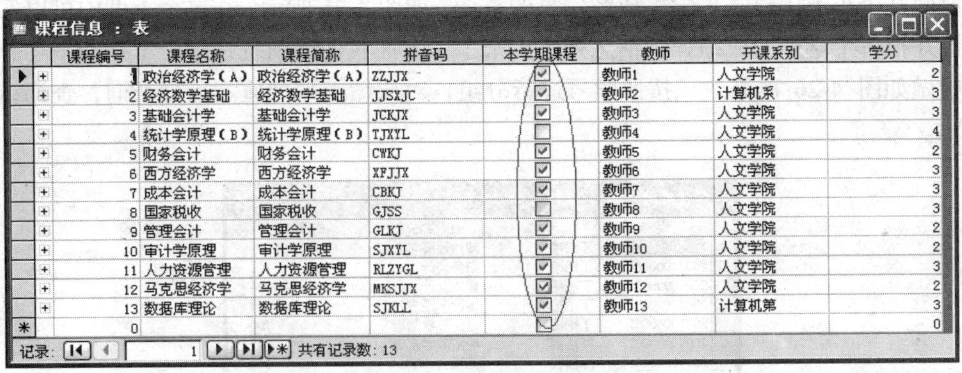

图 4-22 课程信息表

（1）按照前面介绍的方法创建包含所有课程信息的简单查询，并在“本学期课程”字段的条件网格中输入“[是否查询本学期课程？]”，如图 4-23 所示。这时执行查询，无论输入什么内容都不能查找到我们需要的结果。

（2）单击【查询】菜单中的【参数】命令，打开【查询参数】对话框，在“参数”中输入“是否查询本学期课程？”，在【数据类型】中选择“是/否”，如图 4-24 所示。单击【确定】执行查询，如果要查询本学期课程输入“1”，如果要查询非本学期课程输入“0”。

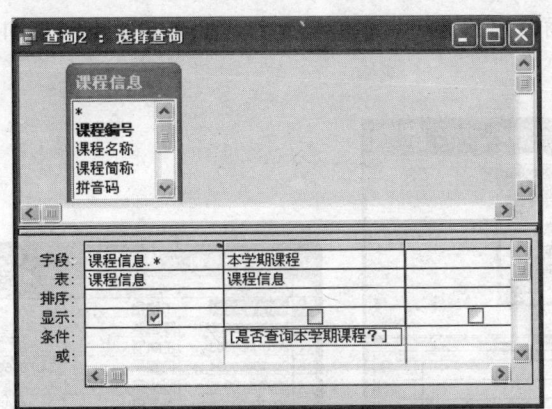

图 4-23 课程信息参数化查询视图

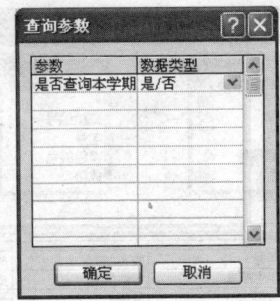

图 4-24 查询参数

4.4 交叉表查询

交叉表查询实际上就是将记录水平分组和垂直分组，在水平分组与垂直分组的交叉位置显示计算结果。在创建交叉表查询时，需要指定 3 种字段。

（1）行表题：指定一个或多个字段进行水平分组，一个分组就是一行，字段的取值作为行标题，查询结果在左边显示。

（2）列标题：只能指定一个字段并将字段分组，一个分组就是一列，字段取值作为列标题，在查询结果顶端显示。

（3）交叉值：只能指定一个字段，且必须选择一个计算类型，如求和、计数、平均值、最小值、最大值等，计算结果在行与列的交叉位置显示。

在前面几个小节中建立了学生成绩信息的查询，如图 4-25 所示。在这个查询中可以实现几个表的联接并把每个学生的成绩详细信息列举出来了，下面我们试图统计每个学生的平均分，在这个查询中做如图 4-26 的修改，按照学号进行分组，对成绩求平均值。运行查询，查询结果如图 4-27 所示。

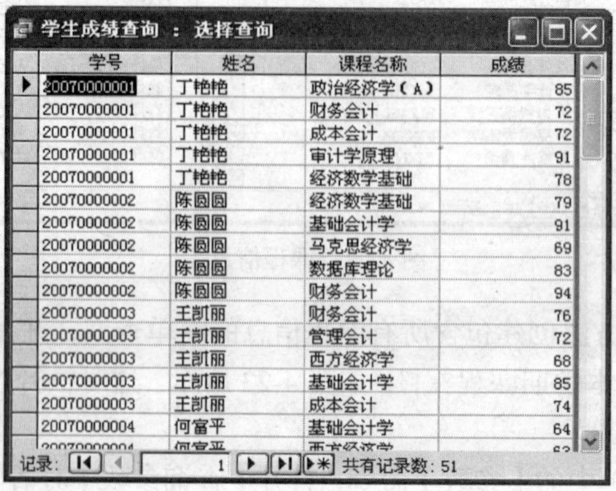

图 4-25　学生课程成绩查询结果

通过这个查询结果可以查询出每个学生的各科成绩的平均值等信息，但是如果在查看平均值的同时，还想查看各科成绩的明细通过前面介绍的方法将不能实现。下面将通过交叉查询来查询每个学生各科成绩及其平均分。

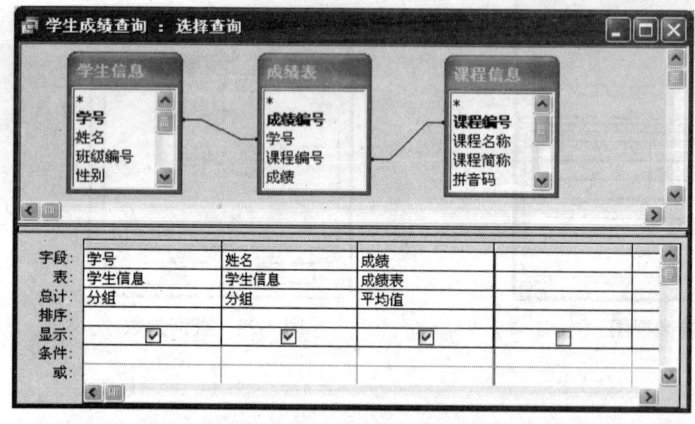

图 4-26　计算每个学生平均分的查询设计视图 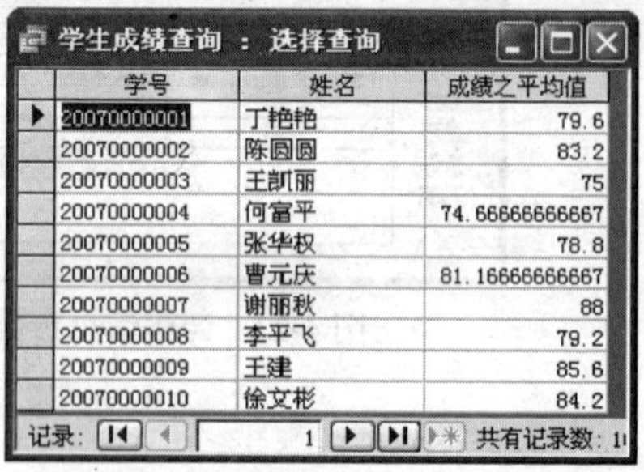　　　　图 4-27　每个学生平均分查询结果

（1）先建立一个学生成绩信息的基本查询。注意：交叉表查询的数据源要求只能是一张表或一个查询，如果要建立基于多个表的交叉查询应该先建立多个表连接的简单查询，然后再建立交叉查询。

（2）在数据库窗口中选择【查询】对象，单击【新建】按钮，在打开的【新建查询】对话框中选择【交叉表查询向导】，打开【交叉表查询向导】对话框，在视图中选择【查询】，在上部列表区域选择"学生成绩查询"，如图 4-28 所示。

（3）单击【下一步】按钮，打开交叉表查询行标题选择对话框，在可用字段中选择"学号"、"姓名"，单击【添加】按钮将其添加到选定字段中，如图 4-29 所示。注意：最多只能选择 3 个行标题字段。

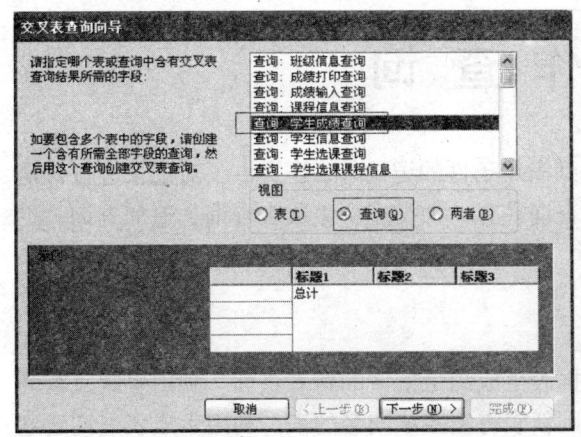

图 4-28　交叉表查询数据源　　　　　　图 4-29　交叉表查询行标题选择

（4）单击【下一步】按钮，打开交叉表查询列标题选择对话框，在该对话框中选择"课程名称"字段为列标题，如图 4-30 所示。注意：只能选择一个列标题字段。

（5）单击【下一步】按钮，打开交叉表的行列交叉点处内容选择对话框，在此对话框中选择"成绩"字段，再在【函数】栏中选择"平均"，如图 4-31 所示。

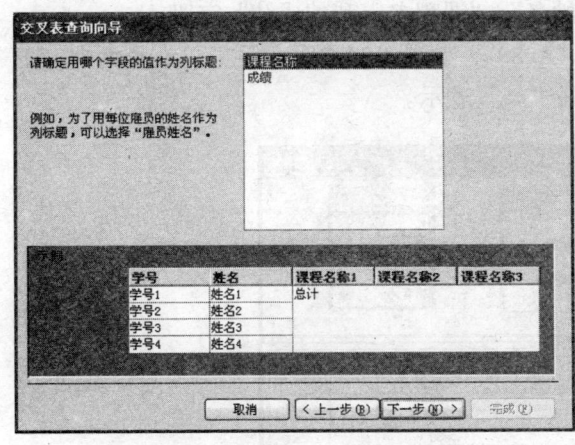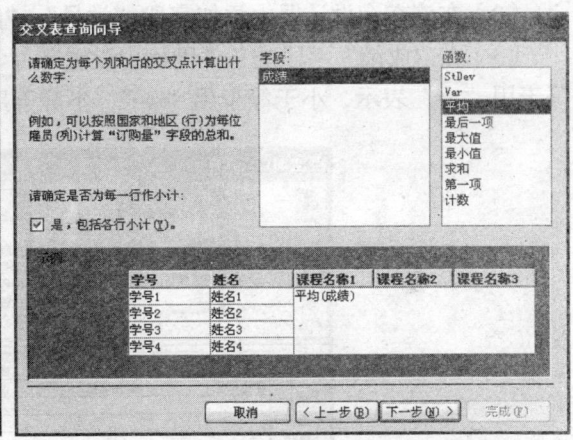

图 4-30　交叉表查询列标题选择　　　　　图 4-31　交叉表查询行列交叉点内容选择

（6）单击【下一步】按钮，制定查询的标题，最后完成该查询，系统会自动创建该查询，并运行查询结果，如图 4-32 所示。

学号	姓名	总计 成绩	财务会计	成本会计	管理会计	基础会计学	经济数学基础	马克思经济
20070000001	丁艳艳	79.6	72	72			78	
20070000002	陈圆圆	83.2	94			91	79	
20070000003	王凯丽	75	76		74	72	85	
20070000004	何富平	74.6666666667		68	75	64		
20070000005	张华权	78.8		81				
20070000006	曹元庆	81.1666666667		87		94	74	
20070000007	谢丽秋	88						
20070000008	李平飞	79.2	88	68	87	77	76	

图 4-32　交叉表查询结果

4.5 操作查询

Access 的查询操作除了能够根据数据源查找到满足条件的记录外，还提供了对记录进行移动和更改的查询，这类查询称之为操作查询。操作查询共有 4 种类型：生成表查询、追加查询、更新查询和删除查询。

4.5.1 生成表查询

生成表查询是利用现在已经有一个或多个数据表生成满足条件的新表查询。利用生成表查询建立新表时，如果数据库中已经存在同名的表，则新表将覆盖该同名的表。利用生成表查询建立新表时，新表中的字段从源表中继承字段名称、数据类型以及字段的大小属性，但字段的其他属性以及主键将不会被继承。

下面以创建一个"考核优秀学生成绩信息"为例，创建一个生成表查询，将所有课程考试成绩在 80 分以上的学生成绩信息查找出来并创建一个新表。具体操作步骤如下。

（1）在数据库窗口中选择【查询】对象，双击【在设计视图中创建查询】，这时会打开【显示表】对话框，在【显示表】对话框中选择"学生信息表"、"课程信息表"和"成绩表"。

（2）在该查询设计器中添加字段"学号"、"姓名"、"课程名"和"成绩"字段。

（3）在"成绩"字段的条件网格中设置条件">=80"，如图 4-33 所示。注意：在查询中大于等于用">="表示，小于等于用"<="，不等于用"<>"表示。

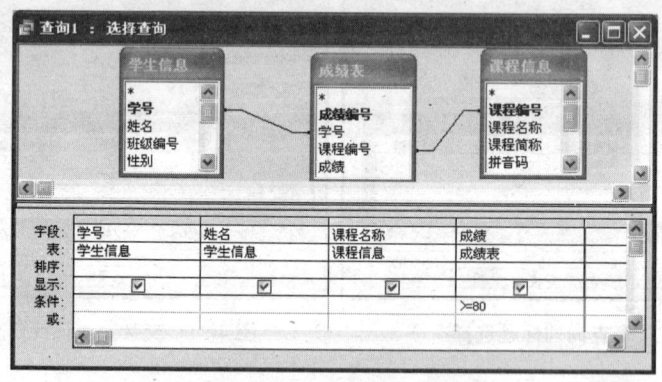

图 4-33 生成表查询视图设置

（4）最后更改查询的类型，默认查询的类型是选择查询。选择【查询】菜单中的【生成表查询】更改查询的类型为"生成表查询"。或者单击工具栏中的查询类型按钮 ，更改查询的类型为"生成表查询"，系统将打开【生成表】对话框，如图 4-34 所示。

图 4-34 【生成表】对话框

（5）在【生成表】对话框的表名称中输入"考核优秀学生成绩信息"，选择【当前数据库】单选按钮。确定并运行查询，在弹出的对话框中选择【是】，我们将发现在表对象中将新创建了一个"考核优秀学生成绩信息"表，如图 4-35 所示。这个表中已经包含了考核优秀的学生成绩信息，并非只有表结构。

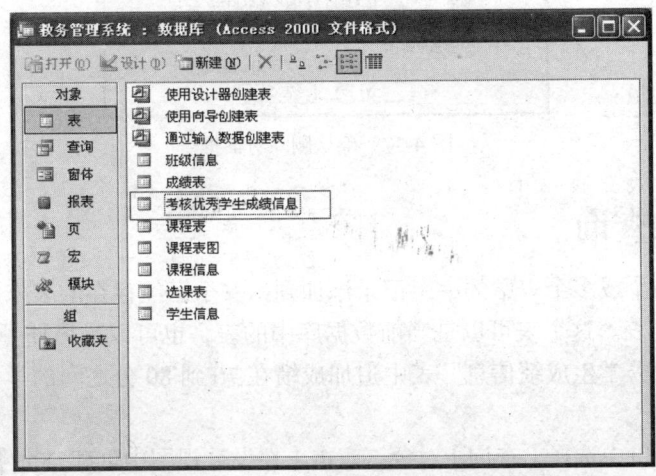

图 4-35　利用生成表查询创建的新表

4.5.2　删除查询

删除查询可以利用查询条件删除数据表中指定条件的一组记录。

下面以删除刚才创建的"考核优秀学生成绩信息"表中成绩在 90 分以下的学生信息为例，创建一个删除查询。

（1）在数据库窗口中选择【查询】对象，双击【在设计视图中创建查询】，这时会打开【显示表】对话框，在【显示表】对话框中选择"考核优秀学生成绩信息"。

（2）单击【查询】菜单中的【删除查询】命令，更改查询的类型为"删除查询"。在查询设计网格中添加"*"字段，在对应的删除网格中选择"From"。

（3）在查询设计器网格中添加"成绩"字段，在其对应删除网格中选择"Where"，在其对应的条件网格中输入"<90"，如图 4-36 所示。

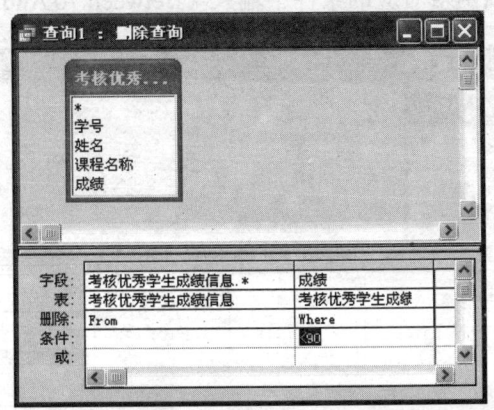

图 4-36　删除查询设计视图

（4）保存并运行该查询，将弹出图 4-37 所示的删除确认对话框，选择【是】后对删除的记录将不能够恢复。

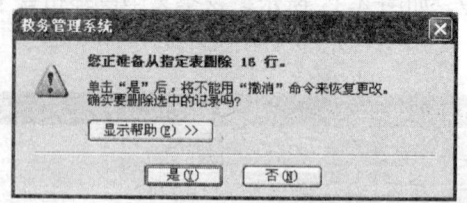

图 4-37　确认删除对话框

4.5.3　追加查询

追加查询是将一个或多个表中的一组记录添加到另一个已经存在的表末尾。要被追加记录的表必须是已经存在的表。这个表可以是当前数据库中的表，也可以是另外一个数据库中的表。

下面向"考核优秀学生成绩信息"表中追加成绩在 70 到 80 分之间的学生成绩信息，具体操作步骤如下。

（1）在数据库窗口中选择【查询】对象，双击【在设计视图中创建查询】，这时会打开【显示表】对话框，在【显示表】对话框中选择【查询】选项卡，添加"学生成绩查询"到查询设计器视图中，如图 4-38 所示。

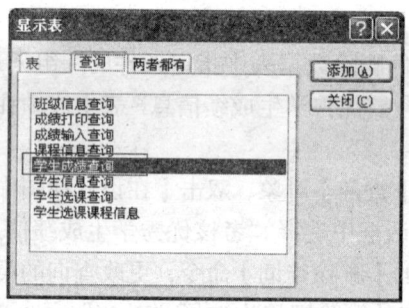

图 4-38　添加查询的显示表对话框

（2）在该查询设计器中添加字段"学号"、"姓名"、"课程名"和"成绩"字段。

（3）在查询设计器成绩网格对应的条件中输入"Between 70 And 80"，如图 4-39 所示。

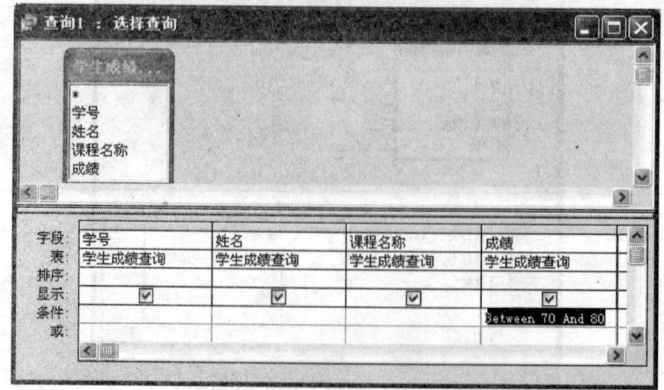

图 4-39　追加查询的设计视图

（4）单击【查询】菜单对应的【追加查询】命令，弹出【追加】对话框。

（5）在【追加】对话框中选择"当前数据库"，在表名称中选择"考核优秀学生成绩信息"，单击【确定】按钮。

（6）保存并运行查询，在弹出的确认添加对话框中选择【是】。

4.5.4 更新查询

更新查询可以对表中的部分记录或全部记录作更改。更新查询可以非常方便地一次更新表中的多条记录。

下面以"学生信息"表为例，将所有"回族"同学的年级更改为2008，具体操作步骤如下。

（1）在数据库窗口中选择【查询】对象，双击【在设计视图中创建查询】。

（2）在打开的【显示表】对话框中，把【学生信息】表添加到查询设计窗体中。

（3）单击【查询】菜单中的【更新查询】命令，则查询设计网格中就出现了【更新到】行。

（4）在查询设计窗体中添加"民族"和"年级"两个字段，设置"民族"字段的条件为"回族"，"年级"字段的更新到为"2008"，如图4-40所示。

图4-40 更新查询的设计视图

（5）保存并运行查询，在弹出的更新确认对话框中选择【是】。

注意：更新查询对原来的记录所做的修改不能恢复，因此使用更新查询前应该做好数据表的备份。

本章小结

本章主要介绍了查询的基本概念、查询的种类以及创建查询的方法。通过本章的学习，应该理解Access查询对象的作用，掌握Access查询对象的创建与设计方法，学习查询对象的应用技术。

应用Access查询设计向导不仅可以方便地进行Access查询对象的创建，而且使用这个工具还可以非常方便地生成合适的SQL语句，方便下一章SQL语句的学习。

第 5 章 SQL 语句

SQL 是 Structured Query Language（结构化查询语言）的缩写。SQL 集数据定义、数据操纵和数据管理三大功能于一体，是目前关系数据库通用语言。查询是 SQL 语句的重要组成部分，但不是全部。在 Access 中，查询对象本质上是一个用 SQL 编写的命令。当我们使用查询设计器窗口可视化的创建查询时，系统将自动把它转换为 SQL 编写的语句并保存起来，运行一个查询对象实质上就是执行这个 SQL 命令。

引例 选课情况查询

在前面章节中我们介绍了通过查询设计视图创建查询的基本方法，下面查询一下"丁艳艳同学所修课程的课程编号、课程名称和学分信息"。分析这个查询可以看出查询的结果应该来自"课程信息"表，我们要查询丁艳艳同学选修课程情况又要用到学生信息表和成绩表，其查询的流程如下。

（1）通过学生信息表查询丁艳艳的学号信息，如图 5-1 所示。

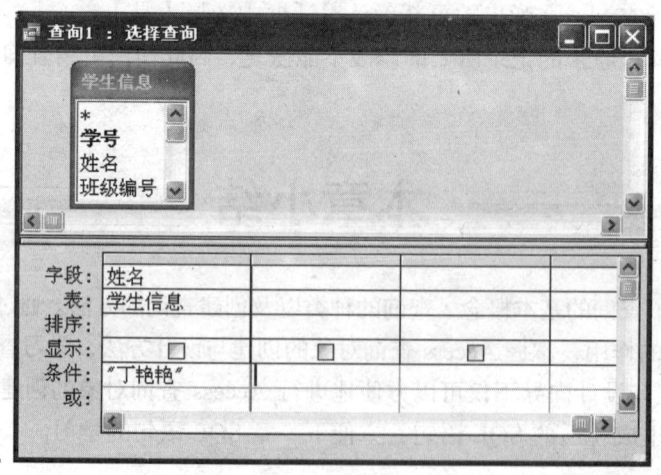

图 5-1 丁艳艳学号查询

（2）根据查询出的学号通过成绩表查询所修课程编号，其查询设计如图 5-2 所示。

第 5 章　SQL 语句

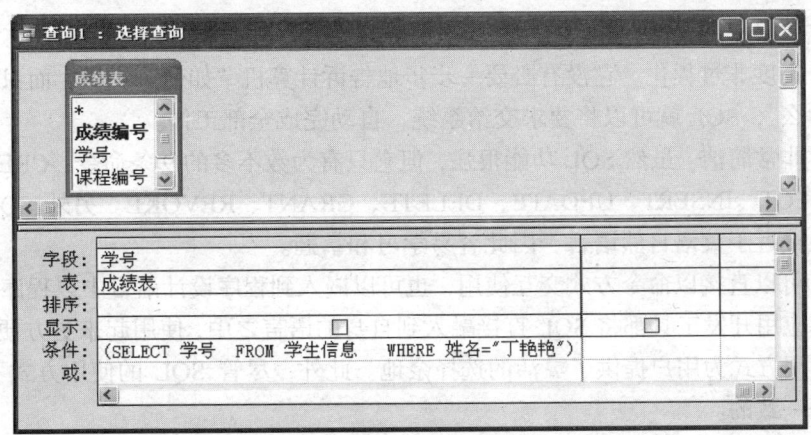

图 5-2　丁艳艳所修课程号查询

（3）根据查询处理的课程编号再在课程信息表中查询课程名称和学分。其查询设计如图 5-3 所示。

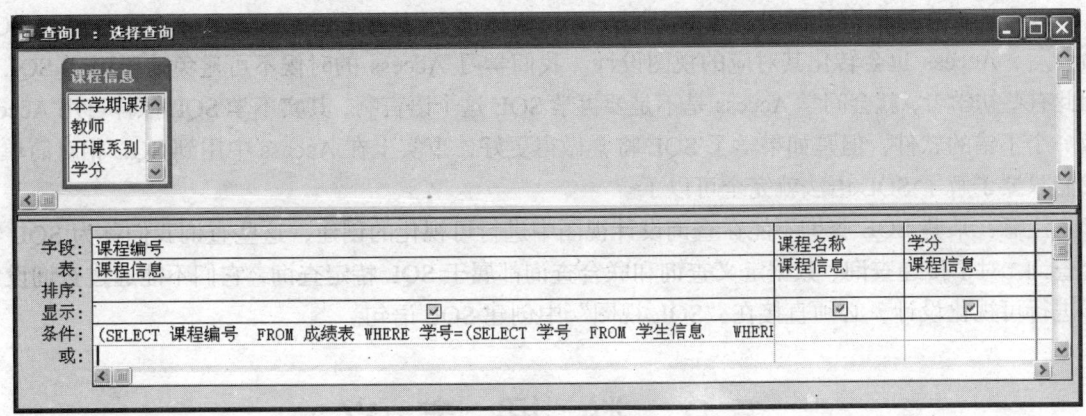

图 5-3　课程信息查询设计

在这个查询中可发现从第二个查询设计开始，查询的条件都是上一个查询设计的 SQL 语句，对于这样的查询仅仅通过查询设计器已经不能完成，因此要完成较为复杂的查询还需要通过 SQL 命令来完成，本章将介绍 SQL 命令的基本语法。

5.1　SQL 概述

20 世纪 80 年代初，美国国家标准协会（ANSI）开始着手制定 SQL 标准，最早的 ANSI 标准于 1986 年完成，它也被叫做 SQL86。随后，SQL 标准几经修改和完善，其间经历了 SQL89、SQL92，一直到最近的 SQL99 等多个版本，每个新版本都较前面的版本有重大改进。目前，各主流数据库产品采用的 SQL 标准是 1992 年制定的 SQL92。SQL 语句可以用来执行各种各样的操作。目前流行的关系数据库管理系统，如 Qracle、Sybase、SQL Server、Visual FoxPro、Access 等都采用了 SQL 标准，而且很多数据库都对 SQL 进行了再开发和扩展。SQL 语言具有如下特点。

（1）SQL 是一种一体化的语言。它集数据定义、数据查询、数据操纵和数据控制功能于一体，可以独立完成数据库的全部操作。

（2）SQL 高度非过程化。它没有必要一步步地告诉计算机"如何"去做，而只需要描述清楚用户要"做什么"，SQL 就可以将要求交给系统，自动完成全部工作。

（3）SQL 非常简洁。虽然 SQL 功能很强，但它只有为数不多的 9 条命令：CREATE、DROP、ALTER、SELECT、INSERT、UPDATE、DELETE、GRANT、REVOKE。另外 SQL 的语法也非常简单，它很接近于英语自然语言，因此容易学习和掌握。

（4）SQL 可以直接以命令方式交互使用，也可以嵌入到程序设计语言中以程序方式使用。现在很多数据库应用开发工具都将 SQL 直接融入到自身的语言之中，使用起来更方便，Access 就是如此。这些使用方式为用户提供了灵活的选择余地。此外，尽管 SQL 的使用方式不同，但 SQL 的语法基本是一致的。

Access 在 SQL 方面支持数据定义、数据查询和数据操纵功能，但在具体实现方面也存在一些差异。在 Access 的查询【设计视图】窗口，为了能够看到查询对象相应的 SQL 语句或直接编辑 SQL 语句，用户只要单击【视图】菜单中的【SQL 视图】命令，就可以直接编辑或者创建 SQL 语句。

我们前面在查询设计器中创建的查询，Access 将把它们转换为对应的 SQL 命令，更改 SQL 命令后，Access 也会转化其对应的视图设计。我们学习 Access 的时候不可避免地要用到 SQL，因此有些初学者，就会问学 Access 是不是要再学 SQL 这个语言啊，其实不学 SQL 照样可用 Access 做一个不错的软件，但是如果学了 SQL 将会做得更好，事实上在 Access 中用到 SQL 相对简单，我们只要了解了 SQL 语法就完全可以了。

注意：某些 SQL 查询不能在查询设计视图中进行可视化的创建，这些查询我们称为 SQL 特定查询。对于传递查询、数据定义查询和联合查询都属于 SQL 特定查询，它们不能通过查询设计器进行可视化设计，必须直接在"SQL 视图"中创建 SQL 语句。

5.2 数据定义

数据定义用于定义数据库的所有特性和属性，有关数据定义的 SQL 分为三种，它们是建立（CREATE）表、修改（ALTER）表和删除（DROP）表。

5.2.1 定义表结构

（1）用 SQL 语句创建一个最基本的表结构

【格式】CREATE TABLE <表名> （<字段名 1><数据类型>[（<宽度>[，<小数位数>]）][，<字段名 2>…]）

【说明】字段的数据类型采用英文表示，字段名和数据类型前要有空格。对于固定宽度的类型（如：日期型、日期时间型、备注、通用等类型）可省略宽度。参数 FREE 可省略，如果当前打开了数据库，使用 FREE 强制创建的表为自由表。

【例 5.1】创建一个表 STUD1（学生信息表 1），它由以下字段组成：学号（字符，10）；姓名（字符，8）；性别（字符，2）；班级名（字符，10）；系别代号（字符，2）；地址（字符，50）；出生日期（日期时间）；是否团员（Yes/No）；备注（备注）。

CREATE TABLE STUD1（学号 Text(10)，姓名 Text(4)，性别 Text(1)，班级名 Text(10)，

系别代号 Text(2), 地址 Text(50), 出生日期 Date, 是否团员 Yesno, 备注 Memo, 照片 Image)

数据类型	表 示 符
文本	Text
备注	Memo
长整型	Long
整形	Short
单精度	Single
双精度	Double
货币	Currency
日期时间	Date
Yes/No	Yesno
Ole 对象	Image

(2) 创建一个数据库表，并建立主索引和候选索引

【格式】CREATE TABLE <表名> （<字段名1><数据类型>［PRIMARY KEY ｜ UNIQUE］[，<字段名2>…])

【说明】在字段名后面加上参数 PRIMARY KEY 表示给此字段建立主索引，字段名后加上 UNIQUE 参数表示建立候选索引。

【例 5.2】创建一个表 STUD2（学生信息表 2），它由以下字段组成：学号（文本，10）；姓名（文本，8）；性别（文本，2）。给学号字段建立主索引，给姓名字段建立候选索引。

CREATE TABLE STUD2（学号 Text（10）PRIMARY KEY，姓名 Text（10）UNIQUE，性别 Text（2））

(3) 通过查询创建表

【格式】SELECT <列表达式>[，<列表达式>] INTO <新表名> FROM <表名>

【例 5.3】通过查询"学生信息表"中的学号、姓名、性别、出生日期和年龄信息创建一个表 STUD3。

SELECT 学号，姓名，性别，出生日期，Year（Date（ ））-Year（[出生日期]）AS 年龄 INTO stud

FROM 学生信息；

5.2.2 修改表结构

(1) 给表增加字段

【格式】ALTER TABLE <表名> ADD <字段名> <字段类型>[（<宽度>[，<小数位数>]）]

【例 5.4】在 STUD1 表中增加一个入学成绩字段变量（整型）。

ALTER TABLE STUD1 ADD 入学成绩 Short

(2) 册除表中的字段

【格式】ALTER TABLE <表名> DROP ［COLUMN］ <字段名>

【例 5.5】删除 STUD1 表中入学成绩字段。

ALTER TABLE STUD1 DROP COLUMN 入学成绩

(3) 更改字段的数据类型和宽度

【格式】ALTER　TABLE　<表名>ALTER［COLUMN］<字段名><字段类型>[(<宽度>[,<小数位数>])]

【例5.6】修改 STUD1 表学号字段的数据类型为整型。
　ALTER　TABLE　STUD1　ALTER COLUMN　学号　Short

5.2.3　删除表

【格式】DROP　TALBE　<表名>
【说明】此命令删除的是表文件，而不是仅仅删除表记录。
【例5.7】删除 STUD1 表。
　DROP TABLE STUD1

5.3　数据操纵

　　数据操纵是完成数据操作的命令，它由 INSERT（插入）、DELETE（删除）、UPDATE（更新）和 SELECT（查询）等命令组成。查询也划归为数据操纵范畴，但由于它比较特殊，所以查询语言在第4节单独出现。

5.3.1　插入记录

（1）通过具体的值向表中插入记录
【格式】INSERT　INTO　<表名>　[(<字段名表>)]　VALUES　(<表达式表>)
【例5.8】有学生表（学号 Text（2），姓名 Text（8），年龄 Short，性别 Text（2）），写出向学生表中插入一条记录的命令。
　INSERT INTO 学生 VALUES（"01", "徐晨", 19, "女"）
　INSERT INTO 学生 （学号, 姓名） VALUES（"02", "王语嫣"）
【注意】当需要插入表中所有字段的数据时，表名后面的字段名可以缺省，但插入数据的格式及顺序必须与表的结构完全吻合；若只需要插入表中某些字段的数据，就需要列出插入数据的字段名，当然相应表达式的数据位置应与之对应。

（2）通过查询向表中插入记录
【格式】INSERT INTO　<表名>　(<字段名表>)　SELECT <字段名表>　FROM　<表名> [WHERE <条件>]
【例5.9】把学生信息表中所有党员的学号、姓名记录插入到学生表中。
　INSERT INTO 学生 （ 学号，　姓名 ）
　SELECT 学生信息.学号，学生信息.姓名
　FROM 学生信息
　WHERE （学生信息.政治面貌）="党员"

5.3.2　删除记录

　　在 SQL 语句中通过 DELETE 命令可以将指定的数据表中的记录予以删除。
【格式】DELETE　FROM　<表名> [WHERE <条件表达式>]

【注意】该命令将从表中删除满足条件的记录，当不选择 WHERE 字句时，表示删除表中的全部记录。

【例 5.10】删除学生表中所有女学生的记录。
DELETE FROM 学生 WHERE 性别="女"

5.3.3 更新记录

【格式】UPDATE <表名> SET <字段名 1>=<表达式 1>[,<字段名 2>=<表达式 2>…] [WHERE<条件>]

【例 5.11】将学生表中王语嫣同学的年龄修改为 20。
UPDATE 学生 SET 年龄=20 WHERE 姓名="王语嫣"

5.4 数据查询

数据查询是数据库的核心操作。SQL 语言提供了 SELECT 语言进行数据库的查询。该命令的基本框架是 SELECT-FROM-WHERE，SELECT-FROM 是必备结构。

5.4.1 单表的无条件查询

【格式】SELECT [ALL | DISTINCT] <列表达式>[,<列表达式>]
　　　　FROM <表名>
【说明】（1）ALL：表示显示全部记录，包括重复记录（缺省值）。
　　　　（2）DISTINCT：表示显示无重复结果的记录。
　　　　（3）<列表达式>：可以用 <列表达式>AS<标题> 指定标题。
　　　　（4）<列表达式>也可以用 "*" 代替表示显示所有的列。

【例 5.12】查询学生如下信息。
（1）查询学生信息表中全部记录。
SELECT * FROM 学生信息
（2）查询所有学生姓名和年龄，去掉重名。
SELECT DISTINCT 姓名，YEAR（Now（））-YEAR（出生日期） AS 年龄 FROM 学生信息
SELECT 命令中的选项不仅可以是字段名,还可以是表达式,也可以是一些函数。SELECT 命令中可以用到的统计函数如下。
① COUNT（*|<列名>） 统计记录个数（及查询结果的行数）。
② SUM （<列名>）计算一列值的总和。
③ AVG （<列名>）计算一列值的平均值。
④ MAX （<列名>）求一列值中最大值。
⑤ MIN （<列名>）求一列值中最小值。

【例 5.13】统计函数的应用。
（1）求所有学生的平均年龄。
SELECT AVG（YEAR（Now（））-YEAR（出生日期）） AS 平均年龄 FROM 学生信息
（2）求学生信息表中学生的人数。

SELECT COUNT（*） AS 人数 FROM 学生信息

5.4.2 单表带条件的查询

在 SELECT 语句中通过 WHERE 语句指定查询的条件。

【格式】SELECT [ALL | DISTINCT] <列表达式>[, <列表达式>]
　　　　FROM <表名>
　　　　WHERE <条件表达式>

【说明】在 SELECT 语句中通过 WHERE 给出查询条件，<条件表达式>由一系列用 AND 或 OR 连接的条件表达式组成，条件表达式的格式如下。

（1）<字段名1><关系运算符><字段名2>

（2）<字段名><关系运算符><表达式>

（3）<字段名><关系运算符>ALL（<子查询>）

（4）<字段名><关系运算符>　ANY　|　SOME　（<子查询>）

（5）<字段名>　[NOT]　BETWEEN　<起始值>　AND　<终止值>

（6）[NOT]　EXISTS　（<子查询>）

（7）<字段名>　[NOT]　IN　<值表>

（8）<字段名>　[NOT]　IN　（<子查询>）

（9）<字段名>　[NOT]　LINK　<字符表达式>

SQL 支持的关系运算符如下：

=、<>、! =、#、>、>=、<、<=。

【例5.14】查询学生信息表所有女学生的基本信息。
SELECT 学生信息.*
FROM 学生信息
WHERE （学生信息.性别）="女";

【例5.15】查询学生信息表中所有1990年出生男学生的基本信息。

方法一：
SELECT * FROM 学生信息 WHERE 性别="男" AND 出生日期 Between #1990-1-1# And #1990-12-31#

方法二：
SELECT * FROM 学生信息 WHERE 性别="男" AND Year（出生日期）=1990

方法三：
SELECT * FROM 学生信息 WHERE 性别="男" AND 出生日期>=#1990-1-1# and 出生日期<=#1990-12-31#

【例5.16】显示学生信息表中姓"李"的学生的学号、姓名、出生日期。

方法一：
SELECT 学号， 姓名， 出生日期 FROM 学生信息 WHERE 姓名 LIKE "李*";

方法二：
SELECT 学号， 姓名， 出生日期 FROM 学生信息 WHERE LEFT（姓名，1）="李";

5.4.3 分组与计算查询

查询 SELECT 语句不仅可以通过 WHERE 子句查找满足条件的记录,还可以通过聚合函数对满足条件的数据进行求和、计数、平均值、最大值、最小值等运算。标准的 SQL 语句提供了 5 种常用的聚合函数。

- COUNT（[DISTINCT|ALL] * | 列名）：统计元组个数。
- COUNT（[DISTINCT|ALL] <列名>）：统计一列中值的个数。
- SUM（[DISTINCT|ALL] <列名>）：计算一列值的总和（此列必须是数值型）。
- AVG（[DISTINCT|ALL] <列名>）：计算一列值的平均值（此列必须是数值型）。
- MAX（[DISTINCT|ALL] <列名>）：计算一列值的最大值。
- MIN（[DISTINCT|ALL] <列名>）：计算一列值的最小值。

这些聚合函数一般用于从一组数值中计算一个汇总值,在 SQL 语句中通过 GROUP BY 子句定义字段值的分组。

【格式】SELECT　分组表达式,聚合函数
　　　　FROM　表名
　　　　WHERE　<条件>
　　　　GROUP　BY　<分组表达式>… [HAVING　<过滤条件>]

【说明】（1）GROUP　BY　<分组表达式>：表示分组查询,若查询到的数据里有多个记录的指定字段的值相同,只取一条记录作为查询结果。

（2）HAVING　<过滤条件>：设置过滤条件,在其后可以使用聚合函数。

【例 5.17】统计学生信息表中各个民族的人数。

SELECT 民族, Count（学号）AS 人数
FROM 学生信息
GROUP BY 民族;

【例 5.18】统计成绩表中选修人数在 3 人以上（不包括 3 人）的课程的课程号、最高分、最低分以及选修人数。

SELECT 课程编号, Max（成绩）AS 最高分, Min（成绩）AS 最低分, Count（学号）AS 选修人数
FROM 成绩表
GROUP BY 课程编号
HAVING　Count（学号）>3;

聚合函数在查询中,如果进行了分组将作用于每一组数据的统计。聚合函数不能使用在 WHERE 子句中。

5.4.4 查询结果排序

为了方便按照某个顺序对数据表中的数据进行查找,在查询语句中经常需要进行排序。用户可以用 ORDER BY 子句指定按照一个或多个属性列的升序（ASC）或降序（DESC）重新排列查询结果,其中升序 ASC 为默认值。

【例 5.19】查询学生信息表所有学生信息,并按学号排序。

SELECT *
FROM 学生信息
ORDER BY 学号；

【例 5.20】按出生日期降序显示学生信息表中的学号、姓名、出生日期。
SELECT 学号，姓名，出生日期
FROM 学生信息
ORDER BY 出生日期 DESC；

【例 5.21】显示学生信息表中学生的学号、姓名、性别、年龄，并按性别降序排序，对性别相同的按照年龄升序排序。
SELECT 学号，姓名，性别，Year（Date（））-Year（[出生日期]） AS 年龄
FROM 学生信息
ORDER BY 性别 DESC，Year（Date（））-Year（[出生日期]）；

5.4.5 多表连接查询

在 SQL 语句中，在 FROM 子句中提供了一种称之为连接的子句，连接分为内连接、左连接和右连接。

在查询设计窗口中，通过双击两个表连接线的中间部分，可以打开【联接属性】对话框，如图 5-4 所示。通过在此对话框中选择联接的属性的 1，2，3 分别实现内连接、左连接和右连接。

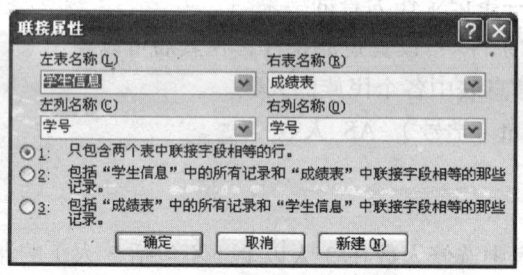

图 5-4 【联接属性】对话框

（1）内连接

内连接是指包括符合条件的每个表的记录，也就是说两个表中具有相同值的行会在结果表中显示。

【例 5.22】查询并显示各个学生的学号、所学课程及课程成绩。
方法一：
SELECT 成绩表.学号，课程信息.课程名称，成绩表.成绩
FROM 课程信息 INNER JOIN 成绩表 ON 课程信息.课程编号 = 成绩表.课程编号；
方法二：
SELECT 成绩表.学号，课程信息.课程名称，成绩表.成绩
FROM 课程信息，成绩表
WHERE 课程信息.课程编号 = 成绩表.课程编号；

我们通过运行查询可以看到上边两种方法得到的结果完全相同。因此内连接可以通过 INNER JOIN … ON … 子句实现，也可以通过 WHERE 之句实现。

（2）左连接

左连接是指包含左表中的所有记录和右表中与左表相对应的记录。

【例 5.23】查询课程信息表中所有课程名称，以及成绩表中对应的学号和成绩信息。

SELECT 成绩表.学号， 课程信息.课程名称， 成绩表.成绩

FROM 课程信息 LEFT JOIN 成绩表 ON 课程信息.课程编号 = 成绩表.成绩编号；

（3）右连接

右连接和左连接刚好相反，它是指包含右表中的所有记录以及与左表相对应的记录。

【例 5.24】查询成绩表中的课程号、成绩以及学生表中所有学生的学号和姓名。

SELECT 学生信息.姓名， 学生信息.学号， 成绩表.课程编号， 成绩表.成绩

FROM 成绩表 RIGHT JOIN 学生信息 ON 成绩表.学号 = 学生信息.学号；

5.4.6 嵌套查询

在 SQL 语句中，一个 SELECT … FROM … WHERE 语句称为一个查询块。将一个查询块嵌套在另一个查询块的 WHERE 子句或 HAVING 短语的条件中的查询称为嵌套查询或子查询。

【例 5.25】显示"丁艳艳"所在籍贯的学生信息。

SELECT *

FROM 学生信息

WHERE 籍贯=（SELECT 籍贯 FROM 学生信息 WHERE 姓名="丁艳艳"）；

【例 5.26】显示选修了课程编号为"3"的学生基本信息。

SELECT *

FROM 学生信息

WHERE 学号 IN （SELECT 学号 FROM 成绩表 WHERE 课程编号=3）；

5.4.7 联合查询

每一个 SELECT 语句都能获得一个或一组记录。若要把多个 SELECT 语句的结果合并为一个结果，可用联合查询来完成。

【例 5.27】查询所有回族以及四川籍的学生的学号、姓名、民族、籍贯信息。

SELECT 学号， 姓名， 民族， 籍贯

FROM 学生信息

WHERE 民族="回族"

UNION

SELECT 学号， 姓名， 民族， 籍贯

FROM 学生信息

WHERE 籍贯="四川"；

如果无须返回重复记录，可以输入带有 UNION 运算符的 SQL 语句，如果需要返回重复记录，可以输入带有 UNION ALL 运算符的 SQL SELECT 语句，并且每条 SELECT 语句必须以相同顺序返回相同数据的字段。

如果要在联合查询中指定排序，可以在最后一条 SELECT 语句的末端添加 ORDER BY 子句，且该字段必须来自第一条 SELECT 语句。

本章小结

本章介绍了 SQL 的基本知识、语句的基本功能以及 Access 中查询的实质。通过本章的学习应掌握基本的 SQL 语句语法规则，了解数据定义、数据操纵的基本语句格式，重点掌握 SQL 中的查询语句，为创建灵活的查询语句打下基础。

第6章 窗体

窗体是人机交互的一个重要接口，是数据库管理系统的门面，在系统中扮演极为重要的角色，是 Access 2003 数据库中功能最强的对象之一。Access 2003 中虽然可以直接使用数据表窗口来输入数据，但不太方便，窗体设计为数据的输入、修改和查看提供了更为灵活和简便的方法。有效的窗体省略了搜索所需内容的步骤，便于人们查看和访问数据库，有助于避免输入错误的数据，外观引人入胜的窗体还可以增加使用数据库的乐趣和效率。本章将介绍窗体的基本知识和建立窗体的相关技巧。

引例 班级信息维护窗体

前文中提到窗体是人机交互的一个重要接口，它就是图形化的用户界面。如图 6-1 所示的"班级信息维护"窗体就是一个很好的交互界面。通过此窗体用户可以对数据库中各班级相关信息进行相应的增删和修改，同时系统也可以通过此窗体向用户展示每个班级的具体信息。

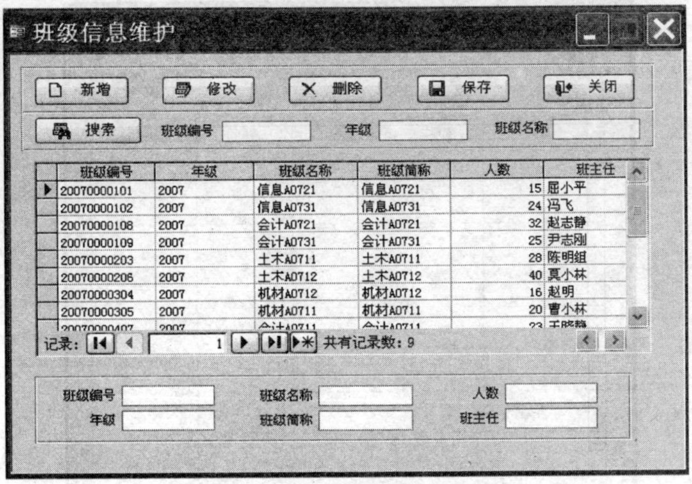

图 6-1 【班级信息维护】窗体

【班级信息维护】窗体上包含了命令按钮、文本框、标签框等多种控件，也涉及子窗体的应用。这些知识点将在本章后面进行具体介绍。要设计一个窗体并不难，但是要使一个窗体完全符合应用程序的要求，还要掌握很多相关知识。

6.1 窗体概述

6.1.1 窗体的概念与作用

窗体是在可视化程序设计中经常提及的概念，窗体实际上就是程序运行时的 Windows 窗口，在应用系统设计时称为窗体。

窗体是一个数据库对象，用于输入、编辑或者显示表或查询中的数据。Access 2003 中使用窗体来控制对数据的访问。例如，某些用户可能只需要查看包含许多字段的表中的几个字段，为这些用户提供仅包含那些字段的窗体，更便于他们使用数据库。还可以向窗体添加按钮和其他功能，自动执行常用的操作。

对用户而言，窗体是操作应用系统的界面，靠菜单或按钮提示用户进行业务流程操作，不论数据处理系统的业务性质如何不同，必定有一个主窗体，提供系统的各种功能，用户通过选择不同操作进入下一步操作的界面，完成操作后返回主窗体。

窗体的相关作用：

1. 输入和编辑数据

该功能是窗体最普遍的应用，用户可以利用窗体进行数据库中数据的录入、修改、删除。例如图 6-1 所示的【班级信息维护】窗体。

2. 查询和统计数据

可以通过窗体输入数据查询或统计条件，查询或统计数据库中的数据。该功能也是窗体比较普遍的应用。例如，图 6-2 所示的【课表查询】窗体，可通过学号或姓名的输入，显示相应学生的课表。

图 6-2 【课表查询】窗体

3. 控制程序流程

窗体可以和宏或者函数一起配合使用，使数据库各个对象紧密地结合起来，实现控制程序流程。例如，图6-1中的【删除】按钮，配置代码后，当用户单击这个按钮时，会触发一系列的操作，实现删除数据库中记录信息的作用。

控制程序流程的窗体最典型的例子就是切换面板，如图6-3所示的【教务管理系统】主界面，该面板对浏览数据库很有帮助。切换面板中有一些按钮，单击这些按钮可以打开相应的窗体和报表（或打开其他窗体和报表的切换面板）、退出Microsoft Access 2003或自定义切换面板。

4．显示消息

在窗体中可以显示一些解释或警告消息，以便用户及时了解将要发生的行为信息，也接受用户输入的信息到系统中。一般用户设计的弹出式窗体就是这种用途，另外通过调用系统函数MsgBox和InputBox也可以实现信息的输入输出。例如，图6-1中，当输入新记录进行保存时，若输入有误，单击【保存】按钮后，会显示如图6-4所示警告消息窗体。

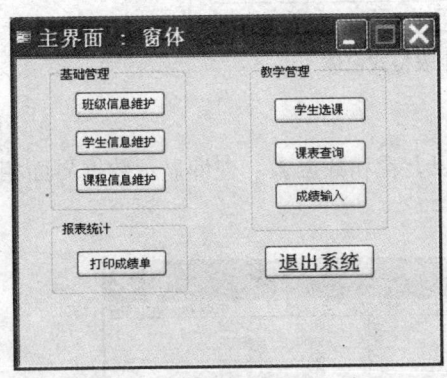

图6-3 "教务管理系统"主界面

图6-4 警告消息窗体

6.1.2 窗体类型

Access 2003的窗体根据数据记录的显示方式提供了6种类型的窗体。

1．纵栏式窗体

纵栏式窗体一屏只显示数据表或查询的一条记录，记录中各字段纵向排列，每个字段的标题一般都放在字段的左边，纵栏式窗体比较适合用于图书卡片、人事卡片等数据的输入和浏览，如图6-5所示。

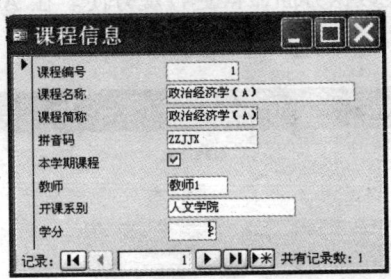

图6-5 【课程信息】纵栏式窗体

2．表格式窗体

表格式窗体如图6-6所示，其特点是一屏可显示数据表或查询中的多条记录，每一条记录的所有字段在一行显示，在窗体顶部显示字段的标题，如图6-6所示。

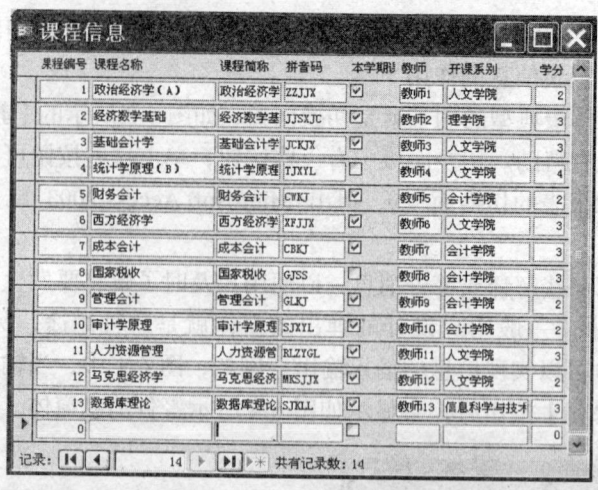

图 6-6 【课程信息】表格式窗体

3. 数据表窗体

数据表窗体以紧凑的方式显示多条记录,从外观上看和数据表、查询显示数据界面相同,如图 6-7 所示。

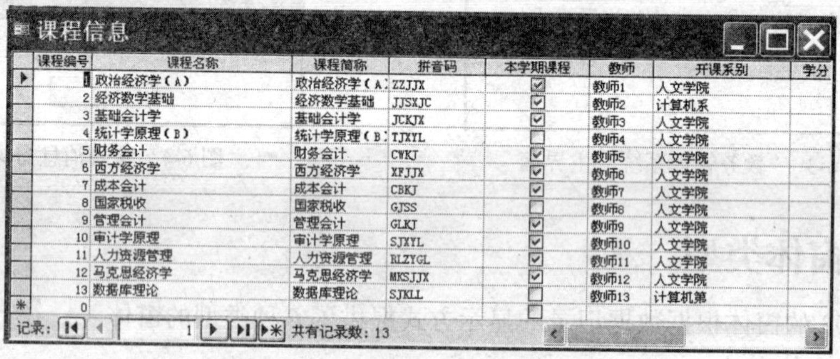

图 6-7 【课程信息】数据表窗体

4. 图表窗体

图表窗体是利用 Microsoft Office 提供的 Microsoft Graph 程序以更直观的图形和图表方式显示数据表和查询结果,这样在比较数据方面显得更直观方便。在 Access 2003 中,用户既可以单独使用图表窗体,也可以在窗体中插入图表控件,如图 6-8 所示。

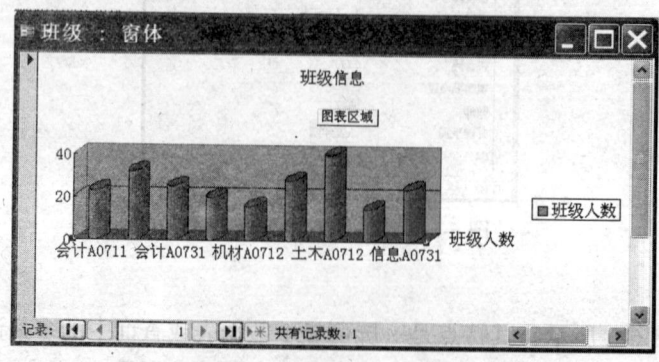

图 6-8 "班级信息"图表窗体

5. 数据透视表窗体

数据透视表窗体是一种交互式的表，可以进行选定的计算，它是 Access 2003 在指定表或查询基础上产生一个导入 Excel 的分析表格，允许对表格中的数据进行一些扩展和其他的操作。

6. 主/子窗体

主/子窗体也称为阶层式窗体、主窗体/细节窗体或父窗体/子窗体。窗体中的窗体称为子窗体，包含子窗体的窗体称为主窗体。主/子窗体通常用于显示多个表或查询中的数据，这些表或查询中的数据具有一对多关系。

另外，依据窗体的其他性质也可对窗体作出另类划分：根据窗体是否与数据源连接可以分为绑定窗体和未绑定窗体，绑定窗体与数据源连接，未绑定窗体不与数据源连接。

 纵栏式窗体、表格式窗体、数据表窗体是对相同的数据的不同显示形式，只是纵栏式窗体一屏只显示一条记录，而表格式窗体和数据表窗体可同时显示多条记录。

6.1.3 窗体视图

窗体视图是窗体在具有不同功能和应用范围下呈现的外观表现形式。窗体有 5 种视图：设计视图、窗体视图、数据表视图、数据透视表视图和数据透视图视图。

（1）设计视图是创建窗体或修改窗体的窗口，在设计视图中可以通过"窗体设计"的工具箱和工具栏完成任何类型窗体设计工作。在设计视图中创建的窗体，可在窗体视图和数据表视图中进行结果查看。

（2）窗体视图就是窗体运行时的显示格式，用于查看在设计视图中所建立窗体的运行结果。在窗体设计过程中，需要不断在两种视图之间进行切换，从而完善窗体设计。

（3）数据表视图是以行和列的二维表格式显示表、查询或窗体数据的窗口。在数据表视图中，可以编辑、添加、修改、查找或删除数据。Access 中只有基于表和查询的绑定窗体才有数据表视图。

（4）数据透视表视图是用于汇总并分析数据表或数据的视图。可以通过拖动字段或项，或通过显示和隐藏字段的下拉列表项，来查看不同级别的详细信息或指定布局。

（5）数据透视图视图是用图形方式汇总并分析数据表或数据的视图。和数据透视表类似，不同的是使用各种不同的图表等直观方式表示数据。

6.2 创建窗体

在 Access 2003 中可以使用两种方法创建窗体，一种是系统提供的窗体向导，另一种是窗体设计器。利用窗体向导可以简单、快捷地创建窗体，Access 2003 会提示设计者输入有关信息，根据输入信息完成窗体创建。一般情况下，即使是经验丰富的设计人员，仍需先利用窗体向导建立窗体的基本轮廓，然后切换到设计视图完成进一步的设计。本节着重介绍窗体的自动建立和各种向导建立的方法。

6.2.1 自动建立窗体

自动创建窗体向导是建立窗体中最简单的方法，它可以帮助用户创建一个简单的数据维护窗体，显示选定表或查询中所有字段及记录，一般适合初学者使用。

自动创建窗体有纵栏式、表格式、数据表3种格式。

【例6.1】通过在"教务管理系统"数据库中创建"学生信息维护"窗体说明自动创建窗体的过程与步骤。

具体步骤如下。

（1）首先打开"教务管理系统"数据库，在数据库窗口的【对象】区选择【窗体】项，单击数据库窗口工具栏上的【新建】按钮，打开如图6-9所示【新建窗体】对话框。

（2）从上方的列表框中选择【自动创建窗体：纵栏式】选项，从【请选择该对象数据的来源表或查询】下拉列表中选择【学生信息】，单击【确定】按钮，显示"学生信息"纵栏式窗体，如图6-10所示。

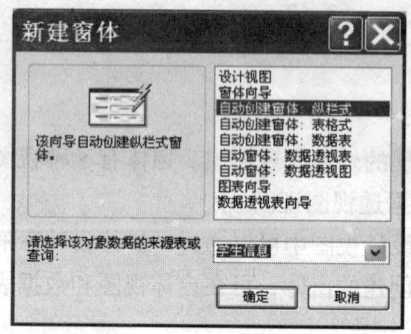 

图6-9 【新建窗体】对话框　　　　　　图6-10 【学生信息】纵栏式窗体

（3）单击工具栏上的【保存】按钮，显示【另存为】对话框，在窗体名称框内输入窗体的名称，单击【确定】按钮，就建立了"学生信息"纵栏式窗体。

 关于表格式窗体、数据表式窗体的创建过程，只是步骤2在选择列表框中选择为表格式或数据表选项，其他步骤完全相同。

6.2.2 使用窗体向导

使用自动创建窗体向导建立窗体时，作为数据源的表或查询中的字段默认方式为全部选中，窗体外观布局格式也已确定，如果用户只需选取数据源中的部分字段，对窗体的布局和窗体样式有更多调整，可以使用窗体向导来创建窗体。根据数据源的选择，一般把使用窗体向导创建窗体分为单数据源和多数据源两种情况。本节只介绍创建单数据源的窗体的步骤。

【例6.2】在"教务管理系统"数据库中利用窗体向导创建"课程信息"窗体。通过此实例可以帮助大家熟悉窗体向导创建窗体的方法和步骤。

具体步骤如下。

（1）首先打开"教务管理系统"数据库，在数据库窗口的【对象】区选择【窗体】项，单击数据库窗口工具栏上的【新建】按钮，打开【新建窗体】对话框。

（2）从上方的列表框中选择【窗体向导】选项，从【请选择该对象数据的来源表或查询】下拉列表中选择"课程信息"，单击【确定】按钮，打开【窗体向导】界面。

（3）在窗体向导的【可用字段】列表框中选择需要在新建窗体中显示的字段。使用【>】按钮逐个添加，如图6-11所示，或者使用【>>】按钮全部添加到【选定的字段】列表框。【<】与【<<】

反向处理，取消选定内容。

（4）连续单击【下一步】按钮，确定窗体布局和窗体样式，如图6-12和图6-13所示，从而确定创建窗体的外观显示。

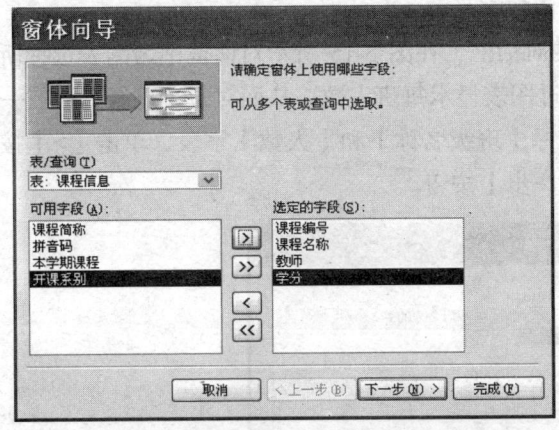

图6-11 确定可用字段对话框

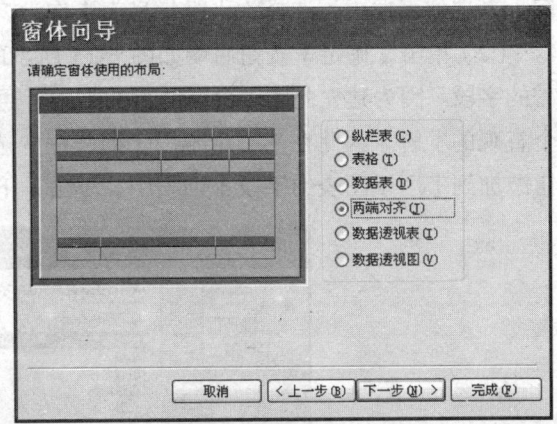

图6-12 窗体布局对话框

（5）单击【完成】按钮，打开如图6-14所示指定窗体标题对话框，为窗体指定标题为"课程信息"。

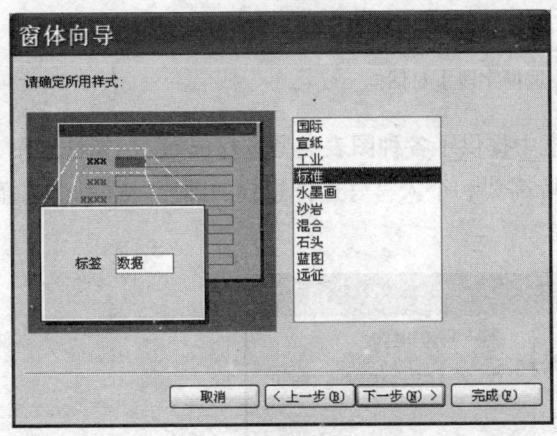

图6-13 窗体样式对话框

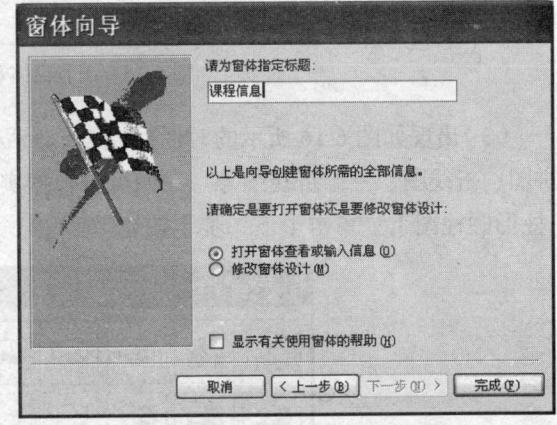

图6-14 指定窗体标题对话框

（6）单击【完成】按钮，保存窗体，结束创建。

通过以上创建过程可以发现与自动创建方式相比，使用窗体向导创建窗体时从显示内容、窗体布局和显示外观等方面提供了更多的选择。

6.2.3 使用图表向导

在实际应用中，将表或查询中的数据及其之间的关系用图表形象地加以描述，更能直观地反映数据处理结果。利用Access 2003提供的图表向导可以快速创建图表窗体。但要使用图表窗体，用户需要安装Microsoft Graph。

使用"图表向导"创建图表窗体，可以按照下例所示步骤进行。

【例6.3】在"教学系统管理"数据库中，以"班级信息表"为数据源，使用图表向导创建图表窗体，显示如图6-8所示的每个班人数的比较。

具体步骤如下。

（1）在【新建窗体】对话框中选择【图表向导】选项，在【请选择该对象数据的来源表或查询】下拉列表框中，选择【班级信息表】作为窗体数据来源。

（2）单击【确定】按钮启动如图6-15所示的对话框，在图6-15所示对话框中为图表选择所需的字段。因为建立此图表窗体的目的是为了通过图表显示每班人数，从而对每个班级人数有一个直观的了解。因此在【可用字段】列表框中选择【班级名称】和【人数】字段，单击【>】按钮添加到【用于图表的字段】列表中。单击【下一步】按钮。

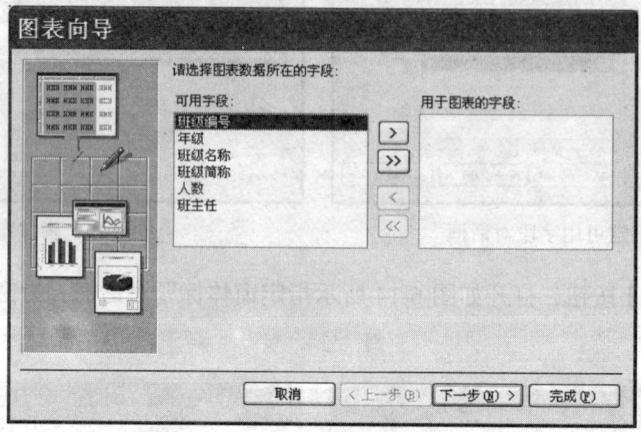

图6-15　图表窗体【选择字段】对话框

（3）出现如图6-16所示的对话框，在该对话框中提供了各种图表类型进行选择，例如柱形图、饼图、折线图、三维折线图等。我们可以根据实际需要和个人喜好选择想要的图形。这里，选择【柱形圆柱图】，单击【下一步】按钮。

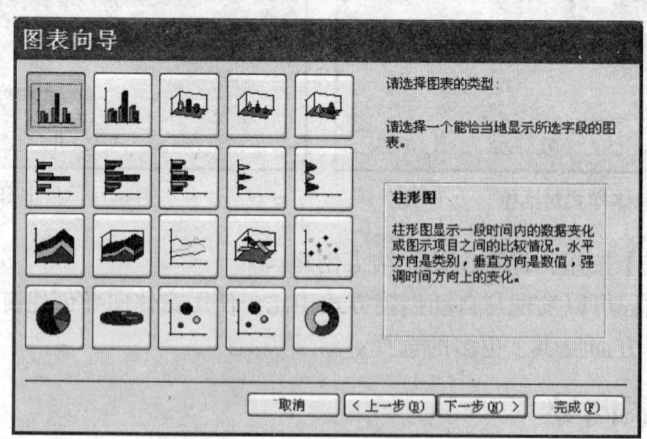

图6-16　选择图表类型对话框

（4）弹出如图6-17所示对话框，该对话框设置各字段在图表中如何显示。此例中，选择【班级名称】为横坐标，【人数】为纵坐标，单击【下一步】按钮，出现如图6-18所示的对话框。需说明的是：在图6-17中，坐标图下面为横轴框，右边为系列框，上边为纵轴框。向导已将默认字段放置在各框中，根据需要，用户可将相应字段拖离各框，或可将其他字段拖进各框。

第 6 章 窗体

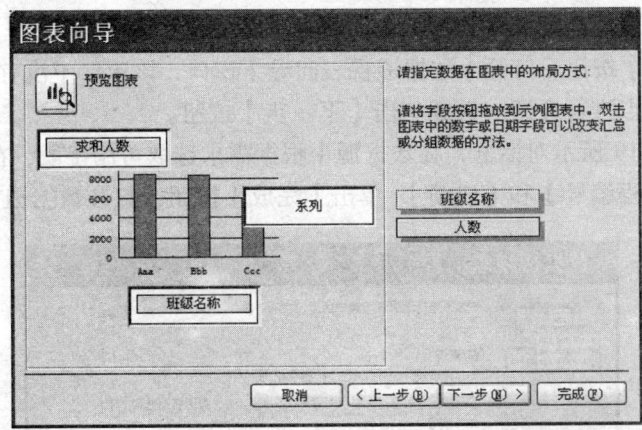

图 6-17 数据在图表中的布局对话框

（5）在图 6-18 中，为创建的图表指定标题，在【请确定是否显示图表的图例】选项组中，可以指定是否显示图表图例。单击【完成】按钮，完成如图 6-18 所示图表的创建。

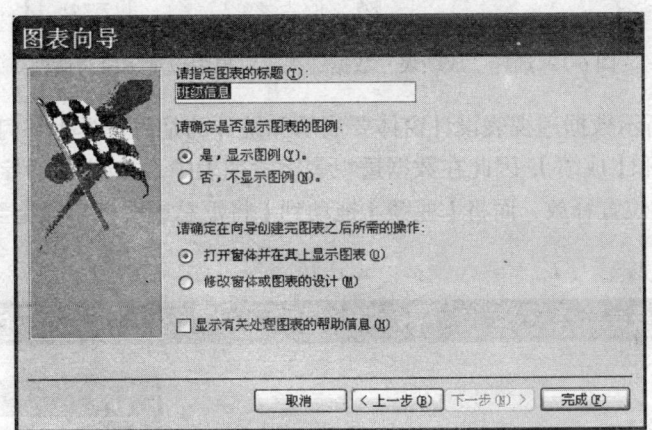

图 6-18 指定图表标题对话框

 上题图表中只有一个系列，在实际应用设计中一个图表可以表示多个系列的数据，设计者可根据需要选择两个以上字段，从而设置多个系列数据。但饼图只能表示一个系列数据。

6.2.4 使用数据透视表向导

数据透视表窗体是为以指定的数据表或查询为数据源产生一个 Excel 的分析表而建立的一种窗体形式，因此使用数据透视表窗体，需要用户安装 Microsoft Excel。它可以进行选定的计算，例如求和与计数，所进行的计算与数据在数据透视表窗体中的排列有关。

【例 6.4】在"教务管理系统"数据库中通过创建数据透视表，展示每个学生每门功课成绩，并计算每个学生总成绩，同时显示每个学生最高分数。通过此实例可以了解数据透视表的建立过程和简单作用。

具体步骤如下。

（1）首先打开"教务管理系统"数据库，打开【新建窗体】对话框，因为要对学生成绩进行处理，因此数据源选取【成绩表】。

（2）单击【确定】按钮后打开【数据透视表向导】窗口，该窗口中没有什么参数设置，只是对数据透视表功能特点进行介绍。继续单击【下一步】按钮。

（3）打开如图 6-19 所示对话框，在数据源中根据需求选取可用字段，在图 6-19 所示对话框中选取【学号】、【课程编号】和【成绩】，单击【完成】按钮，打开数据透视表设计窗体。

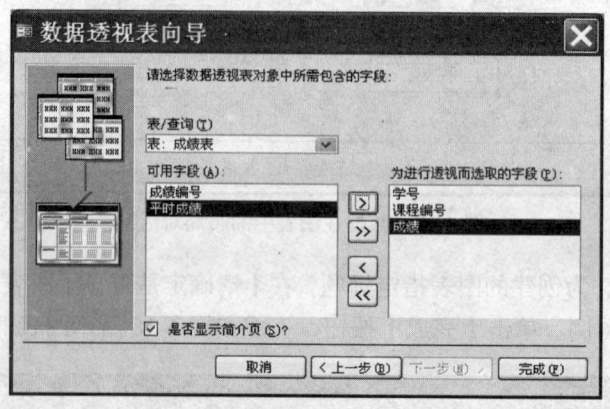

图 6-19 选择"成绩表"数据透视表对象中包含字段对话框

（4）如图 6-20 所示数据透视表设计窗体要展示和统计的是每位学生每门课程的成绩，需要涉及的是字段【学号】和【成绩】，因此在数据透视表字段列表中，把【学号】字段拖动到窗体中【将列字段拖至此处】的位置释放，而将【成绩】拖动到【将汇总或明细字段拖至此处】的位置释放。结果如图 6-21 所示。

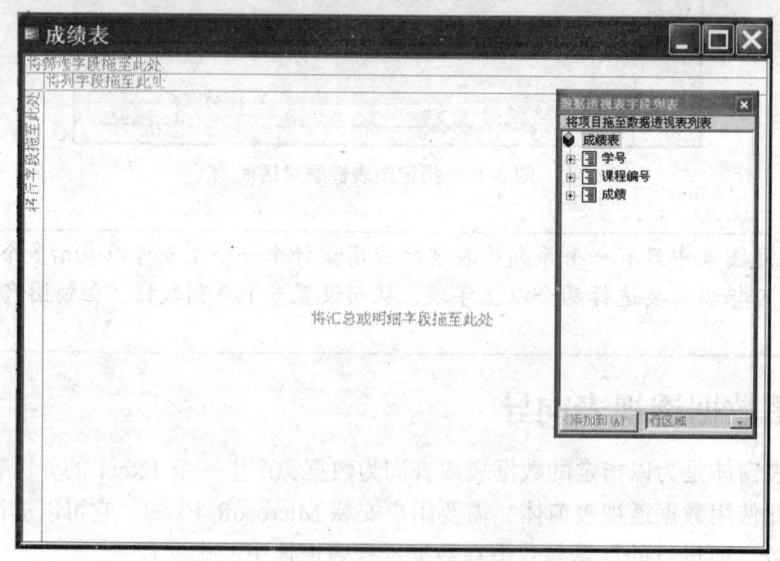

图 6-20 "成绩表"数据透视表设计窗体

（5）通过图 6-21 可以看出，数据透视表窗体此时展示了每位学生每门课程的成绩。而成绩的汇总则可以使用【自动计算】菜单下的【合计】、【计数】、【最大值】等各种命令。因此在数据透视表窗体汇总区单击鼠标右键，在弹出的快捷菜单中找到【自动计算】菜单并选择【合计】和【最大值】命令。结果如图 6-22 所示。每列末尾两行分别显示了总成绩和最高成绩。

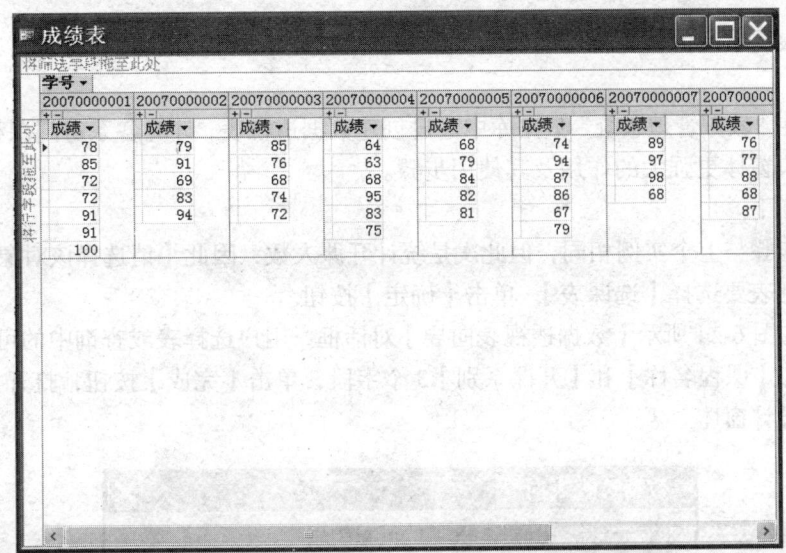

图 6-21　字段放置后的数据透视表设计窗体

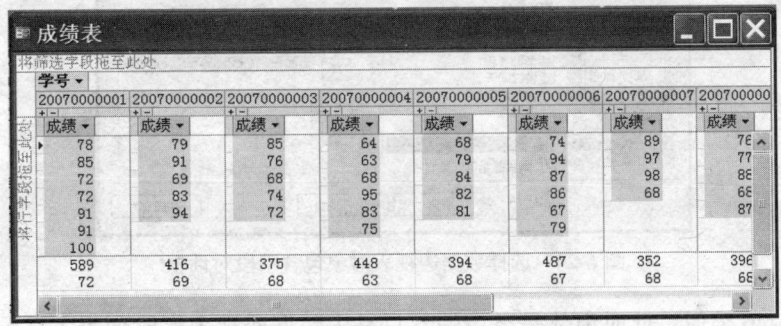

图 6-22　统计后的数据透视表设计窗体

（6）为了使成绩显示更加清晰，还可以把【课程编号】字段拖动到【将筛选字段拖动至此处】位置释放，如图 6-23 所示，此时，【课程编号】就成为显示成绩的筛选依据。默认显示的是每个学生的所有课程，但进行上述设置后，可以根据课程编号的方框前打勾与否，来决定显示每位学生的哪几部分课程。

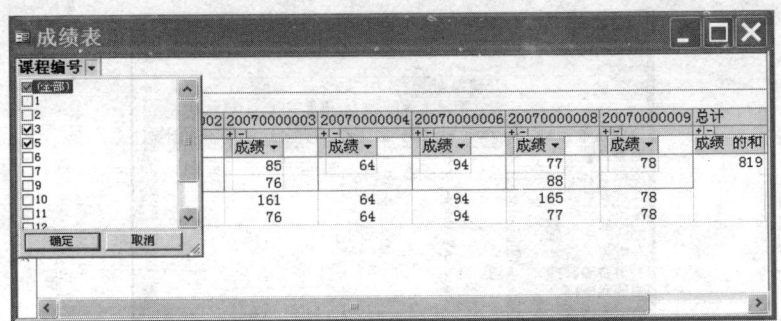

图 6-23　筛选后的数据透视表设计窗体

 每个学号下的【+】和【-】分别表示折叠和展开，当单击【+】时，所有课程成绩叠起，只显示汇总的结果。

数据透视表将字段值作为行号或列标，在每个行列交汇处计算出各自的数量，然后计算小计和总计。

【例6.5】在"教务管理系统"数据库中通过创建数据透视表，计算各系每门课程的开课人数，展示数据透视表窗体更强大的作用及其使用步骤。

具体步骤如下。

（1）前面步骤与上个实例相同，但此次是统计开课人数，因此【请选择该对象数据的来源表或查询】下拉列表要选择【选课表】，单击【确定】按钮。

（2）打开如图6-24所示【数据透视表向导】对话框，用户选择表或查询中的可用字段。此例中选择【学号】、【课程名称】和【开课系别】3个字段，单击【完成】按钮，打开类似图6-20所示数据透视表设计窗体。

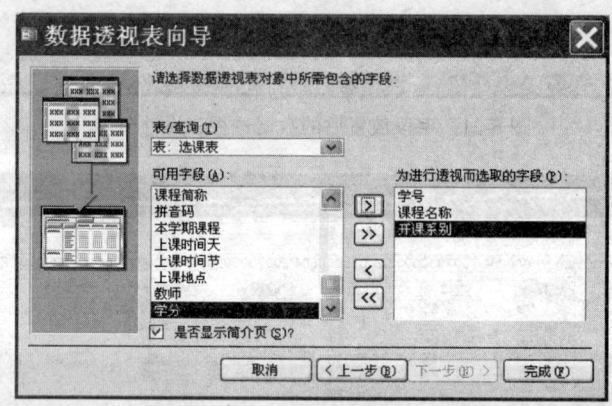

图6-24 选择数据透视表对象包含字段对话框

（3）与图6-20类似，此时窗体是空白的，只是【数据透视表字段列表】显示的是选课表的相关字段。计算各系每门课程的开课人数，其实就是统计字段【开课系别】和【课程名称】字段值均相等的不重复记录数。因此将【课程名称】拖至行字段，将【开课系别】拖至列字段，行列汇总处，即两字段值相等的位置，位置颠倒也可。将【学号】拖至汇总处，最后选择【数据透视表】菜单下或单击鼠标右键的快捷菜单中的【自动计算】中【计数】，得到的结果如图6-25所示的最终窗体。

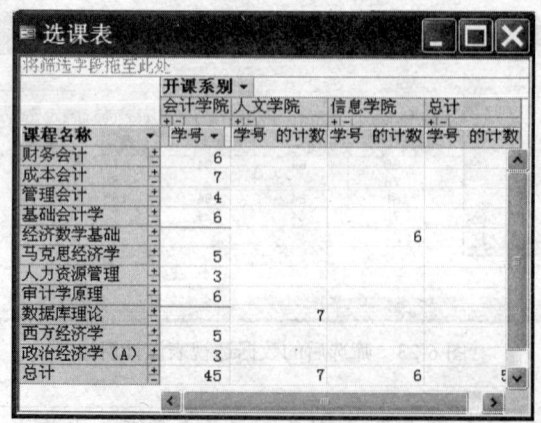

图6-25 "选课表"数据透视表窗体

【自动计算】中还有【最大值】、【最小值】、【平均值】等命令，设计者可根据设计要求，选择相应字段和相应运算。

6.3 窗体高级设计

"自动创建窗体"、"窗体向导"、"图表向导"、"数据透视表向导"等向导工具可以创建各种类型窗体，但向导工具建立的窗体外观与功能一般比较简单，不一定能完全满足应用程序的实际需求，而且缺乏灵活性。因此，Access 2003 提供了窗体设计器。

使用人工方式即利用窗体设计器创建窗体，需要创建窗体的每一个控件，建立控件与数据源的联系，设置控件的属性等。前文提到窗体的设计视图就是窗体设计器。在窗体的设计视图中，可直观地显示窗体的最终运行格式，设计者可利用控件工具箱向窗体添加各种控件，通过设置控件属性、事件代码处理，完成窗体功能设计；通过格式工具栏中的工具完成控件布局等窗体格式设计。窗体设计的核心即是控件对象设计。

本节将介绍窗体设计工具箱的使用、对象属性及设置、对象事件及应用和其常用方法。

6.3.1 窗体设计视图

打开对应数据库，直接选择【在设计图中创建窗体】选项或在【新建窗体】对话框中选择【设计视图】选项，就能打开窗体设计视图，而【请选择该对象数据的来源表或查询】下拉列表框可以为空。

窗体的设计视图如图 6-26 所示，主要由窗体设计区域及窗体设计工具栏、格式工具栏、控件工具箱等辅助工具组成。各种工具在窗体设计中起不同的作用，用于辅助完成窗体的设计。

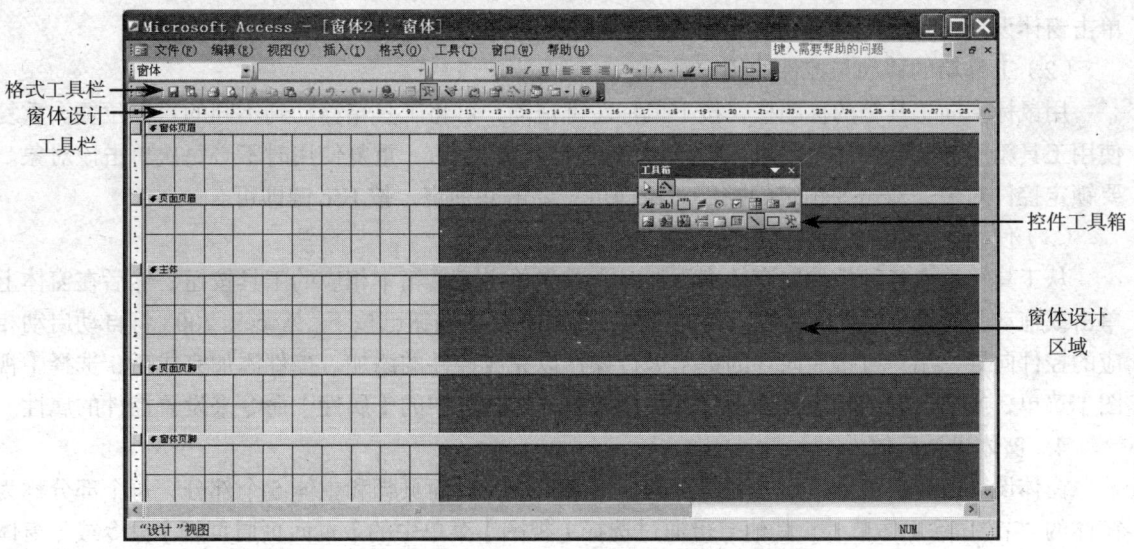

图 6-26 窗体设计视图的构成

1. 窗体设计工具栏

窗体设计工具栏包含各种命令按钮，这些命令按钮可以在设计窗体时使用。

2. 格式工具栏

格式工具栏可设置窗体或其控件的文本格式。

3. 控件工具箱

如图 6-27 所示，控件工具箱包含了用于窗体设计的各种控件对象。

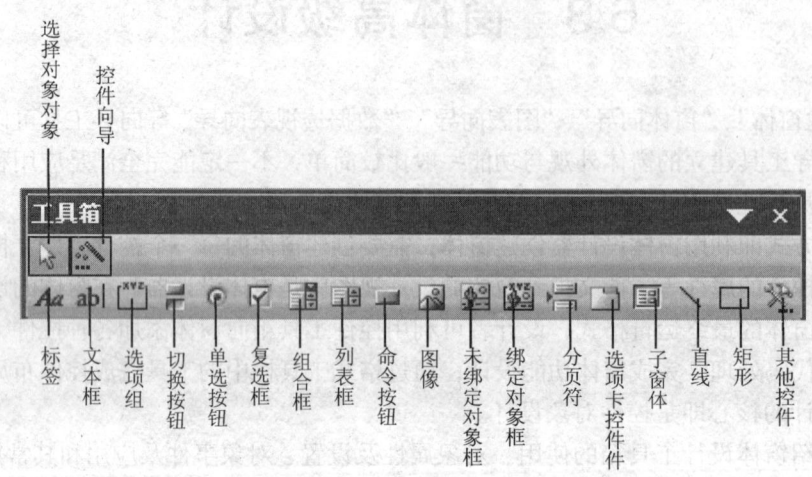

图 6-27 控件工具箱

设计时，从控件工具箱选取控件向窗体上添加。有些控件对象的使用提供了向导使用模式，可以帮助开发者加快窗体的设计过程。工具箱中有 18 种工具按钮用来向窗体中添加控件，此外还有两个【选择对象】按钮和【控件向导】按钮分别用于选择控件对象和设置控件向导的有效性。

（1）打开和关闭工具箱

工具箱也是一种工具栏，与窗体设计工具栏和格式工具栏一样，可以根据需要打开和关闭。选择【视图】菜单中的【工具箱】命令或选择【视图】→【工具栏】→【工具箱】命令，又或者单击窗体设计工具栏中的【工具箱】按钮，可以显示或隐藏【工具箱】。

（2）工具箱的移动与控件的锁定

用鼠标指向工具箱的标题栏，按下鼠标左键拖动，可将工具箱移动到不同的目标位置。重复使用工具箱中的某个控件对象时，可以锁定该对象，锁定后，重复使用时不必每次单击该对象。要锁定控件对象，双击要锁定的控件对象即可；要解除锁定，按 Esc 键即可。

（3）使用工具箱向窗体中添加控件

从工具箱选取各种控件向窗体中添加时，首先单击工具箱中相应的工具按钮，然后在窗体上单击或拖动，如果所添加的控件具有向导且【控件向导】按钮已按下，Access 2003 将自动启动相应的控件向导，用户可按照向导的提示进行操作以完成控件的添加。控件添加完成后，选择【视图】菜单，或通过右击相应控件，打开快捷菜单，选择其中的【属性】命令来设置控件的属性。

4. 窗体设计区域

窗体设计区包括窗体页眉、窗体页脚、页面页眉、页面页脚和主体 5 个部分，每个部分称为窗体的"节"，除主体节外，其他节可通过选择【视图】菜单中的【页面页眉页脚】命令或【窗体页眉页脚】命令确定有无，但所有窗体必须有主体节。

（1）窗体页眉/页脚：位于窗体的顶部/底部位置，窗体页眉一般用于显示窗体标题、窗体使用说明或放置窗体任务按钮等，而页脚一般用于显示对记录的操作说明、设置命令按钮。

（2）页面页眉/页脚：用于设置窗体在打印时的页头/页脚信息，例如日期、标题、页码等用户要在每一打印页上方或下方显示的内容。但窗体主要用于人机交互，因此窗体设计很少考虑这两节的设计。

（3）主体：是窗体的主要部分，绝大多数的控件及信息都出现在主体节中，通常用来显示记录数据，是数据库系统数据处理的主要工作界面。

设计时主要从控件工具箱中选取所需控件对象，放在主体节中，并调整布局，设置外观，以设计出面向不同应用与功能的窗体。

6.3.2 属性、事件和方法

1．属性

属性是对象的性质及对象之间关系的统称，是对固有对象特征的描述。每一窗体、报表、节和控件都有各自的属性设置，可以利用这些属性来更改特定对象的外观和行为。Access 2003 中查看或更改属性可以使用属性表、宏或 Visual Basic 程序设计语言。关于宏与 Visual Basic 对属性的操作在以后章节介绍，在此仅介绍属性表。

在窗体设计视图中，每当使用"工具箱"向窗体添加某个控件后，可随时设置该控件的属性，设置方法有多种，常用的设置方法是：右键单击该控件，在弹出的快捷菜单中，选择【属性】调出该控件的属性设置对话框，如图 6-28 所示。或者通过【视图】菜单下的【属性】命令也可调出。

控件属性分为格式属性、数据属性、事件属性和其他属性。

2．事件

事件是可以被对象识别的操作，就是系统或用户对对象所做的操作，每一种对象有自己可以识别的事件。事件有系统事件和用户事件。系统事件由系统激发，如时间每隔 24 小时，系统日期的变化。用户事件由用户激发，如鼠标单击、鼠标双击、击打键盘、窗体打开或关闭。

使用事件机制可以实现：当对象的某个状态发生变化即系统或用户触发了某个事件时，系统将会通过某种途径调用有关处理这个事件的方法或运行接受事件对象已定义的事件处理程序等，即事件响应。

使用事件过程或宏，可以为在窗体或控件上发生的事件添加自定义的事件响应，这里先介绍使用事件过程，宏在以后章节介绍。

在窗体设计视图中，每当使用工具箱向窗体添加某个控件后，可设置该控件的事件响应，设置方法有多种，常用的设置方法是：右击该控件，在弹出的快捷菜单中选择【属性】调出该控件的属性设置对话框，选择【事件】选项卡，进入如图 6-29 所示的事件设置界面。

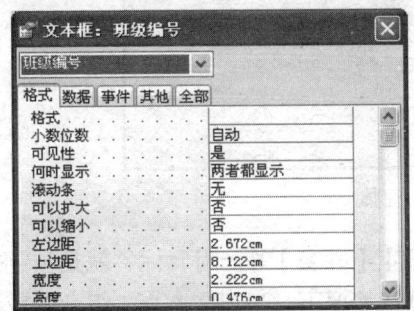

图 6-28 控件属性表

图 6-29 控件事件设置界面

3. 方法

方法是指对象固有的动作，即固有完成某种任务的功能。方法与事件有相似之处，都是为了完成某个任务，但同一个事件可完成不同任务，取决于所编的代码是怎样的，而方法则是固定的，任何时候调用都是完成同一个任务。每种方法有一个名字，用户在系统设计中可根据需要调用方法。

例如，SetFocus 方法的功能是：让控件获得焦点，使其成为活动对象。

Access 2003 提供了多种方法，常用方法的含义及使用方法将在 6.3.5 小节中介绍。

6.3.3 使用控件

控件是窗体或报表中用于显示数据、执行操作和装饰窗体的基本对象，根据其数据源的区别，控件可划分为绑定型、非绑定型与计算型。

绑定型控件又称结合型控件，其数据源是表或查询中的字段。使用绑定控件可以显示数据库中字段的值。值可以是文本、日期、数字、是/否值、图片或图形，例如文本框、组合框、列表框等控件可作为绑定型控件使用。

未绑定型控件又称非结合型控件，该种控件不具有数据源（如字段或表达式）。可以使用未绑定控件显示信息、图片、线条、矩形和图像，例如标签、线条、矩形及图像等控件。

计算型控件以表达式作为数据源，表达式可以使用窗体或报表所引用的表或查询中的字段数据，也可以是窗体或报表上其他控件的值，例如，文本框也可用来作计算控件使用，像显示"合计"值等。

下面介绍了一些常用控件的功能、属性和事件及 Access 2003 的一些常用方法。说明窗体及控件的使用及功能按钮的设计方法。

1. 标签

标签控件主要用于在窗体中显示文本信息，常用于提示或说明其他控件内容，如标题、字段的名称等。标签没有数据源，属于未捆绑型控件。它的值在窗体运行时是固定不变的。

Access 2003 中有两种标签：一种是独立标签，另一种是附属标签。独立标签可以添加说明型文字。如图 6-30 所示，在"学生信息"窗体中，独立标签文字"学生信息"用来说明窗体中所有的控件都是学生相关信息。

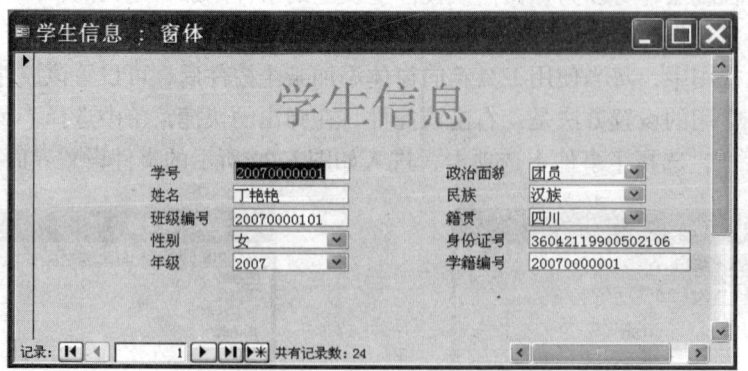

图 6-30 "学生信息"窗体

在学生信息窗体上同样包含附属标签。例如，【学号】、【姓名】等。附属标签就是被链接到其他控件的标签（通常是文本框、组合框和列表框）。在默认情况下，当把文本框、组合框或列表框放置到窗体时，它们都带有一个附属标签框。

【例6.6】下面通过对【学生信息】窗体创建过程介绍，说明利用设计视图创建窗体的基本步骤。

（1）启动 Access 2003 应用程序，打开要创建窗体的"教务管理系统"数据库。

（2）在数据库窗口的【对象】栏中单击【窗体】选项，然后单击数据库工具栏上的【新建】按钮。

（3）在弹出的【新建报表】对话框的右侧列表中选择【设计视图】选项，在【请选择该对象数据的来源表或查询】下拉列表框中选择数据源表"学生信息"，然后单击【确定】按钮。

（4）此时弹出如图 6-31 所示的空白窗体设计视图，而如右下角的数据源的字段列表也自动弹出，若未自动弹出，可使用【视图】菜单中的【字段列表】命令。

（5）用"Shift +鼠标单击"选定需要放置到窗体主体节中的多个字段，拖动到主体节，如图 6-32 所示，在主体节中出现了纵向排列的以各字段名作为标题的文本框和标签，此标签就是文本框的附属标签。当单击标签或文本框任意位置，两者同时被选中。

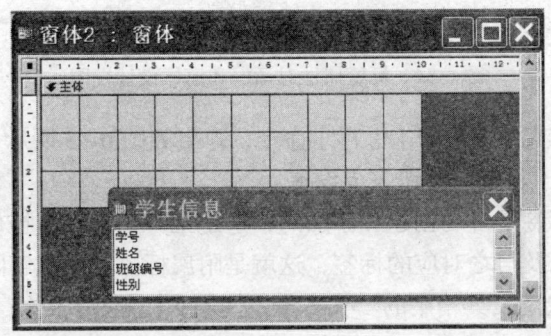

图 6-31 【学生信息】窗体设计视图

（6）在工具箱的【标签】控件处，单击 ab 选中该控件，把鼠标移动到主体节顶部合适位置单击，或者按下拖动，出现一个标签框，此标签框为独立标签，直接在该标签框中输入内容【学生信息】，如图 6-33 所示。

 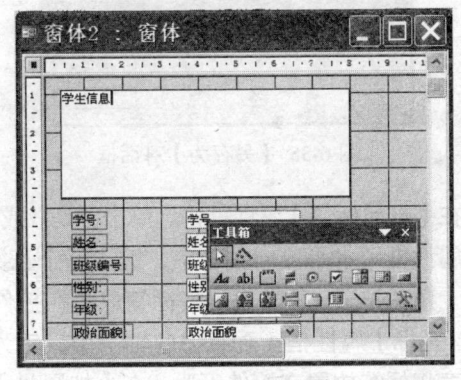

图 6-32　放置了字段的窗体设计视图　　　图 6-33　添加了独立标签框的窗体设计视图

（7）为了达到如图 6-30 所示的窗体效果，需要对标签的属性进行进一步修改，单击选中该独立标签，单击鼠标右键，在弹出菜单中选中【属性】命令或选中【视图】菜单下的【属性】命令，打开如图 6-34 右下角所示该控件对应的属性对话框，设置【字号】从默认的"9"为"36"，前景色也就是文字颜色从"0"（黑色的编号）到如图橙色的编号，效果如图 6-34 所示。如果需要还可以对"字体粗细"、"倾斜字体"等属性进行设置，使字体显示更加美观大方。

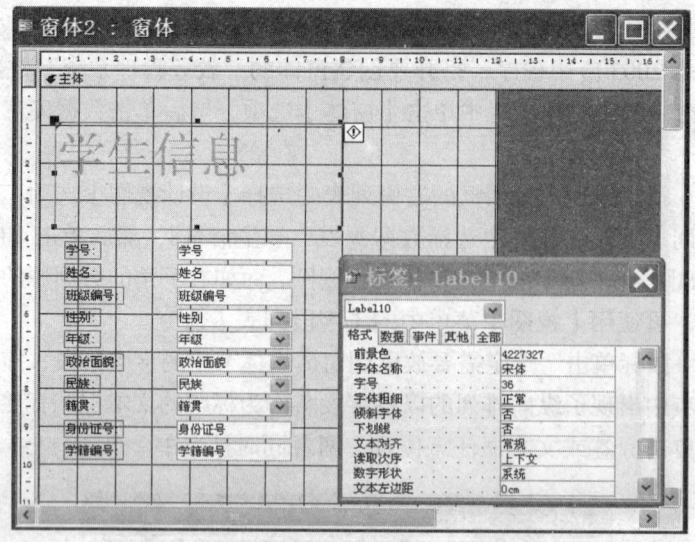

图 6-34 标签属性对话框和窗体设计视图

（8）完成后，单击【文件】下的【保存】命令，弹出如图 6-35 所示【另存为】对话框，输入名称【学生信息】，单击【确定】按钮完成设置。

对于大多数控件，标签是自动创建和添加的，选定工具箱中对应控件，在主体节上单击或拖动，会同时出现该控件以及与之对应的标签，这就是附属标签。若想解除这种现象，必须设置一些与标签有关的属性。选定工具箱中的"文本框"，执行【视图】中的【属性】命令，打开如图 6-36 所示属性对话框。

图 6-35 【另存为】对话框

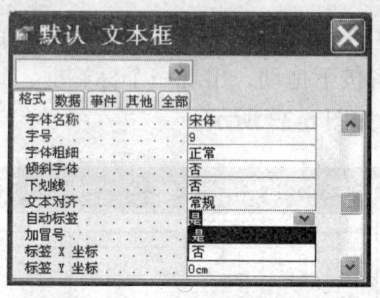

图 6-36 附属标签属性设置对话框

在【自动标签】属性框中，单击"是"或"否"，表明控件是否自带附属标签。在【标签 X 坐标】属性框（水平方向轴）中，键入一个正数或负数，以指定标签文本开始点相对于标签所属控件左上角的位置，负数表示将标签放置在控件的左边；正数则表示将标签放置在控件右边。在【标签 Y 坐标】属性框（垂直方向轴）中，键入一个数字，负数表示将标签放置在控件上边；正数则代表将标签放置在控件下边。在【加冒号】属性框中，单击"是"或"否"，表明控件的附属标签中文字是否自带冒号。

2. 命令按钮

命令按钮是用于接受用户操作指令、控制程序流程的主要控件之一，用户可以通过它指示 Access 2003 进行特定的操作。命令按钮响应用户的特定动作，包括鼠标的单击、双击、键盘等，通过触动它来执行某个动作。用户可以根据需要创建各种类型的命令按钮。

在 Access 2003 中，可以利用向导创建命令按钮，也可以手工创建命令按钮。在如图 6-3 所示的"教务管理系统"数据库主界面窗体中主体控件就是"命令按钮",每个命令按钮的单击带来不同的结果。

下面通过创建该主界面窗体的"退出系统"按钮和"班级信息维护"命令按钮了解如何利用向导和手工创建的方式建立命令按钮。

使用向导可方便地创建数据编辑、处理等常用功能的命令按钮,用户不必自写处理代码,但处理功能较弱。

【例6.7】下面通过创建主界面窗体的"退出系统"命令按钮来说明利用向导创建命令按钮的基本方法和步骤。

(1)打开主界面窗体的设计视图,确保工具箱中的【控件向导】按钮已经按下。

(2)单击工具箱中的【命令按钮】按钮。在窗体需要放置命令按钮的位置单击一下,打开【命令按钮向导】对话框,如图6-37所示。

(3)在此窗口中 Access 2003 提供了多种类别操作,可以根据设计需求进行相应的选择。本例中,【类别】选择【应用程序】,【操作】选择【退出应用程序】,单击【下一步】按钮,打开如图6-38所示对话框。

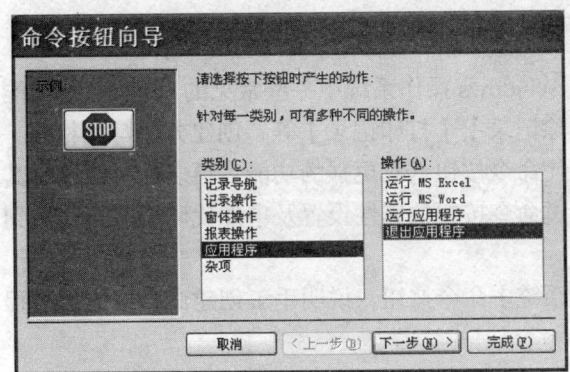

图6-37 【选择按下按钮时产生动作】对话框

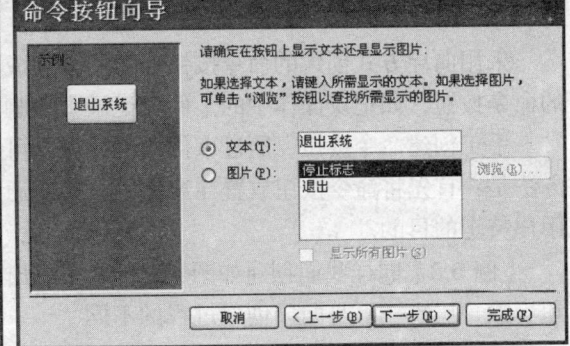

图6-38 【确定按钮上显示形式】对话框

(4)在此对话框中,可以设置按钮上的显示内容,相当于设置按钮的【标题】属性,可选择【文本】或【图片】。若选择【文本】,则在文本框中输入要在按钮上显示的内容;若选【图片】,可单击【浏览】按钮在文件夹中查找所需显示的图片。单击【下一步】按钮,打开如图6-39所示对话框。

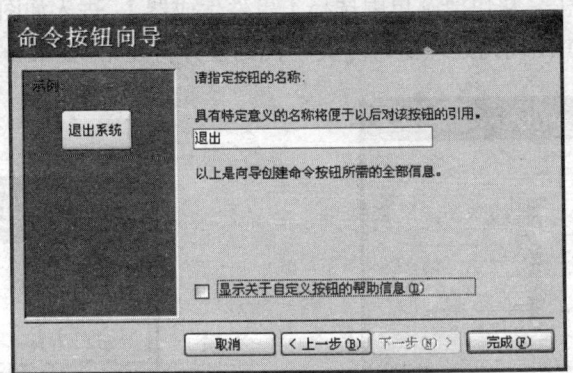

图6-39 【确定按钮名称】对话框

(5)在该对话框中,可以为创建的命令按钮命名一个名字,等同于设置按钮的【名字】属性,以便以后引用。

（6）单击【完成】按钮，完成该命令按钮的创建。

【班级信息维护】命令按钮的创建过程与【退出系统】按钮基本相似。只是在步骤（3）时，【类别】选择的是【窗体操作】，【操作】选择的是【打开窗体】，单击【下一步】按钮后，弹出如图 6-40 所示对话框。接下来的步骤与上例相同。

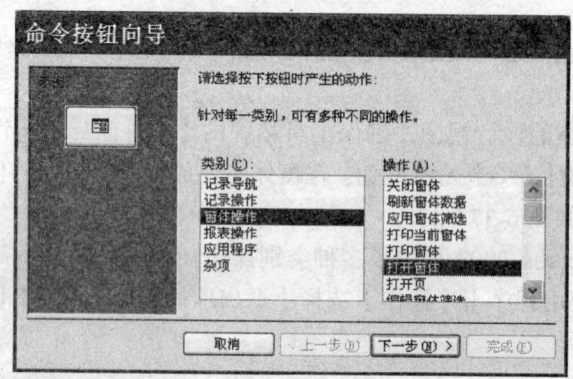

图 6-40 【选择按钮动作】对话框

采用向导方式创建的命令按钮通常用来完成 Windows 操作系统中一些常见的命令。其他功能的命令按钮，如记录操作中的【保存记录】、【删除记录】、【打印记录】等，创建方法与此相同。

手工创建命令按钮，通过事件代码处理，可使命令按钮具有更强的功能、更多的灵活性。其方法是：首先将命令按钮放置在窗体中，然后通过命令按钮的属性设置及事件代码编写，来达到用户特定的目的。

【例 6.8】同样我们创建如图 6-3 所示【退出系统】命令按钮，说明手工创建命令按钮的过程和步骤，比较一下与向导创建过程的不同。

（1）打开主界面窗体的设计视图，确保工具箱中的【控件向导】按钮未被选中。

（2）单击工具箱中的【命令按钮】按钮，在窗体中单击要放置命令按钮的位置。

（3）设置属性：在该命令按钮上右击，从快捷菜单中选择【属性】，打开如图 6-41 所示属性设置对话框，设置该命令按钮相应的属性，"标题"设置为"退出系统"，"名称"设置为"退出"。

（4）事件过程设计：有两种方法进入事件过程设计。

在该命令按钮上右击，从快捷菜单中选择【事件生成器】，进入如图 6-42 所示对话框，选择【代码生成器】，进入 VBA 代码处理窗口。关于代码设计将在第 10 章介绍。

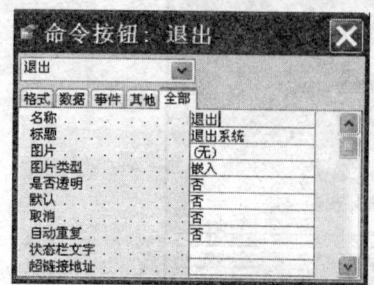

图 6-41 "退出系统"命令按钮属性对话框

图 6-42 【选择生成器】对话框

在该命令按钮上右击，从快捷菜单中选择【属性】，打开属性设置对话框，选择【事件】选项卡，如图6-43所示，所列项目即是命令按钮可响应的事件，可以直接选择【系统菜单_退出系统】。

若建有宏，可以直接选择【宏】，按钮的单击事件将执行选择的宏操作；还可以选择【事件过程】选项，也可单击表达式生成器【…】按钮，可直接进入如图6-44所示VBA代码生成器窗口。

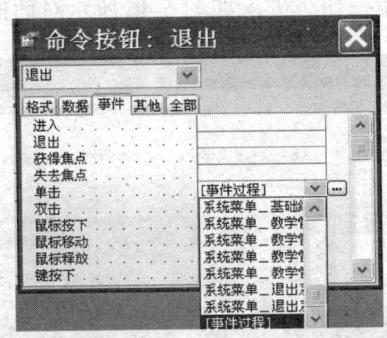 

图6-43 【退出】命令按钮属性窗口　　　　图6-44 "教务管理系统"VBA代码窗口

3．文本框

文本框是用于显示、输入和编辑字段数据的控件，如数字、文本、日期、货币和备注等类型的字段都可以使用文本框显示、输入和编辑。

文本框有绑定型、非绑定型和计算型3种。绑定型文本框控件与基表或查询中字段相连，可用于显示、输入及更新数据库中的字段；计算型文本框则以表达式作为数据源，表达式可以使用窗体或报表的基表或基查询字段中的数据，或窗体或报表上其他控件中的数据；非绑定型文本框没有数据来源，可用于显示信息线条、矩形及图像等。

4．组合框和列表框

使用列表框可以在列表中选择数据，从而减少重复输入数据的麻烦，提高数据输入的速度和准确率。列表框是由数据行组成的列表，每行可以包含一个或多个字段，就是说列表框可以包含多列数据，用户可以从列表框中选择某行数据。

组合框合并了文本框与列表框的功能，因此不仅可以在下拉列表中选择数据，也可以直接输入数据。

列表框和组合框都可分为绑定的与非绑定的。绑定的列表框和组合框将选定的数据（组合框还包括输入的数据）与数据源绑定，用户选择某一行数据或输入某一数据后，该数据被保存到数据源中。

列表框的列表没有下拉键头，一直显示在窗体上，组合框的列表隐藏在下拉列表中，组合框的常用属性和列表框基本相似，但多了"限于列表"属性。"限于列表"是确定组合框是接受输入的数据还是只接受于列表中的值匹配的数据，若设置为"是"，则不能将用户输入的新值添加到列表中，设置为"否"，则允许将用户输入的新值添加到列表中。

列表框和组合框有使用向导和不使用向导两种创建方法。

（1）使用向导创建组合框

【例6.9】以"教务管理系统"数据库为例，在"课程信息录入"窗体中，创建处理【课程名称】字段的组合框，说明利用向导创建组合框的方法与步骤。

① 在【课程信息录入】窗体设计视图下，确保工具箱中的【控件向导】按钮已经按下，单击【组合框】控件按钮，然后在窗体中相应的位置单击，打开如图6-45所示对话框。

② 在此对话框中有三个选项，如果想显示将很少修改的固定值列表，则单击【自行键入所需的值】；如果想显示记录源中的当前数据，则单击【使用组合框查阅表或查询中的值】；如果希望控件执行查找操作而非用作数据输入工具，则单击【在基于组合框中选定的值而创建的窗体上查找记录】，此操作将创建一个未绑定控件，该控件带有基于用户输入的值执行查找操作的嵌入宏。

本例中选择【自行键入所需的值】后单击【下一步】按钮，进入如图 6-46 所示对话框。

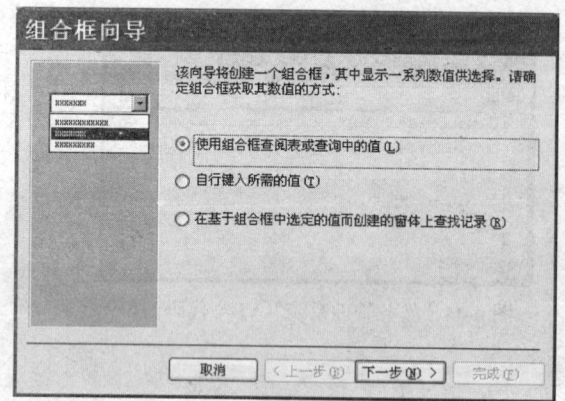

图 6-45 确定组合框获取数值方式对话框

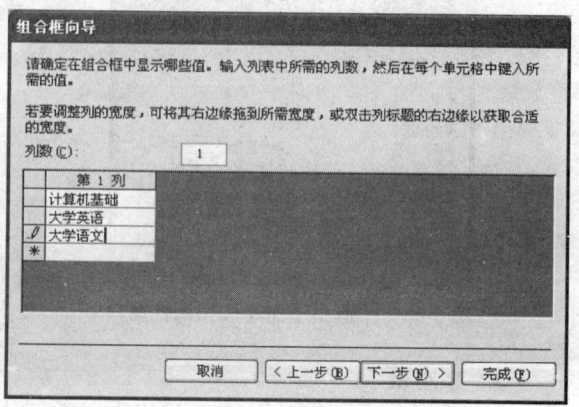

图 6-46 确定组合框显示值对话框

列表中显示的列数，可以根据需要进行添加，将列数对应文本框中输入的值进行调整。

③ 在图 6-46 所示对话框中，依次输入课程名称，然后单击【下一步】按钮，打开如图 6-47 所示对话框。

④ 在图 6-47 所示对话框中，确定组合框中选择数值后 Access 的动作，如果选择【记忆该数据供以后使用】，则创建一个非绑定的组合框，其数据由程序自由使用；如果选择【将该数据值保存在这个字段中】，则创建一个绑定的组合框，组合框的数据会自动保存到用户选择的字段中。本例中选择【将该数据值保存在这个字段中】并选择保存在字段【课程名称】中，完成后单击【下一步】按钮，打开如图 6-48 所示【组合框向导】对话框。

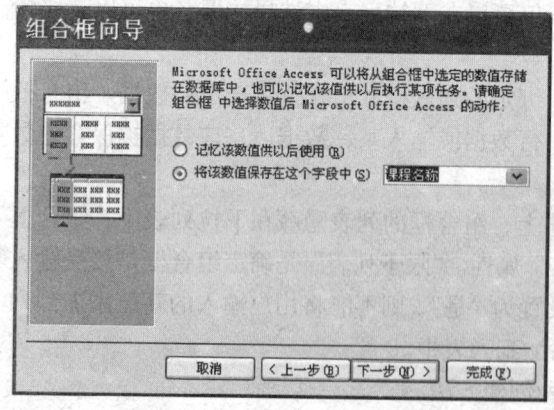

图 6-47 确定选择数值后 Access 的动作对话框

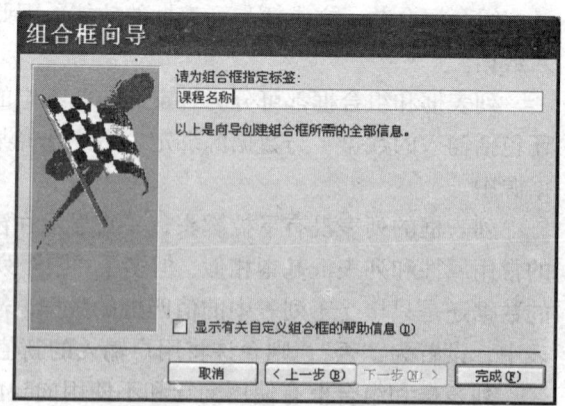

图 6-48 指定组合框标签标题对话框

⑤ 用户在本对话框中指定组合框的标签显示文本，本例中键入"课程名称"，单击【完成】按钮，组合框创建成功。设置结果如图 6-49 所示。如果想使外观更加美观大方，用户还可以手工调整该组合框的属性。

第6章 窗体

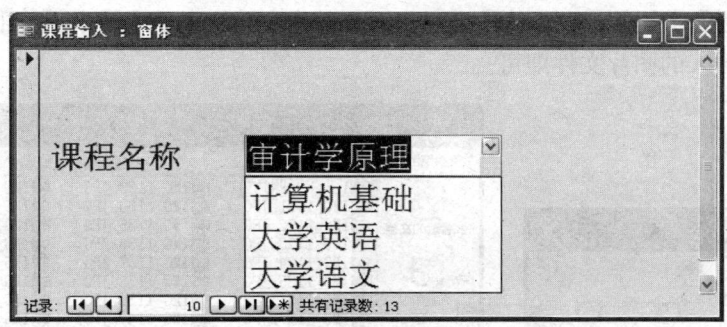

图 6-49 设置完成的组合框

（2）不使用向导创建组合框

【例 6.10】同样不使用向导，创建上面提到的"课程名称"字段的组合框具体步骤如下。

① 首先将"工具箱"中的【控件向导】按钮弹起。单击"工具箱"中的【组合框】控件按钮，在窗体要放置组合框的位置单击，放入组合框。

② 右键单击组合框并从快捷菜单中选择【属性】命令，打开【属性】设置对话框并选择其中的【其他】选项卡，将【名称】属性改为"Kcm"，以后可以通过【名称】属性对该控件进行引用，如图 6-50 所示。

③ 选择【数据】选项卡，如图 6-51 所示，在【控件来源】中输入【课程名称】或选择【课程名称】字段，这是数据目的地，组合框选中的数据或输入的数据将保存在"课程名称"字段中。

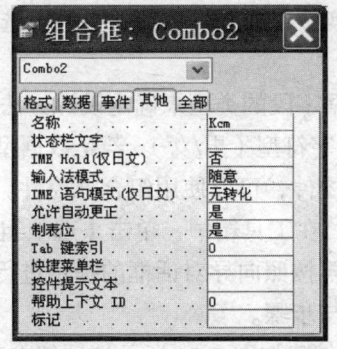 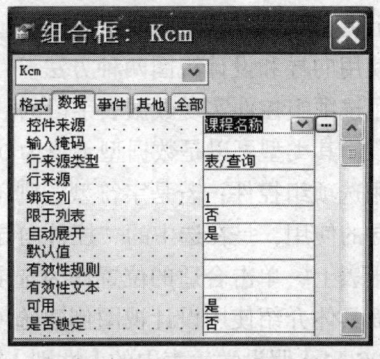

图 6-50 组合框属性设置对话框的【其他】选项卡　　图 6-51 组合框属性设置对话框的【数据】选项卡

④ 最后还要将与该组合框相连的标签的文本内容改为【课程名称】，完成以上操作后，组合框的属性设置完成。用户还可以根据需要调整其他的属性。

列表框的创建与组合框的创建操作相同，在此不再给出详细操作说明。

前面提到了组合框实际是一个文本框和一个列表框的组合，因此图 6-51 的【控件来源】对应的是文本框部分显示对应的字段值，而【行来源类型】和【行来源】则指列表框部分对应的数据源，它可以不仅仅是字段，还可以是表、查询等，在下拉列表框部分可以显示多列，因此如图 6-52 所示【格式】选项卡中，"列数"属性可以指定设置对话框的【数据】选项卡列表框或组合框的列表部分所显示的列数，在其中输入 2，表示显示两列数据，但是其中一列数据隐藏，为此需要在属性"列宽"中输入"0 厘米；6 厘米"，这表示将第 1 列数据列隐藏，第 2 列数据列宽度是 6 厘米。

5. 图像控件

图像控件主要用于美化窗体，可以放置照片、背景图片等。图像控件的创建比较简单，单击工具箱中的【图像】控件，在窗体的合适位置上单击，系统提示【插入图片】对话框，如图 6-53 所示，选择要插入的图片文件即可。

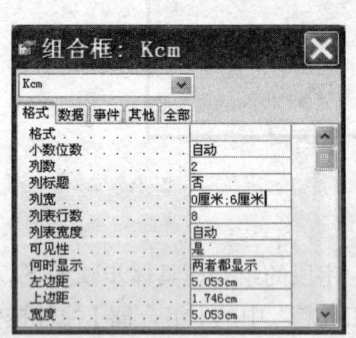

图 6-52　组合框属性设置对话框的【格式】选项卡　　　图 6-53　【插入图片】对话框

6. 选项组控件

选项组含有一个组框和一系列单选按钮、复选框以及切换按钮，它们结合使用构成选项按钮组，用于显示或编辑一组具有限制性的选项值。复选框、单选按钮和切换按钮都用于多选操作，它们功能类似。

选项组控件可以为用户提供必要的选择选项，用户只需进行简单的选取即可完成数据的录入，在操作上更直观、方便。选项组中可以包含复选框、切换按钮或选项按钮的一种。选项组控件的创建有使用向导和设计视图两种方法。

使用选项组控件实现数据表字段的数据录入，要根据字段的类型来确定设计方法，例如【性别】字段，其类型可以是数据型（值为 0 和 1）、是/否和字符型（男/女）。若是数据型或是/否型，可以使用选项组控件；若是字符型，则不能使用选项组控件，可以使用组合框控件。

向导的使用，是在选中的"控件向导"工具情况下，在工具箱中，单击【选项组】工具，在窗体或报表上，单击合适的位置作为选项组的左上角，再按照向导对话框的提示进行操作。

下面具体介绍使用设计视图创建选项组控件的方法与步骤。

【例 6.11】假设学生表中的【性别】字段为数据型，创建如图 6-54 所示选项组，实现【性别】字段的数据录入。

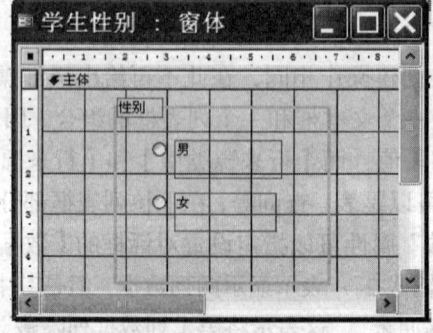

图 6-54　【选项组】控件设计窗口

（1）进入窗体设计视图，设置窗体的【记录源】属性为"学生信息"表。

（2）单击工具箱中的【选项组控件】按钮，在窗体中要放置【选项组控件】的位置单击，调整其大小。

（3）单击工具箱中的【选项按钮】，在窗体中的【选项组控件】框内单击，依次放入两个【选项按钮】。设计时，根据需要还可选择【复选框】或【切换按钮】放入框内。

（4）设置【选项组】的标签【标题】属性为【性别】，【控件来源】属性为【性别】字段。

（5）关于【选项按钮】属性的设置，首先分别在格式属性中设置2个【选项按钮】的【标题】为"男"和"女"；然后要根据【性别】字段的类型设置【选项按钮】数据属性中的【选项值】。

由于【性别】字段的类型为数据型（值为0和1），即"1"代表"男"，"0"代表"女"，则标题为"男"的【选项按钮】的【选项值】设为1、为"女"的【选项按钮】的【选项值】设为0，设置窗口如图6-55所示。

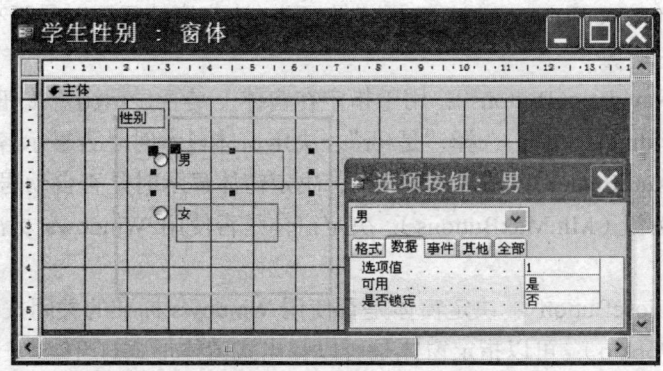

图6-55 【选项按钮】控件的【选项值】设置窗口

（6）保存设置，完成【选项组】控件的创建。

7. 线条和矩形

利用工具箱中的【直线】和【矩形】按钮可以为窗体添加直线和矩形，然后修改其属性，将其他控件加以分隔和组织，从而大大增强窗体的可读性。

与在窗体上插入其他控件一样，将鼠标移动到工具栏的直线按钮上，单击鼠标左键，直线按钮凹陷了下去，再将鼠标移动到窗体上，单击鼠标左键，给出所画直线的起点，然后拖动鼠标到一定的位置，单击鼠标左键，给出直线的终点，一条直线就画好了。

单击刚添加的直线，通过拖动直线的移动手柄以调整直线的位置，选择或移动控件时按下Shift键，可保持该控件在水平或垂直方向上与其他控件对齐。可以只水平或垂直移动控件，这取决于首先移动的方向。如果需要细微地调整控件的位置，更简单的方法是按下 Ctrl 键和相应的方向键。以这种方式在窗体中移动控件时，即使"对齐网格"功能为打开状态，Access 2003 也不会将控件对齐网格。拖动直线的大小手柄，以调整直线的长度和角度，如果想要细微地调整窗体中控件的大小，更简单的方法便是按下 Shift 键，并使用相应的方向键。要修改直线的属性，首先右键单击直线，从快捷菜单中选择【属性】命令，然后激活【格式】选项卡进行设置，【边框宽度】、【边框样式】、【宽度】、【高度】等属性可以改变直线的外观。

为窗体添加矩形，其操作方法与添加直线相同，而且矩形与直线的同名属性具有相似的作用。

6.3.4 常用的属性

1. 窗体的主要属性

窗体常用的属性如下。
- 标题（Caption）：用于指定窗体的显示标题。
- 默认视图（DefaultView）：设置窗体的显示形式，可以选择单个窗体、连续窗体、数据表、数据透视表和数据透视图等方式。
- 允许的视图（ViewsAllowed）：指定是否允许用户通过选择【视图】菜单中的【窗体视图】或【数据表视图】命令，或者单击【视图】按钮旁的箭头并选择【窗体视图】或【数据表视图】，以在数据表视图和窗体视图之间进行切换。
- 滚动条（Scrollbars）：决定窗体显示时是否具有窗体滚动条，属性值有 4 个选项，分别为"两者均无"、"水平"、"垂直"和"水平和垂直"，可以选择其一。
- 记录选定器（Recordselectors）：选择"是/否"，决定窗体显示时是否有记录选定器，即窗体最左边是否有标志块。
- 浏览按钮（NavigationButtons）：用于指定在窗体上是否显示浏览按钮和记录编号框。
- 分隔线（DividingLines）：选择"是/否"，决定窗体显示时是否显示各节间的分隔线。
- 自动居中（AutoCenter）：选择"是/否"，决定窗体显示时是否自动居于桌面的中间。
- 最大最小化按钮（MinMaxButtons）：决定窗体是否使用 Windows 标准的最大化和最小化按钮。
- 关闭按钮（CloseButton）：决定窗体是否使用 Windows 标准的关闭按钮。
- 弹出方式（PopUp）：可以指定窗体是否以弹出式窗体形式打开。
- 内含模块（HasModule）：指定或确定窗体或报表是否含有类模块。设置此属性为"否"能提高效率，并且减小数据库的大小。
- 菜单栏（MenuBar）：用于将菜单栏指定给窗体。
- 工具栏（Toolbar）：用于指定窗体使用的工具栏。
- 节（Section）：可区分窗体或报表的节，并可以对该节的属性进行访问。同样可以通过控件所在窗体或报表的节来区分不同的控件。
- 允许移动（Moveable）：在"是"或"否"两个选项中选取，决定在窗体运行时是否允许移动窗体。
- 记录源（RecordSource）：可以为窗体或者报表指定数据源，并显示来自表、查询或者 SQL 语句的数据。
- 排序依据（OrderBy）：为一个字符串表达式，由字段名或字段名表达式组成，指定排序的规则。
- 允许编辑（AllowEdits）：在"是"或"否"两个选项中选取，决定在窗体运行时是否允许对数据进行编辑修改。
- 允许添加（AllowAdditions）：在"是"或"否"两个选项中选取，决定在窗体运行时是否允许添加记录。
- 允许删除（AllowDeletions）：在"是"或"否"两个选项中选取，决定在窗体运行时是否允许删除记录。
- 数据入口（DataEntry）：在"是"或"否"两个选项中选取，如果选择"是"，则在窗体打开时，只显示一条空记录，否则显示已有记录。

2. 控件属性

（1）标签（label）控件

标题（Caption）：该属性值将成为控件中显示的文字信息。

名称（Name）：该属性值将成为控件对象引用时的标识名字，在 VBA 代码中设置控件的属性或引用控件的值时使用。

其他常用的格式属性：高度（Height）、宽度（Width）、背景样式（BackStyle）、背景颜色（BackColor）、显示文本字体（FontBold）、字体大小（FontSize）、字体颜色（ForeColor）、是否可见（Visible）等。

（2）文本框（text）控件

其常用的格式属性同标签控件。

常用的数据属性如下。

- 控件来源（ControlSource）：设置控件如何检索或保存在窗体中要显示的数据。如果控件来源中包含一个字段名，那么在控件中显示的就是数据表中该字段的值。在窗体运行中，对数据所进行的任何修改都将被写入字段中；如果设置该属性值为空，除非通过程序语句，否则在窗体控件中显示的数据将不会被写入到数据表的字段中；如果该属性设置为一个计算表达式，则该控件会显示计算的结果。

- 输入掩码（InputMask）：用于设置控件的数据输入格式，仅对文本型和日期型数据有效。

- 默认值（DefaultValue）：用于设定一个计算型控件或非结合型控件的初始值，可以使用表达式生成器向导来确定默认值。

- 有效性规则（ValidationRule）：用于设定在控件中输入数据的合法性检查表达式，可以使用表达式生成器向导来建立合法性检查表达式。若设置了【有效性规则】属性，在窗体运行期间，当在该控件中输入数据时将进行有效性规则检查。

- 有效性文本（ValidationText）：用于指定当控件输入的数据违背有效性规则时，显示给用户的提示信息。

- 是否有效（Enabled）：用于决定能否操作该控件。如果设置该属性为"否"，该控件将以灰色显示在【窗体】视图中，但不能用鼠标、键盘或 Tab 键单击或选中它。

- 是否锁定（Locked）：用于指定在窗体运行中，该控件的显示数据是否允许编辑等操作。默认值为 False，表示可编辑，当设置为 True 时，文本控件相当于标签的作用。

（3）组合框（combo）控件（与文本框相同的不再说明）

行来源类型（RowSourceType）：该属性值可设置为：表/查询、值列表或字段列表，与【行来源】属性配合使用，用于确定可列表选择内容的来源。若选择【表/查询】,【行来源】属性可设置为表或查询，也可以是一条 Select 语句，列表内容显示为表、查询或 Select 语句的第一个字段内容；若选择【值列表】,【行来源】属性可设置为固定值用于列表选择；若选择【字段列表】,【行来源】属性可设置为表，列表内容将为选定表的字段名。

行来源（RowSource）：与行来源类型（RowSourceType）属性配合使用。

（4）列表框（list）控件

列表框与组合框在属性设置及使用上基本相同，区别是列表框控件只能选择输入数据而不能直接输入数据。

（5）命令按钮（command）控件

- 名字（Name）：可引用的命令按钮对象名。

- 标题（Caption）：命令按钮的显示文字。
- 标题的字体（FontName）：命令按钮的显示文字的字体。
- 标题的字体大小（FontSize）：命令按钮的显示文字的字号。
- 前景颜色（ForeColor）：命令按钮的显示文字的颜色。
- 是否有效（Enabled）：选择"是/否"，用于决定能否操作该控件。如果设置该属性为【否】，该控件将以灰色显示在【窗体】视图中，但不能用鼠标、键盘或 Tab 键单击或选中它。
- 是否可见（Visible）：选择"是/否"，用于决定在窗体运行时该控件是否可见，如果设置该属性为【否】，该控件在【窗体】视图中将不可见。
- 图片（Picture）：用于设置命令按钮的显示标题为图片方式。

（6）选项按钮（Option）控件、选项组（Frame）控件、复选框（Check）控件、切换按钮（Toggle）控件、选项卡控件、页控件的主要属性基本与上述控件相一致，有个别不同的将在控件设计时说明，在此不详细介绍。

Access 2003 为控件提供了 6 种特殊效果，即平面、凸起、凹陷、阴影、蚀刻和凿痕。其他控件如果有特殊效果（SpecialEffect），属性也与此类似。

【特殊效果】属性设置影响相关的【边框样式】（BorderStyle）、【边框颜色】（BorderColor）和【边框宽度】（BorderWidth）属性设置。例如，如果特殊效果属性设为【凸起】，则忽略【边框样式】、【边框颜色】和【边框宽度】设置。另外，更改或设置【边框样式】、【边框颜色】和【边框宽度】属性会使 Access 2003 将【特殊效果】属性设置更改为【平面】。

当设置文本框的【特殊效果】属性为【阴影】时，文本在垂直方向上显示的面积会减少。可以调整文本框的【高度】（Height）属性来增加文本框的显示面积。

6.3.5 窗体与对象的事件

在 Access 2003 中，对象能响应各种类型的事件，每种类型的事件又由若干种具体事件组成，在代码窗口编写相应的事件代码，用户可设置响应事件的相关操作。以下将分类给出 Access 2003 窗体及控件的一些事件。

1. 窗口（Windows）事件

窗口事件是指操作窗口时引发的事件，如表 6-1 所示，正确理解此类事件发生的先后顺序，对控制窗体和报表的行为非常重要。

表 6-1　　　　　　　　　　　　窗口（Windows）事件

事件名称	事件对象	事件发生情况
Open	窗体和报表	窗体被打开，但第一条记录还未显示出来时发生该事件。或虽然报表被打开，但在打印报表之前发生
Load	窗体	窗体被打开，且显示了记录时发生该事件。发生在 Open 事件之后
Resize	窗体	窗体的大小变化时发生。此事件也发生在窗体第一次显示时
Unload	窗体	窗体对象从内存撤销之前发生。发生在 Close 事件之前
Close	窗体和报表	窗体对象被关闭但还未清屏时发生

2. 数据（Data）事件

数据（Data）事件指与操作数据有关的事件，又称操作事件，如表 6-2 所示。当窗体或控件的数据被输入、修改或删除时将发生数据（Data）事件。

表6-2　　　　　　　　　　　　　　　数据（Data）事件

事件名称	事件对象	事件发生情况
AfterDelConfirm	窗体	确认删除记录且记录实际上已经删除或取消删除之后发生的事件
AfterInsert	窗体	插入新记录保存到数据库时发生的事件
AfterUpdate	窗体和控件	更新控件或记录数据之后发生的事件；此事件在控件或记录失去焦点时，或单击菜单中的【保存记录】时发生
BeforeDelConfirm	窗体	在删除记录后，但在 Access 2003 显示对话框提示确认或取消之前发生的事件。此事件在 Delete 事件之后发生
BeforeInsert	窗体	在新记录中键入第一个字符，但还未将记录添加到数据库之前发生的事件
BeforeUpdate	窗体和报表	更新控件或记录数据之前发生的事件；此事件在控件或记录失去焦点时，或单击菜单中的【保存记录】时发生
Change	控件	当文本框或组合框的部分内容更改时发生的事件
Current	窗体	当焦点移动到一条记录，使它成为当前记录，或当重新查询窗体数据源时发生的事件
Delete	窗体	删除记录，但在确认删除和实际执行删除之前发生该事件
NotInList	控件	当输入一个不在组合框列表中的值时发生的事件

3. 焦点（Focus）事件

焦点即鼠标或键盘操作的当前状态，当窗体、控件失去或获得焦点时，或窗体、报表成为激活或失去激活状态时，将发生焦点（Focus）事件，如表6-3 所示。

表6-3　　　　　　　　　　　　　　　焦点（Focus）事件

事件名称	事件对象	事件发生情况
Activate	窗体和报表	在窗体或报表成为激活状态时发生的事件
Deactivate	窗体和报表	在窗体或报表由活动状态转为非活动状态之前发生
Enter	控件	在控件实际接收焦点之前发生，此事件发生在 GotFocus 事件之前
Exit	控件	当焦点从一个控件移动到同一窗体的另一个控件之前发生的事件，此事件发生在 LostFocus 事件之前
GotFocus	窗体和控件	当窗体或控件对象获得焦点时发生的事件。当【获得焦点】事件或【失去焦点】事件发生后，窗体只能在窗体上所有可见控件都失效，或窗体上没有控件时，才能重新获得焦点
LostFocus	窗体和控件	当窗体或控件对象失去焦点时发生的事件

4. 键盘（Keyboard）事件

键盘（Keyboard）事件是操作键盘引发的事件，如表6-4 所示。

表6-4　　　　　　　　　　　　　　　键盘（Keyboard）事件

事件名称	事件对象	事件发生情况
KeyDown	窗体和控件	在控件或窗体具有焦点时，键盘有键按下时发生该事件
KeyUp	窗体和控件	在控件或窗体具有焦点时，释放一个按下的键时发生该事件
KeyPress	窗体和控件	在控件或窗体具有焦点时，当按下并释放一个键或组合键时发生该事件

5. 鼠标（Mouse）事件

鼠标（Mouse）事件是用户操作鼠标引发的事件，如表 6-5 所示。鼠标事件应用较多，特别是单击事件，命令按钮的功能处理大多用鼠标（Mouse）事件来完成。

表 6-5　　　　　　　　　　　　　　鼠标（Mouse）事件

事件名称	事件对象	事件发生情况
Click	窗体和控件	当鼠标在控件上单击时发生的事件
DblClick	窗体和控件	当鼠标在控件上双击时发生的事件，对窗体，双击窗体空白区域或窗体上的记录选定器时发生
MouseDown	窗体和控件	当鼠标在窗体或控件上按下左键时发生的事件
MousMove	窗体和控件	当鼠标在窗体、窗体选择内容或控件上移动时发生的事件
MouseUp	窗体和控件	当鼠标位于窗体或控件时，释放一个按下的鼠标键时发生的事件

6. Timer 和 Error 事件

Timer 事件：VBE 中并没有直接提供 Timer 时间控件，而是通过窗体的【计时器间隔（TimerInterval）】属性和计时器触发（OnTimer）事件来完成计时功能，【计时器间隔（TimerInterval）】属性值以毫秒为单位。

处理过程为：计时器触发（OnTimer）事件每隔 TimerInterval 时间间隔就被激发一次，运行 OnTimer 事件过程，这样重复不断，可实现计时功能。

Error 事件：Error 事件在窗体或报表拥有焦点，同时在 Access 中产生了一个运行时错误时发生。这包括 Microsoft Jet 数据库引擎错误，但不包括 Visual Basic 中的运行时错误或来自 ADO 的错误。如果要在此事件发生时执行一个宏或事件过程，可以将 OnError 属性设置为宏的名称或事件过程。在 Error 事件发生时，通过执行事件过程或宏，可以截取 Access 错误消息而显示自定义消息，这样可以根据应用程序传递更为具体的信息。

6.3.6　常用方法

1. AddMenu 方法

功能：执行 AddMenu 操作，用于自定义（快捷）菜单栏或全局（快捷）菜单栏。

语法：DoCmd.AddMenu menuname, menumacroname, statusbartext

参数：

- Menuname：字符串表达式，代表要添加到自定义菜单栏或全局菜单栏中的下拉式菜单名称。若要创建快捷访问键以使用键盘选择菜单，在作为访问键的字母之前键入"And"符（&），在菜单栏上的菜单名中，该字母将带有下画线。
- Menumacroname：字符串表达式，代表宏组名字。该宏组中包含菜单命令的宏。该参数是必选参数。
- Statusbartext：字符串表达式，表示选择菜单时显示在状态栏中的文本。

说明：用于自定义菜单栏或全局菜单栏里的 AddMenu 方法，必须包含 menuname 和 menumacroname 参数。menuname 参数不是必选参数，对于自定义快捷菜单和全局快捷菜单，忽略该参数。statusbartext 参数是可选参数，对于自定义快捷菜单和全局快捷菜单，忽略该参数。

2. Beep 方法

功能：使计算机的扬声器发出"嘟嘟"声。

语法：DoCmd.Beep

说明：该方法没有参数。

3. CancelEvent 方法

功能：取消事件。

语法：DoCmd.CancelEvent。

说明：该方法没有参数，CancelEvent 方法仅在作为事件的结果运行时才有效。

4. Close 方法

功能：关闭打开的对象。

语法：DoCmd.Close [objecttype, objectname], [save]

参数：

● Objecttype：acDataAccess 2003Page、acDefault（默认值）、acDiagram、acForm、acMacro、acModule、acQuery、acReport、acServerView 、acStoredProcedure、 acTable 。

● Objectname：字符串表达式，代表有效的对象名称，该对象的类型由 objecttype 参数指定。

● Save：acSaveNo、acSavePrompt（默认值）、acSaveYes。如果该参数空缺，将假设为默认常量（acSavePrompt）。

说明：如果将 objecttype 和 objectname 参数保留为空白（默认常量 acDefault 用作 objecttype 值），则 Access 2003 将关闭活动窗口。如果指定 save 参数并将 objecttype 和 objectname 参数留为空白，则必须包含 objecttype 和 objectname 参数的逗号。

5. CodeDb 方法

功能：在代码模块中使用 CodeDb 方法可以确定 Database 对象的名称，此对象引用当前正在执行代码的数据库。

例如，可以在程序数据库的一个模块中使用 CodeDb 方法来创建引用程序数据库的 Database 对象，然后就可以打开基于程序数据库中表的记录集。

语法：Set database = CodeDb

参数：database，Database 对象变量。

说明：CodeDb 方法返回一个 Database 对象，该对象的 Name 属性为从其中调用该方法的数据库的完整路径和名称。

6. OpenForm 方法

功能：打开窗体。

语法：DoCmd.OpenForm formname[, view][, filtername][, wherecondition][, datamode][, windowmode][, openargs]

参数：

● Formname：字符串表达式，代表当前数据库中的窗体的有效名称。

● View：acDesign、acFormDS、acNormal（默认值）、acPreview，acNormal 代表在【窗体】视图中打开窗体。

● Filtername：字符串表达式，代表当前数据库中查询的有效名称。

● Wherecondition：字符串表达式，不包含 WHERE 关键字的有效 SQL WHERE 子句。

● Datamode：acFormAdd、acFormEdit、acFormPropertySettings、acFormReadOnly。

● Openargs：字符串表达式。用来设置窗体的 OpenArgs 属性。该设置可以在窗体模块的代码中使用。例如 Open 事件过程。在宏和表达式中可以引用 OpenArgs 属性。该参数仅在 Visual

Basic 中使用。

说明：语法中的可选参数可以空缺，但必须包含参数的逗号。如果有一个或多个位于末端的参数空缺，则在指定的最后一个参数后面不需要使用逗号。

7. OpenModule 方法

功能：打开 Visual Basic 模块。

语法：DoCmd.OpenModule [modulename][, procedurename]

参数：

● Modulename：字符串表达式，代表要打开的 Visual Basic 模块的有效名称。如果不设置该参数，Access 2003 将在数据库的标准模块中搜索全部由 procedurename 参数指定的过程，并且打开包含这些过程的模块。

● Procedurename：字符串表达式，代表用于打开模块的过程的有效名称。如果不设置该参数，将打开模块的声明节。

说明：OpenModule 操作的两个参数必须至少设置一个。如果同时设置两个参数，则 Access 2003 将在指定过程中打开指定的模块。如果 procedurename 参数空缺，在 modulename 参数后面不需要使用逗号。

8. OpenQuery 方法

功能：打开数据库中的查询。

语法：DoCmd.OpenQuery queryname[, view][, datamode]

参数：

● Queryname：字符串表达式，代表当前数据库中的查询的有效名称。

● View：acViewDesign、acViewNormal（默认值）、acViewPreview。

● Datamode：acAdd、acEdit（默认值）、acReadOnly。

说明：此方法仅在 Access 2003 环境（.mdb）中才可用。如果指定 datamode 参数，但空缺 view 参数，那么必须包含 view 参数的逗号。如果空缺位于末端的参数，则在指定的最后一个参数后面不需使用逗号。

9. OpenReport 方法

功能：打开当前数据库中的报表。

语法：DoCmd.OpenReport reportname[, view][, filtername][, wherecondition]

参数：

● Reportname：字符串表达式，代表当前数据库中的报表的有效名称。

● View：acViewDesign、acViewNormal（默认值）、acViewPreview。

● Filtername：字符串表达式，代表当前数据库中查询的有效名称。

● Wherecondition：字符串表达式，不包含 WHERE 关键字的有效 SQL WHERE 子句。

说明：语法中的可选参数允许空缺，但是必须包含参数的逗号。如果有一个或多个位于末端的参数空缺，在指定的最后一个参数后面不需要使用逗号。

10. OpenTable 方法

功能：打开当前数据库中的表。

语法：DoCmd.OpenTable tablename[, view][, datamode]

参数：

● Tablename：字符串表达式，代表当前数据库中的表的有效名称。

● View：acViewDesign、acViewNormal（默认值）、acViewPreview。 AcViewNormal 表示将在【数据表】视图中打开表。

● Datamode：acAdd、acEdit（默认值）、acReadOnly。

说明：如果指定了 datamode 参数而空缺了 view 参数，view 参数的逗号不能省略。如果位于末端的参数空缺，在指定的最后一个参数后面不需使用逗号。

11. OpenView 方法

功能：打开当前数据库中的视图。

语法：DoCmd.OpenView viewname [, viewmode] [, datamode]

参数：

● Viewname：字符串表达式，代表当前数据库中视图的名称。

● Viewmode：acView、Normal （默认值）、acViewDesign、acPreview。

● Datamode：acEdit （默认值）、acAdd、acReadOnly。

12. Quit 方法（Application 对象）

功能：退出 Microsoft Access 2003。在退出前，可以从几个选项中选择一项来保存数据库对象。

语法：Application.Quit [option]

参数：

Option：固有常量，指定退出 Access 2003 时怎样处理未保存的对象。此常量可以为下列常量中的任何一个。

acSaveYes（默认值）表示保存所有对象，不显示对话框。

AcPrompt 表示显示对话框，询问是否保存已更改但还未存盘的任何数据库对象。

acExit 表示退出 Access 2003，不保存任何对象。

说明：使 Quit 方法和单击【文件】菜单中的【退出】命令效果相同。可以创建自定义菜单命令或在窗体上创建一个命令按钮，此命令按钮的过程中包括了 Quit 方法。例如，可以将一个 Quit 按钮放置在窗体上，并在按钮的 Click 事件中包含一个使用 Quit 方法的过程，此方法的 option 参数设置为 acSaveYes。

13. Quit 方法

功能：DoCmd 对象的 Quit 方法执行 Visual Basic 中的 Quit 操作。

语法：DoCmd.Quit [options]

参数：

Options：acQuitPrompt acQuitSaveAll（默认值）acQuitSaveNone。

说明：增加 DoCmd 对象的 Quit 方法是为了提供在 Microsoft Access 2003 for Windows 95 的 Visual Basic 代码中执行 Quit 操作的兼容性。建议使用 Application 对象的 Quit 方法来代替它。

14. Refresh 方法

功能：刷新窗体对象，Refresh 方法用于立即刷新指定窗体或数据表中基础数据来源中的记录，以反映您或多用户环境下的其他用户对数据的更改。

语法：Form.Refresh

参数：Form，Form 对象，代表要刷新的窗体。

说明：使用 Refresh 方法和单击【记录】菜单中的【刷新】命令等效。Refresh 方法只显示对当前集中的记录所作的更改。

15. Run 方法

功能：使用 Run 方法可以执行一个特定的 Access 2003 或用户定义的 Function 或 Sub。例如，可以从 ActiveX 组件中使用 Run 方法来执行一个在某个 Access 2003 数据库中定义过的子程序。

语法：application.Run procedure [, arg1, arg2, ..., arg30]

参数：

- Application：Application 对象。
- Procedure：要运行的 Function 或 Sub 过程的名称。
- Arg1, arg2, ...：可选。指定的 Function 或 Sub 过程的参数。最多可以有 30 个参数。

16. RunCommand 方法

功能：使用 RunCommand 方法执行内置菜单或工具栏命令。

语法：[object.]RunCommand command

参数：

- Object：可选参数，Application 对象或 DoCmd 对象。
- Command：固有常量。指定要执行的内置菜单或工具栏命令。

说明：Access 2003 中的每个菜单和工具栏命令都有一个相关的常量，在 Visual Basic 中，可以用 RunCommand 方法执行该常量对应的那条命令。

17. RunMacro 方法

功能：运行 Visual Basic 中的宏操作。

语法：DoCmd.RunMacro macroname[, repeatcount][, repeatexpression]

参数：

- Macroname：字符串表达式，代表当前数据库中的宏的有效名称。
- Repeatcount：数值表达式，是一个整型值，代表宏将运行的次数。
- Repeatexpression：数值表达式，在每一次运行宏时进行计算。当结果为 False（0）时，停止运行宏。

说明：如果指定 repeatexpression 参数，但 repeatcount 参数空缺，则必须包含 repeatcount 参数的逗号。如果位于末端的参数空缺，在指定的最后一个参数后面不需要使用逗号。

18. RunSQL 方法

功能：在 Visual Basic 操作查询中使用 RunSQL 方法执行 SQL 操作。此方法只在 Access 2003 数据库（.mdb）中可用。

语法：DoCmd.RunSQL sqlstatement[, usetransaction]

参数：

- Sqlstatement：字符串表达式，代表操作查询或数据定义查询的 SQL 语句。
- Usetransaction：该参数为 True（-1）时，将在事务处理中包含该查询。如果不想使用事务处理，可将该参数设置为 False（0）。如果该参数空缺，将假设为默认值（True）。

说明：如果 usetransaction 参数空缺，在 sqlstatement 参数后面不要使用逗号。

19. Save 方法

功能：保存对象。

语法：DoCmd.Save [objecttype, objectname]

参数：

- Objecttype：acDataAccess 2003PageacDefault（默认值）、acDiagram、acForm、acMacro、 acModule、acQuery、acReport、acServerView、acStoredProcedure、acTable。

● Objectname：字符串表达式，代表由 objecttype 参数所选择的类型的对象名称。

说明：如果 objecttype 和 objectname 参数空缺（对于 objecttype 参数，空缺时将假设为默认常量 acDefault），Access 2003 将保存活动的对象。如果 objecttype 参数空缺，但在 objectname 参数中输入了名称，则 Access 2003 使用指定的名称保存活动的对象。如果在 objecttype 参数中输入了对象类型，就必须在 objectname 参数中输入一个已有的对象名称。如果 objecttype 参数空缺，而在 objectname 参数中输入名称，则必须包含 objecttype 参数的逗号。

20. SetFocus 方法

功能：使用 SetFocus 方法将焦点移动到指定的窗体或活动窗体的指定控件或者活动数据表的指定字段上。

语法：Object.SetFocus

参数：

Object 为 From 对象（代表窗体）或 Control 对象（代表激活窗体或数据表上的控件）。

说明：要让指定字段或控件具有焦点，以便所有的用户输入都针对这个对象时，可以使用 SetFocus 方法。

要读取一个控件的一些属性，此控件必须具有焦点。例如，在能读取文本框的 Text 属性之前，此文本框必须具有焦点。

某些属性只有在控件没有焦点时才能设置。例如，当控件具有焦点时，不能将此控件的 Visible 或 Enabled 属性设置为"False(0)"，只能将焦点移动到可见的控件或窗体上。如果控件的 Enabled 属性设置为"False"，就不能将焦点移动到这个控件上。

如果窗体包含了 Enabled 属性设置为"True"的控件，就不能将焦点移动到窗体本身，而只能将焦点移动到窗体上的控件上。在这种情况下，如果使用 SetFocus 将焦点移动到窗体，焦点将移动到窗体中上次接收焦点的控件上。

21. Undo 方法

功能：当一个控件或窗体的值已经被改变时，可以使用 Undo 方法进行重置。例如，可以使用 Undo 方法来清除对某个包含无效输入项的记录的一个改变。

语法：Object.Undo

参数：Object 为 Form 对象或 Control 对象。

说明：如果 Undo 方法应用于窗体，那么将失去对当前记录的所有修改。如果 Undo 方法应用于控件，仅影响控件本身。

这个方法必须在更新窗体或控件前应用。可以在窗体的 BeforeUpdate 事件或控件的 Change 事件中包含这个方法。

6.4 窗体外观格式设计

窗体是各个控件的载体，添加控件之后，必须对控件进行调整，例如，对齐控件，修改背景色，可使用直线或矩形适当分隔和组织控件，对一些特殊控件使用特殊效果，对显示的文字使用颜色和各种各样的字体，均可以美化窗体外观，以达到好的视觉效果。

6.4.1 设置控件格式属性

除了如前所述的可以设置控件的特殊效果、控件上的文本颜色外，还可以通过调整控件的大小、位置等来改变窗体的布局。

1. 选择控件

（1）选择单个控件：单击要选择控件的任何位置。

（2）选择多个相邻控件：只需在窗口空白处的任何地方按下鼠标左键拖动出一个矩形框，矩形框所包含的控件均被同时选中。

通过拖动鼠标包含控件的方法选择相邻控件时，需要矩形框完全包含整个控件。如果要求矩形框部分包含时即可选择相应控件，需作进一步的设置。选择【工具】菜单中的【选项】命令，在【选项】对话框中激活【窗体/报表】选项卡，然后将【选中方式】设置成【部分包含】。通过上述设置后，当选择控件时，只要矩形接触到控件就可以选择控件，而不需要完全包含控件。

（3）选择多个不相邻的控件：首先按下 Shift 键，然后依次单击所要选择的控件。在选择多个控件时，如果已经选择了某控件后又想取消选择此控件，只要在按住 Shift 键的同时再次单击该控件即可。

（4）选择窗体上所有控件：执行【编辑】菜单【全选】命令或者 Ctrl+A 快捷键。

2. 移动控件

首先选择控件，选定后每个控件周围会显示黑色方形句柄，其中左上角最大的为移动控制句柄，而其余为调整大小控制句柄。

（1）单个控件：选定后移动鼠标指向控件的边框或移动控制句柄上，当鼠标指针变为手掌形时，即可拖动鼠标将控件拖到目标位置。

（2）控件和附属标签：单击两部分中的任一部分时，如果指针移动到控件或其标签的边框（不是移动控制句柄）上，指针变成手掌图标时，可以同时移动两个控件。鼠标指针放在控件或标签左上角的移动控制句柄上，当指针变成向上指的手掌图标时，拖动控件或标签可以进行移动，如果要分别移动控件及其标签，但标签与控件之间依然相关，必须使用【剪切】及【粘贴】命令才能解除两者之间联系。

（3）组合控件：单击任何部位，出现黑色矩形组合框，如果指针移动到组合框的边框或组合框的移动控制句柄上，变成手掌图标时，是把组合控件进行整体移动。如果指针移动到组合控件中单个控件的边框或移动控制句柄上，变成手掌图标，是移动该单个控件，改变它与其他控件的相对位置，它们之间组合依然存在，否则必须使用【剪切】及【粘贴】命令，才能解除和组合控件其他控件的联系。

在选择或移动控件时按下 Shift 键，保持该控件在水平或垂直方向上与其他控件对齐，可以水平或垂直移动控件，这取决于首先移动的方向。如果需要细微地调整控件的位置，更简单的方法是按下 Ctrl 键和相应的方向键。

3. 调整控件大小

（1）使用鼠标调整控件大小：选定控件，利用鼠标拖动调整该控件大小控制句柄，直到控件变为所需的大小。

（2）通过【属性】窗口精确控件的大小：右击所选择的控件，选择快捷菜单中的【属性】命令，选择【视图】菜单中的【属性】命令，或使用 Alt+Enter 组合键打开相应控件的属性设置对话框，选择【格式】选项卡，分别在【宽度】和【高度】文本框中输入控件的宽度和高度。

（3）利用键盘调整控件大小：按下 Shift 键，并使用相应的方向键可以细微地调整控件的大小。

（4）通过【格式】菜单调整控件的大小：选择要调整大小的一个控件或多个控件，在【格式】菜单中，选择【大小】子菜单中的相关命令，Access 2003 将根据控件内容确定其宽度和高度。

4．对齐控件

在设计窗体时应该正确排列窗体的各控件。对齐控件包括使控件相互对齐和使用网格对齐控件两种情况。

（1）使用网格对齐控件

网格是一个简单的辅助设计工具，用竖直或水平分割线将窗体进行分块，提供窗体布局的框架，是把控件对象对齐的一种非常好的方法，它让窗体界面设计显得干净、整洁，而且用户友好。

Access 可以通过【视图】菜单中的【网格】命令，或者快捷菜单中的【网格】选项显示和隐藏网格。如果网格上点与点之间的距离需要调整，在设置窗体属性的对话框中选择【格式】选项卡，如果要更改水平点，为【网格线 X 坐标】属性键入一个新值。如果要更改垂直点，则为【网格线 Y 坐标】属性键入一个新值。数值越大表明点间的距离越短。网格的默认设置为水平方向每英寸 24 点，垂直方向每英寸 24 点。如果用厘米作为测量单位，则网格设置为 10×10。这些设置可以更改为 1 到 64 之间的任何整型值。如果选择了每英寸多于 24 点或每厘米多于 9 点的设置，则网格上的点将不可见。

如果【对齐网格】为打开状态，在通过单击窗体、报表或数据访问页来创建控件时，Access 将把控件的左上角对齐到网格。如果通过拖动来创建控件，Access 将把控件的四个角都对齐到网格。如果移动或重新调整已有的控件，Access 只允许将控件或控件边界从网格点移动到网格点。如果【对齐网格】为关闭状态，Access 将忽略网格，允许在窗体、报表或数据访问页的任何位置放置、移动或重新调整控件大小。

需要说明的是，如果希望暂时覆盖当前的【对齐网格】设置，可在放置、移动控件或调整控件大小时，按住 Ctrl 键。例如，如果已打开【对齐网格】，则通过按住 Ctrl 键仍然可以将控件移到窗体、报表或数据访问页上的任意位置。释放 Ctrl 键即可恢复当前的【对齐网格】设置。

（2）使控件互相对齐

首先选择要调整的控件，这些控件应在同一行或同一列，然后选择【格式】菜单中的【对齐】子菜单，再选择下列其中一项命令。

- 靠左：把控件的左缘对齐最左边控件的左缘。
- 靠右：把控件的右缘对齐最右边控件的右缘。
- 靠上：把控件的上缘对齐最上面控件的上缘。
- 靠下：把控件的下缘对齐最下面控件的下缘。

如果选定的控件在对齐之后可能重叠，Access 2003 会将这些控件的边相邻排列。

5．修改控件间隔

（1）平均间隔控件

选择要调整的控件（至少三个），对于有附属标签的控件，应选择控件，而不要选择其标签。选择【格式】菜单中的【水平间距】或【垂直间距】子菜单，然后再选择【相同】命令，Access 2003 将这些控件等间隔排列。实际上只有位于中间的控件才会调整，而顶层与底层的控件位置不变。

（2）增加或减少控件之间的间距

选择要调整的控件，选择【格式】菜单中的【水平间距】或【垂直间距】子菜单，然后再选择【增加】或【减少】命令。在控件之间的间距增加或减少时，最左侧（水平间距）及最顶端（垂直间距）的控件位置不变。

6.4.2 使用 Tab 键设置控件次序

窗体创建完成后，窗体中的控件会按一定的次序响应键盘，在窗体设计视图中，Tab 键次序通常是控件的创建次序，但也可以使用【视图】菜单中的【Tab 键次序】命令重新设置窗体控件次序。

在窗体设计视图中，打开窗体，执行下列操作之一可以修改控件次序。

（1）更改窗体中的 Tab 键次序

打开窗体设计视图，选择【视图】菜单中的【Tab 键次序】命令，打开【Tab 键次序】对话框，如图 6-56 所示。

单击【自动排序】可以创建从左到右、从上到下的 Tab 键次序，如果创建自定义 Tab 键次序，在【自定义顺序】列表中，单击选定要移动的控件（单击并进行拖动可以一次选择多个控件），然后再次单击拖动控件到列表中所需的地方。

（2）从 Tab 键次序中移除控件

在窗体设计视图中，选择要从 Tab 键次序中移除的控件，然后打开控件的属性设置对话框，如图 6-57 所示把【TabStop】（制表位）属性设置为"否"。设置后，虽然不能响应键盘，但控件的【可用】属性设为"是"，就仍可以通过单击该控件选定它。

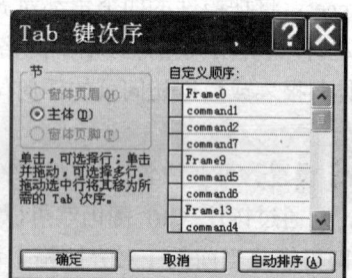

图 6-56 【Tab 键 次序】对话框

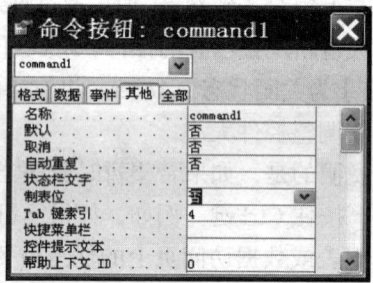

图 6-57 设置控件的 Tab 键次序

（3）更改窗体中最后一个字段的 Tab 键行为

如图 6-58 所示打开窗体的属性设置对话框，在【循环】属性框中，选择下列设置。

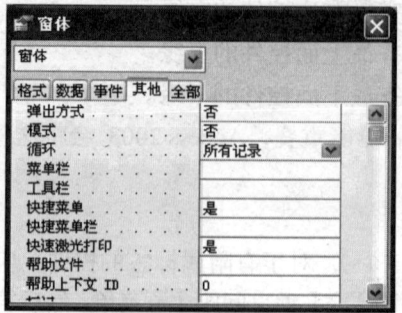

图 6-58 更改最后一个字段 Tab 键行为对话框

- 所有记录。表示在最后一个字段中按 Tab 键，焦点将移动到下一记录中的第一个字段。
- 当前记录。表示在最后一个字段中按 Tab 键，焦点将移回到当前记录中的第一个字段。

● 当前页。表示在窗体页面的最后一个字段中按 Tab 键，焦点将移回到当前页面中的第一个字段。

 只能在窗体中更改最后一个字段的 Tab 键行为。

6.5 设计多数据表窗体

前面章节中介绍了基于一个数据源窗体的创建方式和步骤，但在很多情况下，数据库应用系统的窗体数据源不仅基于一个数据表对象或一个查询对象。利用 Access 窗体处理来自多个数据表或查询的数据时，需要应用多数据表窗体，也就是主/子窗体。其中主窗体基于一个数据源，而任何其他数据源的数据处理则必须为其添加对应的子窗体，并且主/子窗体的数据源必须建立一对多关系。

子窗体是窗体中的窗体，在显示具有一对多关系的表或查询中的数据时，子窗体特别有效。主窗体可以包含多个子窗体，还可以嵌套子窗体，最多可以嵌套七级子窗体，也就是说，可以在主窗体内包含子窗体，子窗体内可以再有子窗体等。例如，可以用一个主窗体来显示学生基本信息数据，用子窗体来显示选课成绩，再用另一个子窗体来显示图书借阅信息。

创建子窗体的方法有两种，一种方法是同时创建主窗体和子窗体；另一种方法是将已有窗体作为子窗体添加到主窗体中。

6.5.1 同时创建主窗体和子窗体

在这类窗体中，主窗体和子窗体彼此链接，子窗体仅显示与主窗体当前记录相关的记录。如果用带有子窗体的主窗体来输入新记录，则在子窗体中输入数据时，Access 2003 就会保存主窗体的当前记录，这就可以保证在"多"端的表中每一记录都可与"一"端表中的记录建立联系。在子窗体中添加记录时，Access 2003 也会自动保存每一记录。

【例 6.12】在【教务管理系统】数据库中，创建如图 6-59 所示的窗体，用于显示"学生信息表"和"成绩表"中的数据。

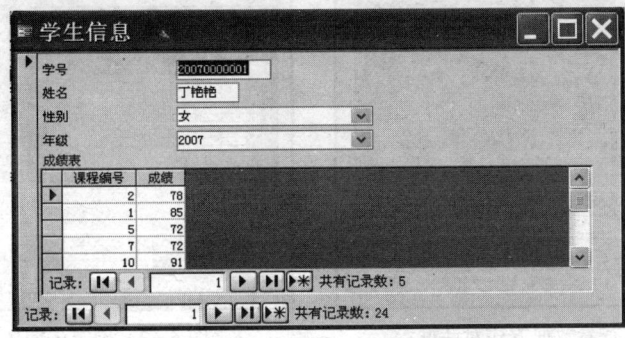

图 6-59 "学生信息"多数据表窗体

（1）如图 6-60 所示，在【新建窗体】对话框中单击【窗体向导】，但将要建立的是多表窗体，【请选择该对象数据的来源表或查询】列表选择的应该是主\子窗体对应的多个数据源之一，通常应该是主窗体所对应的那个数据源。在此题中"学生信息表"和"成绩表"之间具有一对多关系,"学生信息表"位于一对多关系中的"一"方,也就是通过"学生信息表"查看"成绩表",所以【请选择该对象数据的来源表或查询】列表选择的是"学生信息表"。然后单击【确定】按钮,或双击窗体向导,进入如图 6-61 所示窗体向导对话框。

(2)在图 6-61 所示对话框中,打开【表/查询】下拉列表,从中选择【表:学生信息】,使用【>】或【>>】按钮,在【可用字段】列表中选择要显示的字段。再打开【表/查询】下拉列表,从中选择【表:成绩】,在【可用字段】列表中选择要显示的字段。然后单击【下一步】按钮,进入如图 6-62 所示对话框。

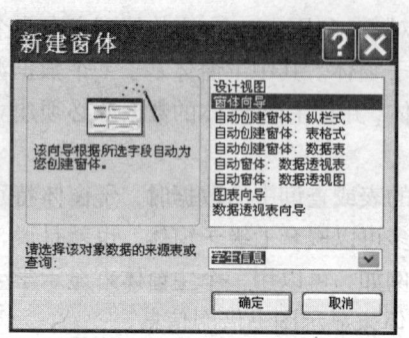

图 6-60 【新建窗体】对话框

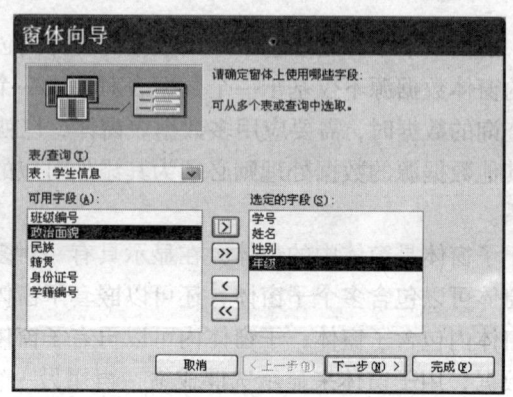

图 6-61 选择可用字段对话框

(3)在图 6-62 所示对话框中,要求确定窗体查看数据的方式,由于数据来源于两个表,有两个选项:通过"学生信息表"或通过"成绩表"查看。根据需要进行选择,默认的是在【新建窗口】中,通过【请选择该对象数据的来源表或查询】列表中选取的数据源来查看。选择的【带有子窗体的窗体】单选项。然后单击【下一步】按钮,进入如图 6-63 所示对话框。

(4)在图 6-63 所示对话框中,要求确定窗体所采用的布局。有两个可选项:【表格】和【数据表】。选中其中一项,其布局结果在左侧显示,在此选中【数据表】,单击【下一步】按钮,进入如图 6-64 所示对话框。

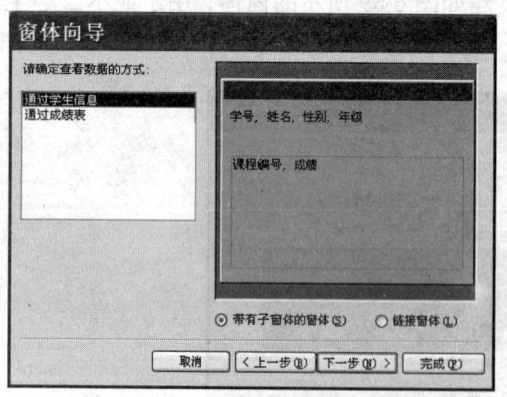

图 6-62 确定查看数据方式对话框

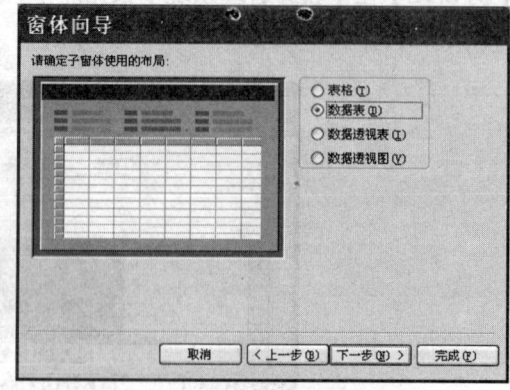

图 6-63 确定子窗体布局对话框

(5)在图 6-64 所示对话框中,右边列表框中给出了若干种窗体的样式,用户根据需要选择其中一种,其样式结果在左侧显示,在此选中"标准",单击【下一步】按钮,进入如图 6-65 所示对话框。

(6) 在图 6-65 所示对话框中，要求确定主/子窗体的窗体标题，在【窗体】文本框中输入主窗体标题 "学生信息"。单击【完成】按钮，完成如图 6-59 所示的主/子窗体的创建。

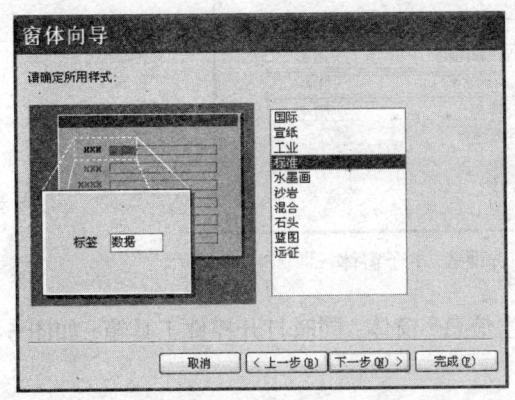
图 6-64　确定窗体样式对话框

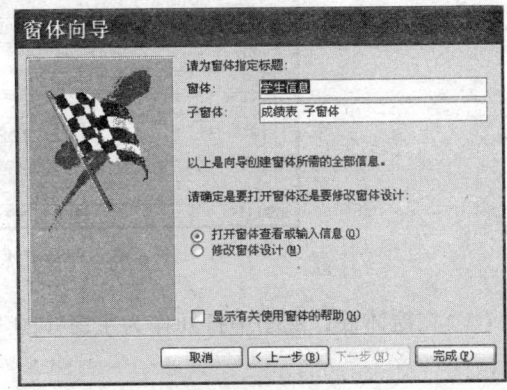
图 6-65　确定主子窗体标题对话框

如果用户在选择记录源和字段的操作中，选择的多个表之间没有任何关系，单击【下一步】按钮后，窗体向导将提示用户重新定义相应的表间关系。

6.5.2　将子窗体添加到已有窗体

在实际应用中，往往存在这样的情况：某窗体已经建立，后来再将其与另一个窗体关联起来，这时就需要把一个窗体（子窗体）插入到另一个窗体中（主窗体）。使用工具箱上的【子窗体/子报表】控件按钮完成此操作。

【例 6.13】在 "教务管理系统" 数据库中，如图 6-66 所示 "学生信息" 窗体和如图 6-67 所示 "选课表" 窗体已经存在的情况下，创建如图 6-68 所示的窗体，用于同时显示 "学生信息表" 和 "选课表" 中的数据。

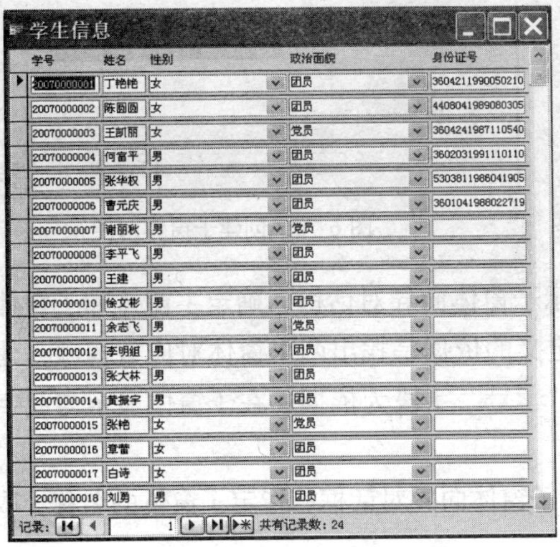

图 6-66　学生信息窗体 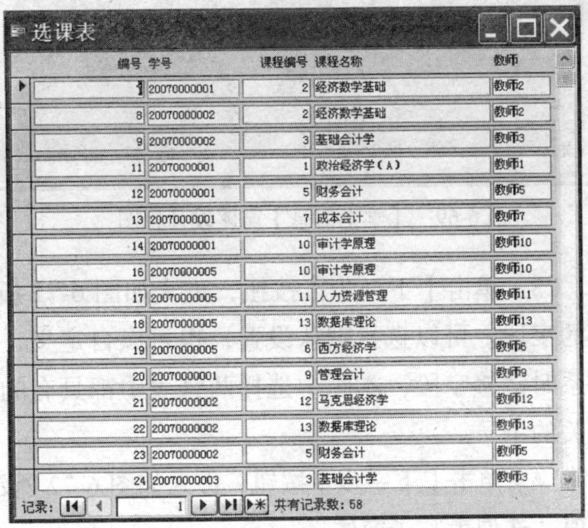　　　　　　　　图 6-67　选课表窗体

"学生信息表" 和 "选课表" 之间具有一对多关系，"学生信息表" 位于一对多关系中的 "一" 方，也就是通过 "学生信息表" 查看 "选课表"，因此本题是把 "选课表" 窗体作为子窗体添加到作为主窗体的 "学生信息" 窗体。

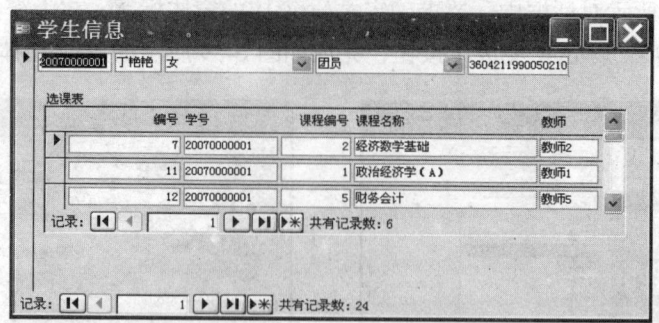

图 6-68 学生信息表/ 选课表 主子窗体

（1）在窗体设计视图中打开作为主窗体的"学生信息"窗体，同时打开控件工具箱，如图 6-69 所示。

（2）在工具箱中再选择【子窗体/子报表】控件按钮，在窗体的主体节的合适位置单击鼠标右键，启动如图 6-70 所示子窗体向导。

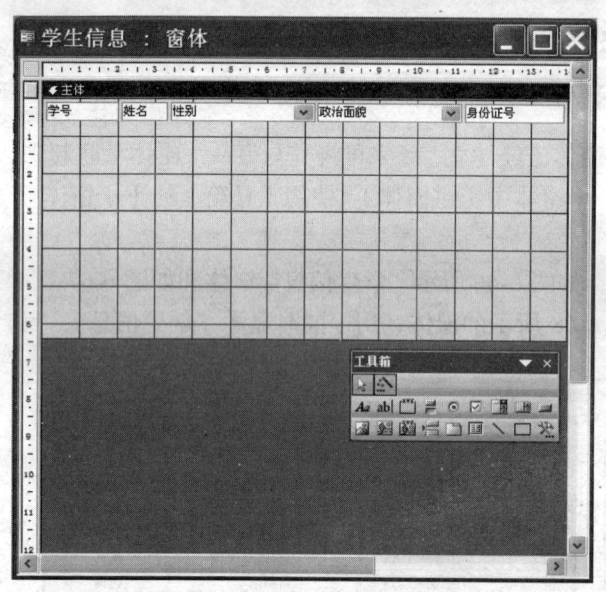

图 6-69 【学生信息】窗体设计视图

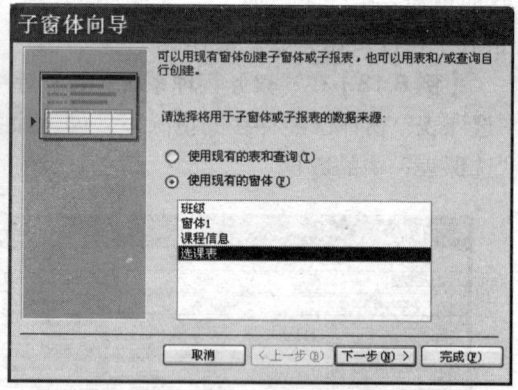

图 6-70 创建子窗体向导

（3）单击【下一步】按钮，进入如图 6-71 所示子窗体向导对话框，确定主窗体和子窗体链接的字段。可以选择默认设置，也可以自定义，定义的依据是找出两个窗体对应数据源，建立关系时链接字段，本题中选择两张表中都具有的"学号"字段为依据，在子窗体显示与此字段相关的记录。

（4）单击【下一步】按钮，进入如图 6-72 所示子窗体向导对话框，指定子窗体的名称，取默认值"选课表"子窗体。

（5）最后，单击【完成】按钮后，Access 2003 将在已有的主窗体中添加一个子窗体控件，并为子窗体创建一个单独的窗体。

虽然"学生信息"窗体本来是表格式，但作为主窗体显示的格式是纵栏式。

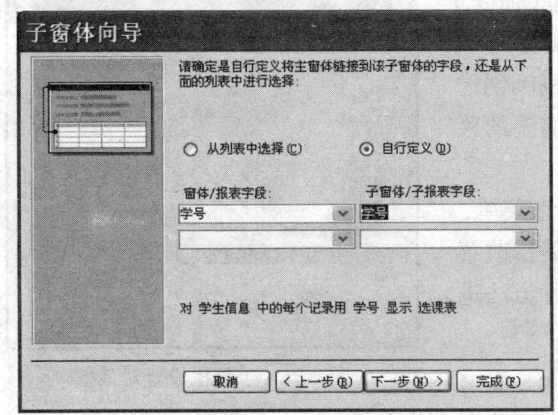

图 6-71　确定主子窗体链接字段

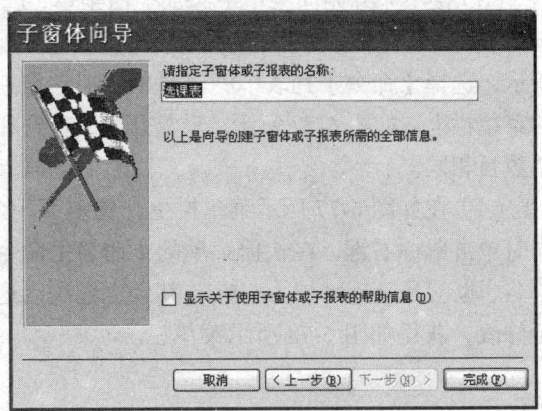

图 6-72　确定子窗体名称

6.6　菜单和工具栏

菜单和工具栏提供了一个结构化地访问应用程序功能的操作方法，恰当地计划并设计菜单和工具栏，将使应用程序的主要功能得以体现。在通常情况下，菜单中包含了对应用程序所有功能模块的调用命令，而工具栏则是为常用功能提供的一种快捷访问方法。使用工具栏和菜单，在很大程度上减轻了用户的操作负担。因此，Access 窗体中也需要创建工具栏和菜单。

【例 6.14】在"教务管理系统"数据库中，创建如图 6-73 所示的工具栏。

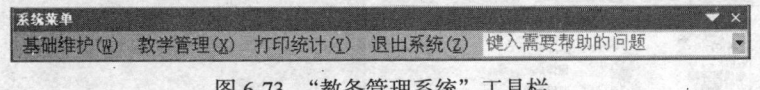

图 6-73　"教务管理系统"工具栏

（1）单击【工具】菜单上的【自定义】命令，显示如图 6-74 所示【自定义】对话框。

（2）选择【工具栏】选项卡，单击【新建】按钮，弹出如图 6-75 所示对话框，并在工具栏名称中输入【系统菜单】，单击【确定】按钮，即创建了一个新的工具栏。

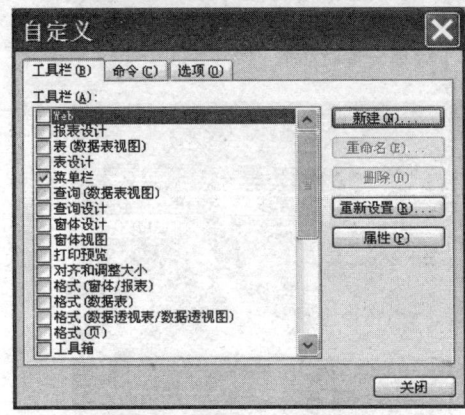

图 6-74　【自定义】对话框

图 6-75　【新建工具栏】对话框

（3）接下来开始向菜单中添加空白菜单，选择【命令】选项卡，然后在【类别】列表的最后选择新菜单，如图6-76所示，选择【命令】列表中的新菜单，把它拖到刚刚创建的菜单栏上，如图6-77所示。反复几次，直到和需要的菜单数目相同。

（4）在如图6-77所示菜单栏上，选中第一个新菜单，同时单击鼠标右键，在快捷菜单的【命名】命令后修改菜单名，也就是基础维护（&W），其余也依次以这种方法进行修改，获得如图6-78所示菜单栏。

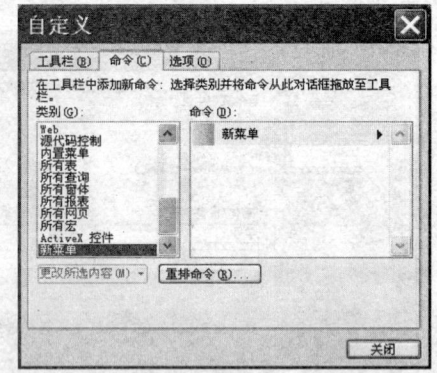

图6-76 工具栏设置对话框

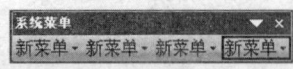

图6-77 新建的工具栏

图6-78 初步设置好的工具栏

（5）最后为建立的菜单栏所有的菜单项添加命令。因为【基础维护】、【教学管理】菜单所包含的菜单项或命令的作用是通过该命令打开该系统中其他窗体，因此如图6-79所示，在【类别】列表中选取【所有窗体】，并且拖动对应窗体名称到对应菜单下。而【退出系统】菜单所包含的是退出命令，因此如图6-80所示，在【类别】列表中选取【文件】，并且从【命令】列表中选取【退出】命令拖动到【退出系统】菜单下。添加菜单命令时，应该先根据命令类型，在【类别】列表中选取相应的命令类型，并在【命令】列表中选取对应命令拖动到菜单下。

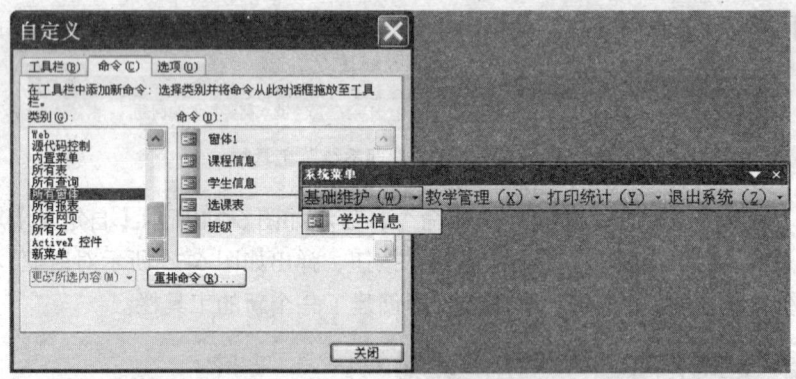

图6-79 【基础维护】菜单设置对话框

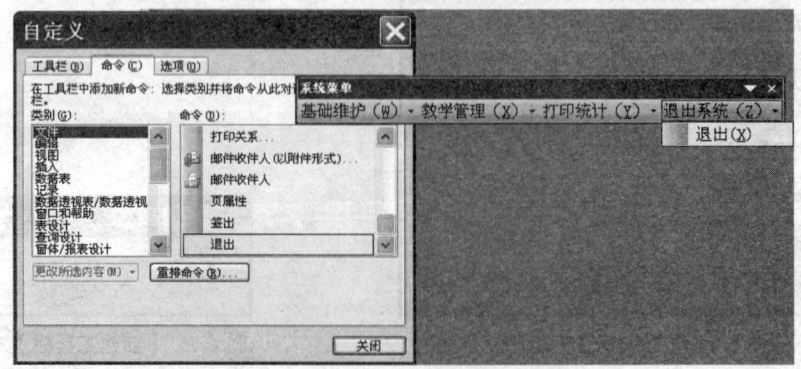

图6-80 【退出系统】菜单设置对话框

（6）此时创建的是自定义的工具栏，系统目前依然把刚创建的这个菜单当做工具栏处理。要改为菜单外观，则在【自定义】对话框的【工具栏】选项卡中选择刚创建的【系统菜单】，然后单击【属性】按钮，在弹出的【工具栏属性】对话框中，把【类型】列表框中的内容改为【菜单栏】即可，如图 6-81 所示。创建完成如图 6-74 所示系统菜单。

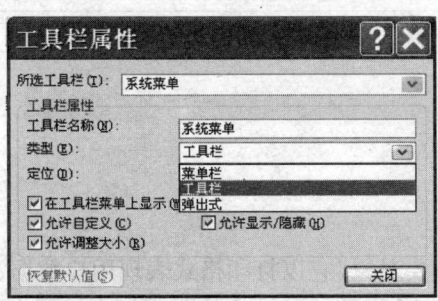

图 6-81　工具栏转换为菜单栏对话框

Access 菜单的创建步骤基本如例 6.14 所介绍的，而 Access 的工具栏创建步骤与菜单创建基本相同，只是如图 6-81 所示的【类型】下拉列表框值采用默认的，即【工具栏】。同理，如果想要创建弹出式菜单，步骤也基本相同，只是如图 6-81 所示的【类型】下拉列表框值选取的是弹出式。

本章小结

本章对窗体相关知识做了详细介绍，包括窗体的创建、控件设计、布局、属性设置等，同时介绍了大量的窗体和控件的常用属性、常用方法和常见事件，而且很多控件都举了一个简单应用例子，希望读者能加深对控件的认识和使用能力。因为窗体是 Access 数据库开发中使用最为频繁的对象，所以这部分内容比较琐碎但比较重要，希望读者认真掌握。

第7章 报表

报表是 Access 中的又一重要对象，它以打印格式表现用户数据，是专门为了打印信息创建的，这也是报表区别于其他几种数据表现形式的一大特色。报表根据指定规则打印输出格式化的数据信息，即将用户需要的数据从数据表和查询中整合并挑选出来，作为数据源来设计报表输出数据，从而更方便地阅览查看信息。报表设计具有很大的灵活性，能够在每页的顶部和底部打印显示各种提示信息的页眉和页脚，便于保存和归档，能够包含子报表和各种图形、图表，不仅能更加清晰地分析说明报表中的数据，还使报表美观。

引例　学生信息标签式报表

Access 能够输出标签、清单、订单、信封和发票等样式的报表，使报表能够满足不同用户的需求，更加有效地处理商务信息。如图 7-1 所示即为学生信息标签式报表，标签是以多列报表布局具体显示每一位学生的身份证号、姓名等相关信息，日常生活中这种格式的信息输出极为有用。

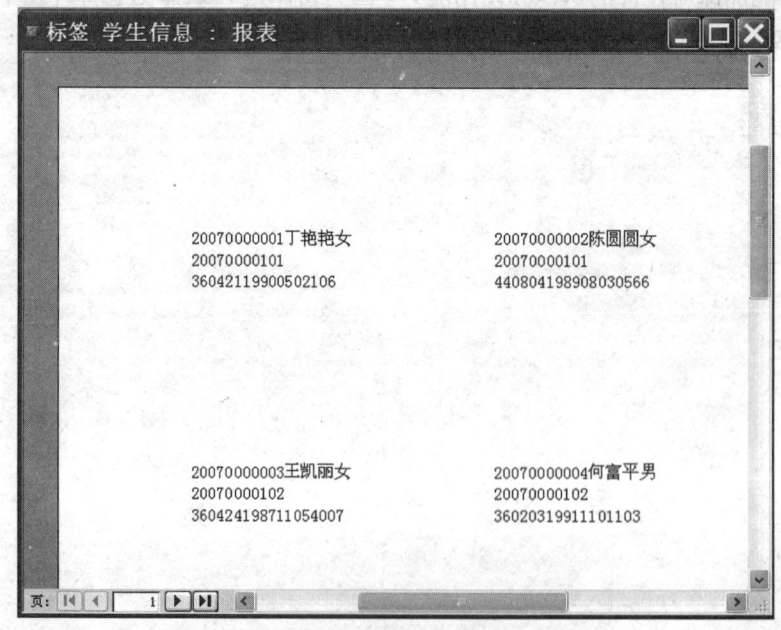

图 7-1　标签式报表

如何实现标签报表的格式设置、行与行的间距、列与列的距离？有没有其他形式的报表呢？这将是下面需要介绍的内容。

7.1 报表概述

7.1.1 报表构成

报表和窗体的构成相似，如图 7-2 所示，是由报表页眉、页面页眉、主体、页面页脚和报表页脚 5 部分组成，称为 5 个节。

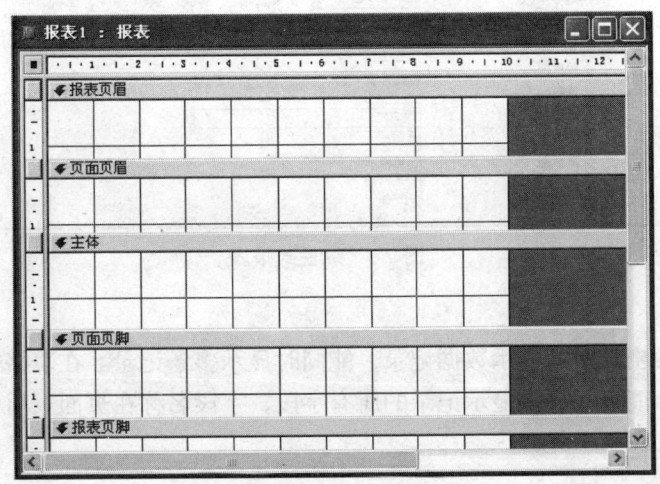

图 7-2 报表的节

（1）报表页眉：位于报表的顶部，一般放置标签来显示图形或描述性文字，如报表的标题和使用说明等，打印时显示在第一页的顶部。

（2）页面页眉：内容一般是说明每页的信息，如标题、列标题、日期或页码等，打印时显示在每一页的顶部。

（3）主体：是报表的主要设计区，是每个报表都必须有的节，用于显示记录数据和操作数据，一般使用控件绑定数据源的记录放置在主体节中，通常包含控件、标签、复选框等。

（4）页面页脚：内容一般也是说明每页的信息，如日期、页码和页数等，打印时显示在每一页的底部。

（5）报表页脚：位于报表的底部，内容一般是报表的汇总说明等，打印时显示在最后一页的底部。

需要说明的是，除主体节外，其他节可通过选择【视图】菜单中的【页面页眉页脚】命令或【报表页眉页脚】命令确定有无，但主体节是所有报表必有。

7.1.2 报表类型

根据报表的结构布局可将报表分为纵栏式报表、表格式报表、图表式报表和标签式报表 4 种类型。

1. 纵栏式报表

纵栏式报表结构与纵栏式窗体相似，文字纵向排列，但纵栏式窗体中只能显示一条记录，而纵栏式报表可以显示多条记录，字段标题信息和记录数据都在主体节中，如图7-3所示。

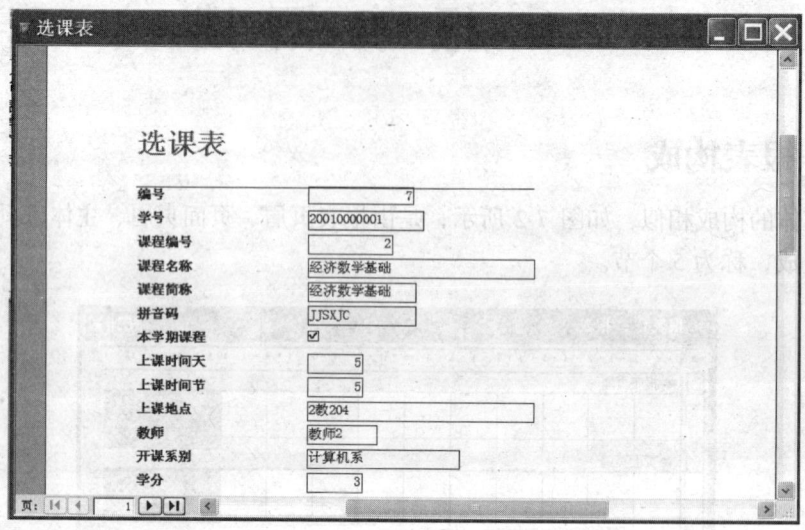

图 7-3　纵栏式报表

2. 表格式报表

表格式报表以表格的形式显示数据记录，能同时显示多条记录。在表格式报表中记录纵向排列，字段横向排列，能在一行中显示记录的所有字段，字段名称在页面页眉中显示，报表名称在报表页眉中显示，如图7-4所示。

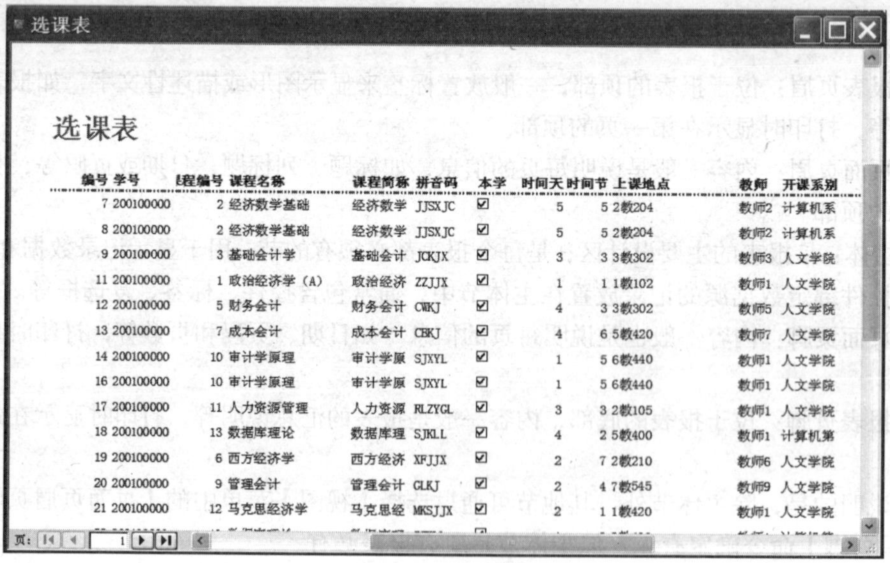

图 7-4　表格式报表

3. 图表式报表

图表式报表以图表的形式显示数据记录，使数据更加直观显示，便于数据的分析比较，如图7-5所示。Access提供了多种图表供用户选择，如折线图、柱形图、饼图等。

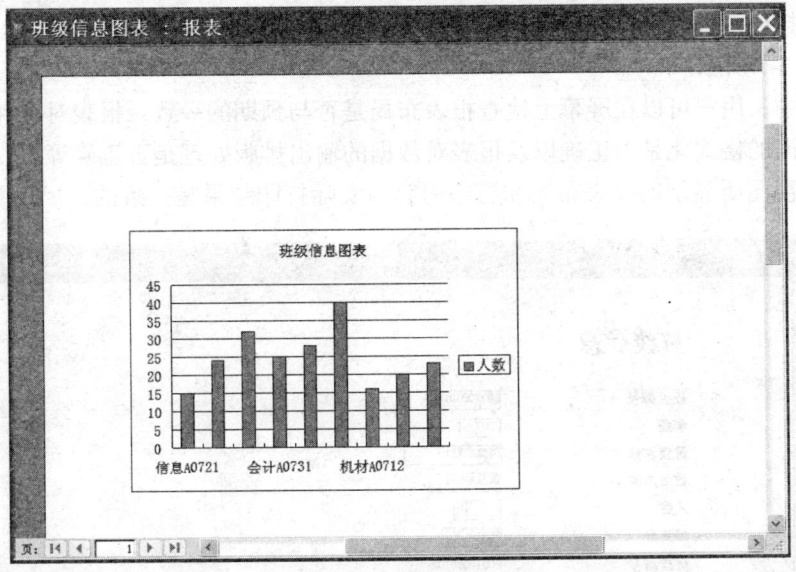

图 7-5　图像式报表

4. 标签式报表

标签式报表比较特殊，它里面每个以标签显示的记录格式相同，多用于设计各种标签、名片、信封及传单等，如图 7-1 所示。

7.1.3　报表视图

Access 提供了 3 种报表的视图方式，分别是设计视图、打印预览和版面预览。

1. 设计视图

报表设计视图和窗体设计视图一样，是工作视图，如图 7-6 所示，在此视图中，Access 2003 为用户提供了丰富的可视化设计手段，用户不必编程就可以创建和编辑修改报表中需要显示的对象、数据，调整报表的结构布局。

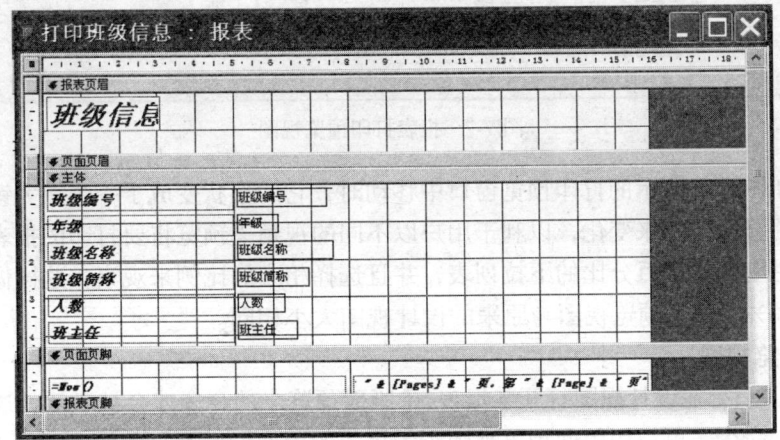

图 7-6　报表设计视图

2. 打印预览视图

在数据库对话框中，如果选定某个报表，那么【预览】这个按钮就可被激活。打印预览视图不仅可以查看打印效果，还可以查看报表每一页上显示的数据，并在此视图中可以更改报表的显示比例，如图7-7所示。

在该视图中，用户可以在屏幕上检查报表布局是否与预期的一致，报表对事件的响应是否正确，报表对数据的格式化是否正确以及报表对数据的输出排版处理是否正确等。Access 2003 提供的打印预览视图所显示的报表布局和打印内容与实际打印结果是一致的。

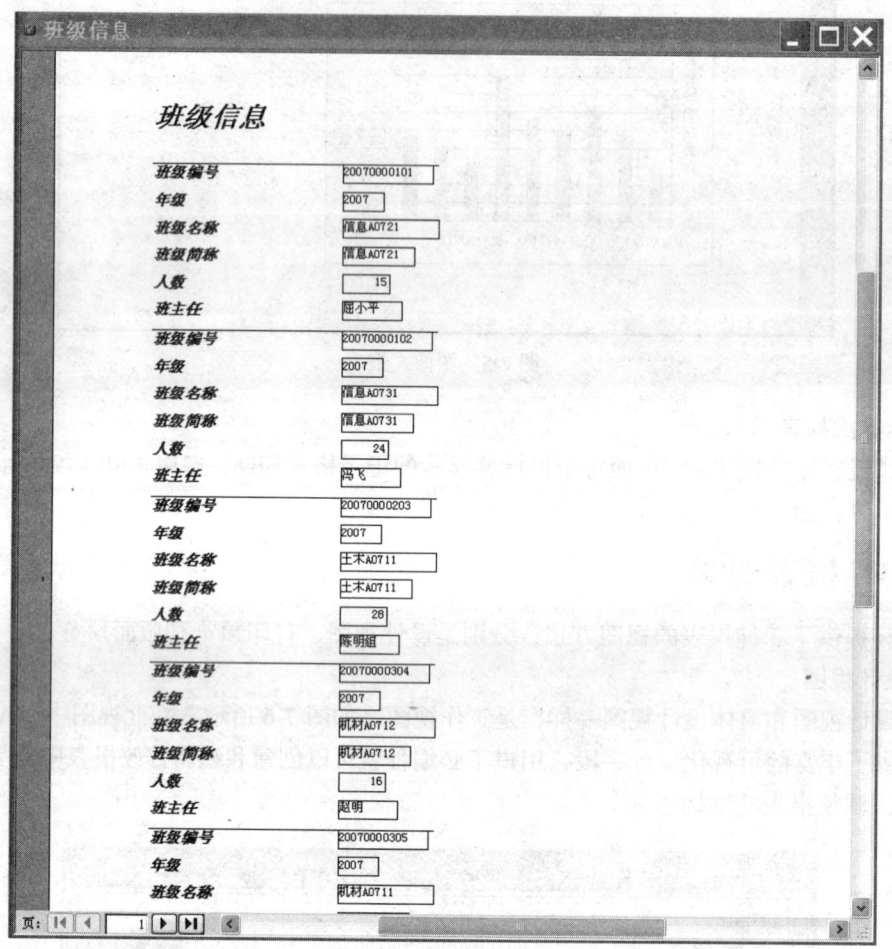

图7-7　报表打印预览视图

当鼠标在如图7-7所示的打印预览窗口中移动时，它的形状变成了一个放大镜，这时，报表可以按照不同的显示比例来变化，以利于用户以不同的视角去预览将要打印的报表形式。用户还可以单击工具栏上的显示百分比的下拉列表，并且选择相应的比例来观察，这样做更为方便和快键。例如，"100%"表示预览视图与原来的设计视图大小相同。

3. 版面预览视图

Access 中，只有在设计视图打开某报表，【版面预览】的命令才会被激活。通过【视图】中的【版面预览】命令，可以用版面预览视图查看报表的版面设置及打印效果，视图界面如图7-8所示。从外观看，图7-7与图7-8相同，也就是版面预览视图与打印预览视图的基本特点相同，唯一的区别是版面预览视图只对数据源中的部分数据进行数据格式化和预览，如果数据源是查询，还会忽略其中的链接和筛选条件，而打印预览视图是预览数据源的全部记录。因此当表中记录较多时，采用打印预览视图来检验报表的布局和功能实现情况会占用很长时间，而使用版面预览视图可以提高工作效率。

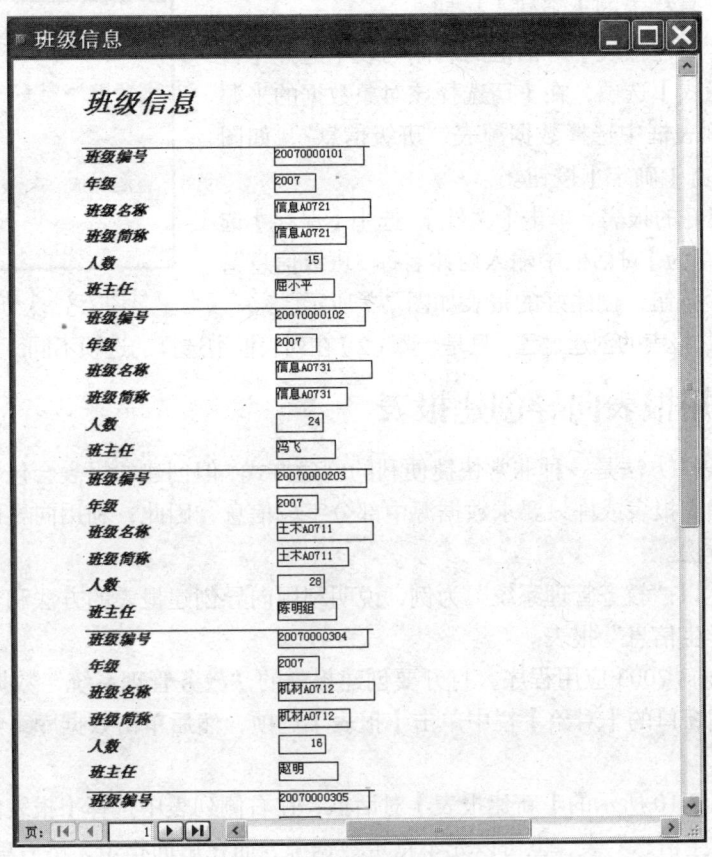

图 7-8 报表版面预览视图

设计视图、打印预览视图和版面预览视图为用户设计报表、调整布局以及快速、便利查看结果提供了功能强大的工具，用户在实际设计时，可以根据需要在这三种视图之间进行自由切换。

7.2 创 建 报 表

报表的创建与窗体的创建类似，主要有 3 种方式：自动创建报表、利用向导创建报表和在设计视图中创建报表。其中自动创建报表是最为快捷的方法，利用向导创建报表是最为简单的方法，在设计视图中创建报表是最为自由的方法。

7.2.1 自动创建报表

利用"自动创建报表"方法可以创建包含数据源中所有字段的报表，并且只对应单数据源，Access 提供了"纵栏式"和"表格式"两种版面。

【例 7.1】下面以"教务管理系统"为例，用"自动创建报表"方法建立一个如图 7-7 所示"班级信息"报表。

(1)启动 Access 2003 应用程序,打开要创建报表的"教务管理系统"数据库。

(2)在数据库窗口的【对象】栏中单击【报表】选项,然后单击数据库工具栏上的【新建】按钮。

(3)在弹出【新建报表】对话框的右侧列表中选择【自动创建报表:纵栏式】选项,在【请选择该对象数据的来源表或查询】下拉列表框中选择数据源表"班级信息",如图 7-9 所示,然后单击【确定】按钮。

(4)弹出创建好的报表,单击【文件】,选中【保存】选项,在弹出的【另存为】对话框中输入窗体名称"班级信息",然后单击【确定】按钮,创建好的报表如图 7-7 所示。

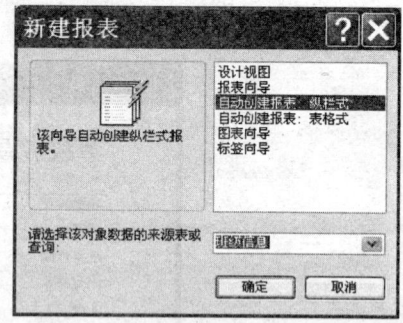

图 7-9 【新建报表】对话框

关于"表格式"报表的创建过程,只是步骤(2)在列表框中选择的选项不同,其他步骤完全相同。

7.2.2 利用报表向导创建报表

"自动创建报表"方法是一种非常快捷便利的创建方式,但创建的报表会包含数据源中的所有字段。实际需求中,报表或许只要求数据源中部分字段信息,因此,利用向导创建报表才是创建报表时最常用的方法。

【例 7.2】依然以"教务管理系统"为例,说明利用向导创建报表的方法和步骤。用报表向导创建一个"打印学生信息"报表。

(1)启动 Access 2003 应用程序,打开要创建报表的"教务管理系统"数据库。

(2)在数据库窗口的【对象】栏中单击【报表】选项,然后单击数据库工具栏上的【新建】按钮。

(3)弹出如图 7-10 所示的【新建报表】对话框,在右侧列表中选择【报表向导】选项,然后选择数据源表"学生信息"表,也可以先不指定数据源,而在后面指定,然后单击【确定】按钮。

(4)弹出确定报表使用字段的【报表向导】对话框,选择需要的字段,然后单击添加按钮,则所选字段被添加到【选定的字段】列表框中,重复上述操作,依次将需要的字段添加到【选定的字段】列表框中,如图 7-11 所示,然后单击【下一步】按钮。

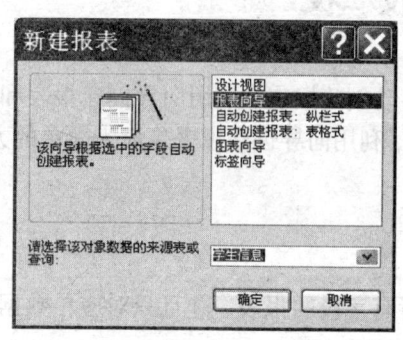

图 7-10 【新建报表】对话框

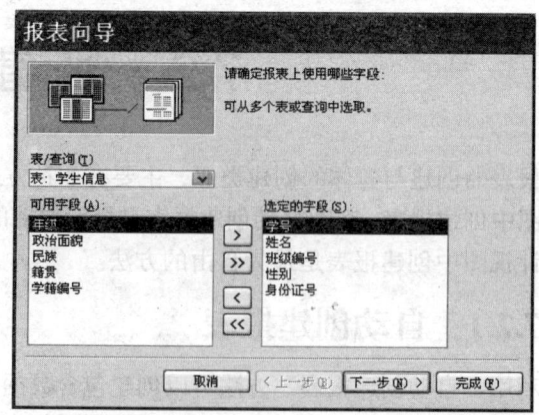

图 7-11 【报表向导】对话框

(5)弹出确定是否添加分组级别的向导对话框,如图 7-12 所示,可以选中"学号",单击【添加】按钮,将"学号"设为高级的字段,右侧可以看到示例,然后单击【下一步】按钮。分组字段下有重复值，分组才有意义。这里不需要分组级别，可以直接单击【下一步】按钮略过。如果设置了分组级别，报表在打印时各个字段就会按照分组阶梯式排列。关于分组的相关知识将在后面 7.3 节具体介绍。

（6）单击【下一步】按钮后，弹出确定排序信息向导对话框，如图 7-13 所示，即对报表中的记录进行排序。这里的"排序"是在每级分组中对记录按照没有分组的字段进行排序，在这里用户最多可以选择 4 个排序字段。此时，在第 1 个下拉列表框中选择"姓名"项，按默认【升序】，使记录按照"姓名"升序排列，然后单击【下一步】按钮。

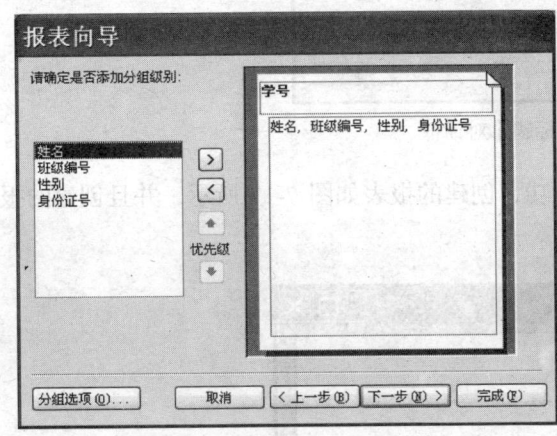

图 7-12 添加分组级别　　　　　　　　图 7-13 【确定明细信息使用的排序次序】对话框

（7）弹出指定报表布局方式的向导对话框，如图 7-14 所示，在【布局】栏中选中【递阶】单选按钮，在【方向】栏中按默认选中【纵向】单选按钮，并且选中【调整字段宽度使所有字段都能显示在一页中】复选框，保证一张报表不会被横向分成多页打印。如果字段过多或信息过长，纸张的宽度不足，也可以选择【横向】单选按钮进行打印。然后单击【下一步】按钮。

（8）弹出指定报表所用样式的向导对话框，如图 7-15 所示，选中【随意】选项，然后单击【下一步】按钮。

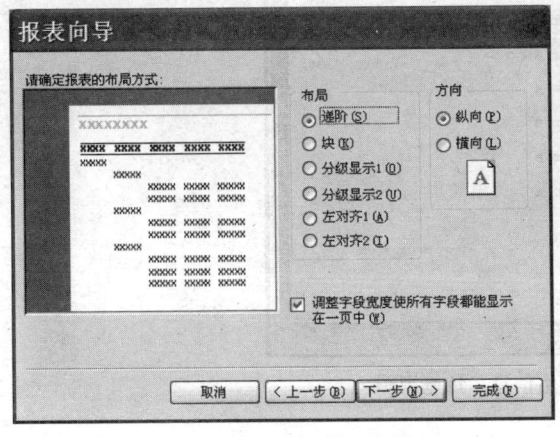
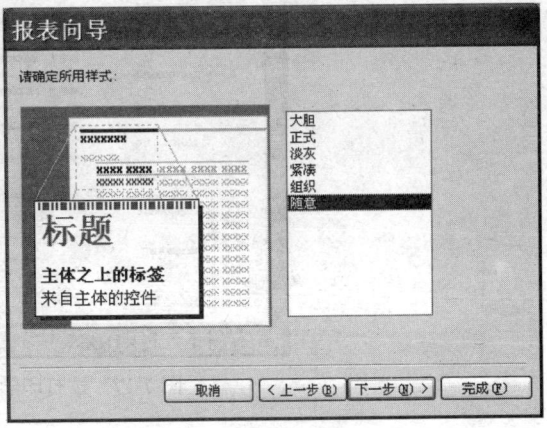

图 7-14 【报表布局】对话框　　　　　　图 7-15 【报表样式】对话框

（9）弹出如图 7-16 所示指定报表标题的向导对话框，按默认输入"打印学生信息"，并选中【预览报表】单选按钮。

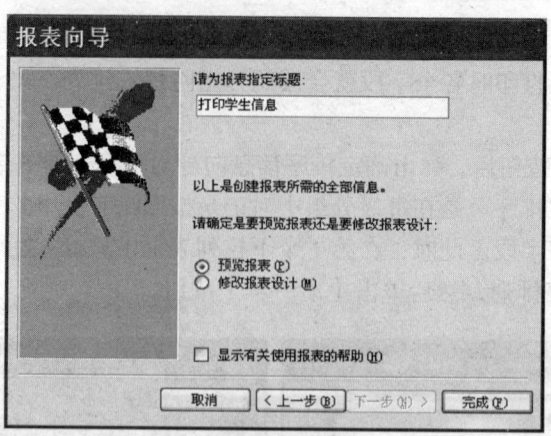

图 7-16 【报表标题】对话框

（10）单击【完成】按钮。此时报表已创建成功，创建的报表如图 7-17 所示，并且创建的报表会在数据库窗口显示出来。

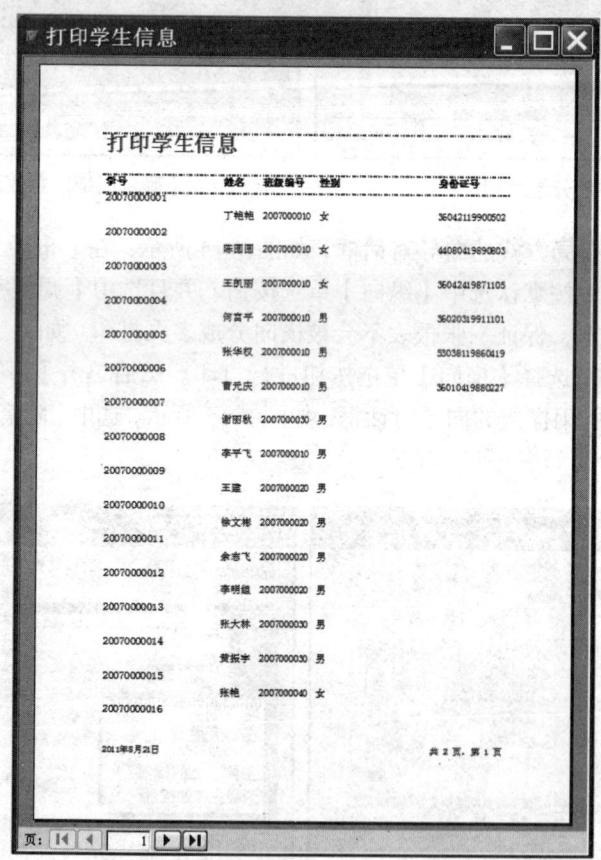

图 7-17 "打印学生信息" 预览视图

7.2.3 利用标签向导创建报表

标签是一种多列布局的报表。在工作和日常生活中，有时常常需要向外发送大量统一规格的信件，信封上的地址以及书信内容都极为相似。正是为了通信的需要，Access 提供了建立标签报表的向导，它可以在一页中建立多个大小、样式、一致的卡片，也就是可以把一张大的打印纸切割成很多小部分。每一部分都各自打印出你所规定的相同或者相似的内容。它可以快速地为公司生成通信时所需的信封地址或书信内容。不仅如此，诸如商品标签、邮件标签、需要批量打印的入场券之内的都可以用它做。

【例 7.3】下面是在教务管理系统中利用"标签向导"生成标签报表的具体方法和步骤。

（1）启动 Access 2003 应用程序，打开要创建报表的"教务管理"数据库。

（2）在数据库窗口的【对象】栏中单击【报表】选项，然后单击数据库工具栏上的【新建】按钮。

（3）弹出如图 7-18 所示【新建窗体】对话框，选择【标签向导】选项，在【请选择该对象数据的来源表或查询】下拉列表框中选择数据源表"学生信息"表，然后单击【确定】按钮。

（4）弹出指定标签尺寸的标签向导对话框，如图 7-19 所示，【尺寸】就是每个标签的大小，【横标签号】就是纸上横向打印的标签个数。创建时，尝试查找【尺寸】与【横标签号】列中的值与设计标签匹配的选项，在这里，先选中"C2166"型号，其中【尺寸】为 "52mm*70mm"，【横标签号】为"2"，在【度量单位】栏中选中【公制】单选按钮，在【标签类型】栏中选中【送纸】单选按钮，在【按厂商筛选】下拉列表中选择【Avery】，然后单击【下一步】按钮。

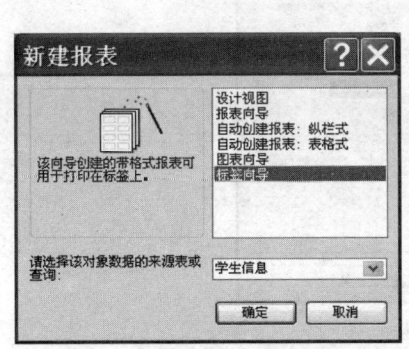

图 7-18 【新建报表】对话框

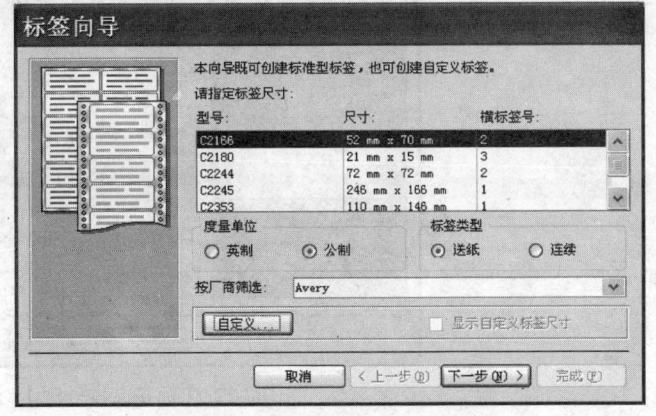

图 7-19 【标签尺寸】对话框

说明：在图 7-19 中单击【自定义】按钮，可以打开如图 7-20 所示的对话框，用户可以在其中设置符合自身要求的标签尺寸。

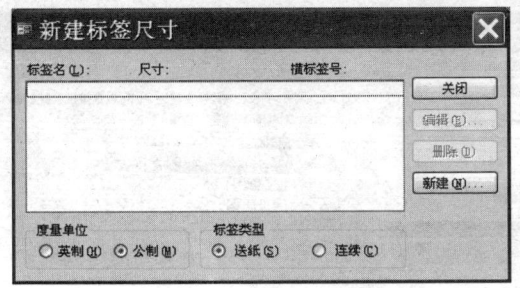

图 7-20 【自定义标签】对话框

在图 7-20 中继续单击【新建】按钮，可继续在图 7-21 中设计自身所需标签的名称、尺寸、度量单位等参数。

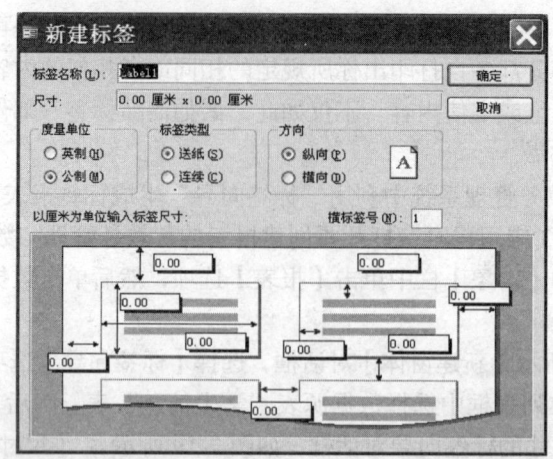

图 7-21 【自定义标签尺寸】对话框

（5）弹出确定文本外观的向导对话框，如图 7-22 所示，在这里可以设置字体、字号、字体粗细和字体颜色。设置完成后单击【下一步】按钮。

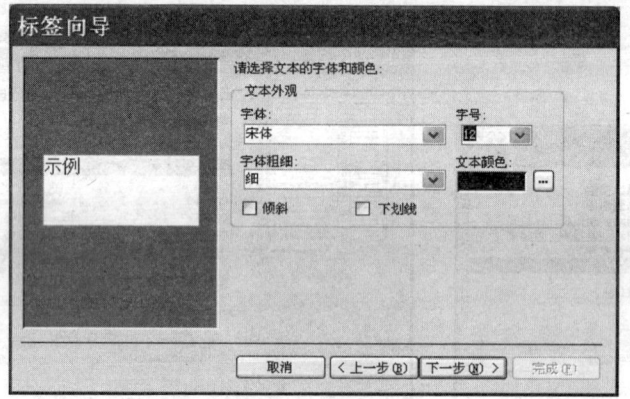

图 7-22 【标签文本外观】对话框

（6）弹出确定标签显示内容的向导对话框，如图 7-23 所示，把将要在标签中显示的字段内容从数据源可用字段列中选取到原型标签中。需要说明的是，原型标签的内容可以直接输入，内容显示的基本格式在原型标签内部可以通过光标调整。设置完成后单击【下一步】按钮。

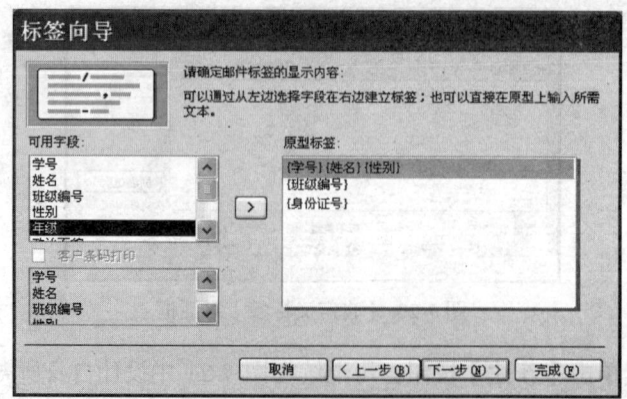

图 7-23 【标签显示内容】对话框

（7）弹出确定排序字段的向导对话框，如图 7-24 所示，在【可用字段】栏中选中排序字段"学号"，单击【添加】按钮，此时"学号"在【排序依据】栏中显示，表明标签按学号进行排序。当然有时也可以选取多个字段，表示先按【排序依据】栏中第一个字段排序，此字段值相同的记录继续按下一字段排序。设置完成后后单击【下一步】按钮。

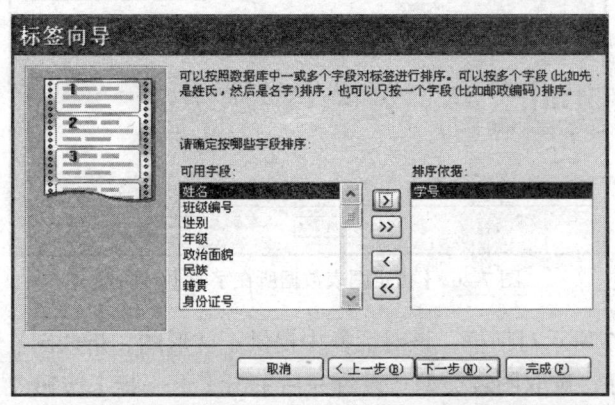

图 7-24 【确定排序字段】对话框

（8）弹出指定报表名称的向导对话框，使用默认名称"标签学生学生信息"，并选中【查看标签的打印预览】单选按钮，如图 7-25 所示。

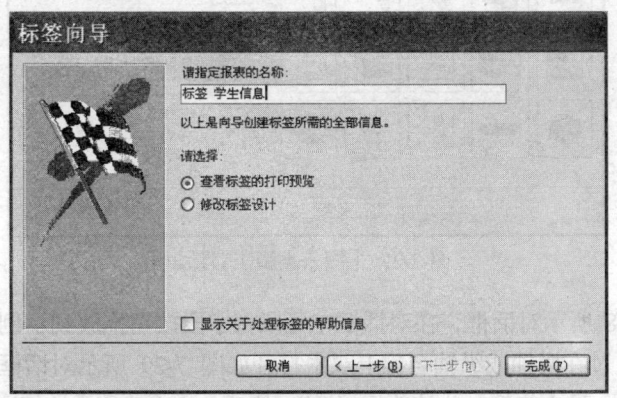

图 7-25 【指定报表名称】对话框

（9）单击【完成】按钮，完成报表创建。创建后的标签报表如图 7-1 所示。

7.2.4 图表报表

与窗体相似，报表中也常常需要用图表直观地描述数据。因此，Access 中也提供了"图表向导"，帮助用户生成图表报表。

【例 7.4】下面是在"教务管理系统"数据库中利用"图表向导"生成图表的方法和步骤。

（1）启动 Access 2003 应用程序，打开要创建报表的"教务管理"数据库。

（2）在数据库窗口的【对象】栏中单击【报表】选项，然后单击数据库工具栏上的【新建】按钮。

（3）弹出【新建窗体】对话框，选择【图表向导】选项，在【请选择该对象数据的来源表或查询】下拉列表框中选择数据源表"班级信息"表，然后单击【确定】按钮。

（4）弹出如图 7-26 所示对话框，在【可用字段】栏中选取"班级名称"和"人数"字段放入

【用于图表的字段】栏中,再单击【下一步】按钮。

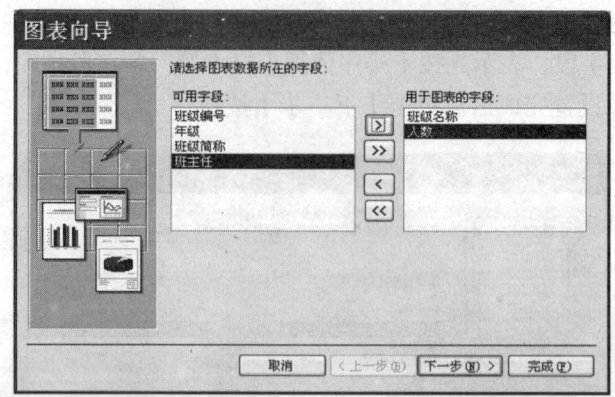

图 7-26 【指定图表数据所在字段】对话框

(5)弹出如图 7-27 所示对话框,该对话框中提供了柱形图、折线图、饼图等各种图表类型,用户可根据需求和喜好,选取图表类型。设置完后单击【下一步】按钮。

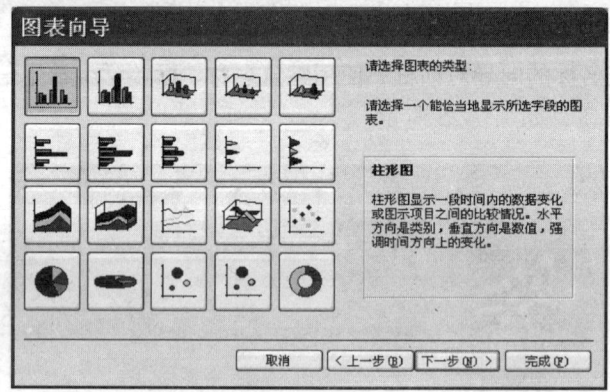

图 7-27 【图表类型】对话框

(6)弹出如图 7-28 所示对话框,在对话框中可以将字段按钮拖放到示例图表中,调整数据在图表中的布局,也可以通过在横轴或纵轴名称上双击打开如图 7-29 所示对话框,进行数据汇总计算,可以求平均值、最大值、最小值等。此处选择"无",然后单击【确定】按钮。设置完成后,单击【下一步】对话框。

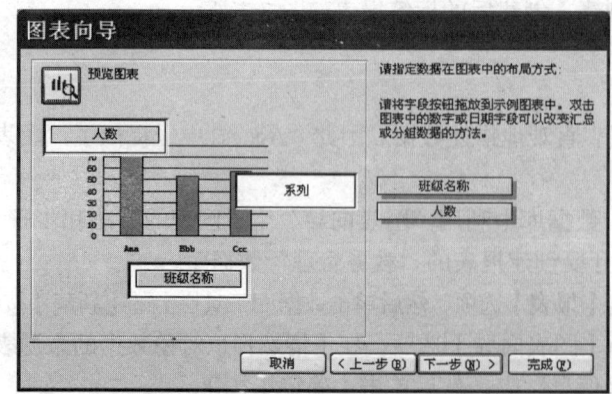

图 7-28 【数据在图表布局】对话框

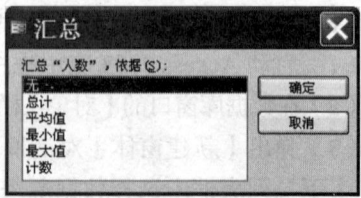

图 7-29 【数据汇总方式】对话框

（7）弹出如图 7-30 所示对话框，指定图表的标题为"班级信息图表"，再单击【完成】按钮，产生如图 7-4 所示图表报表，再使用【文件】中的【保存】命令将此报表进行保存。

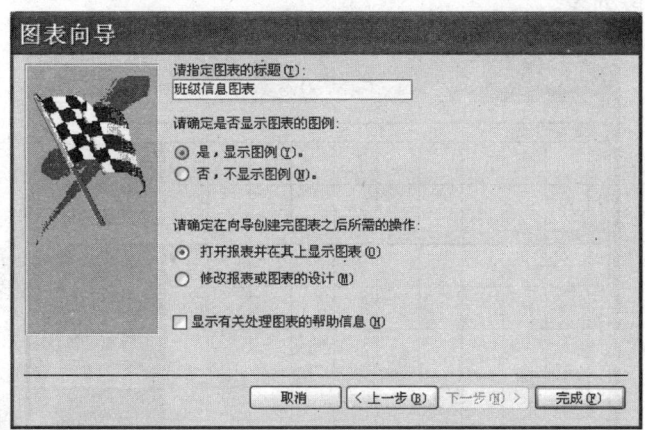

图 7-30 【图表标题】对话框

 如果想改进利用图表向导创建的图表报表，可以利用设计视图。在设计视图中可以通过属性窗口更具体地修改图表报表的外观，如图表大小、字体大小等。

7.3 报表高级设计

7.3.1 利用设计视图创建报表

使用设计视图创建报表，是由用户自定义内容和布局，能够创建具有个性化的报表，也可以先利用向导创建好报表，再利用设计视图进行修改和装饰。

【例 7.5】使用设计视图创建"学生选课"报表。

（1）启动 Access 2003 应用程序，打开要创建报表的"教学管理"数据库。

（2）在数据库窗口的【对象】栏中单击【报表】选项，然后单击数据库工具栏上的【新建】按钮。

（3）弹出【新建报表】对话框，如图 7-31 所示，在右侧列表中选择【设计视图】选项，在【请选择该对象数据的来源表或查询】下拉列表框中选择数据源表"选课表"，然后单击【确定】按钮。

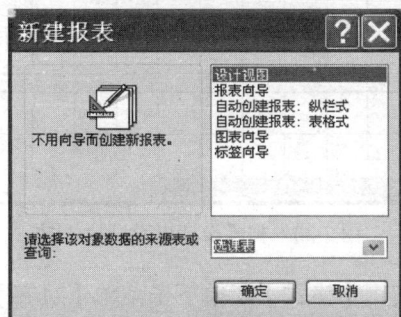

图 7-31 【新建报表】对话框

（4）弹出报表设计视图，如图 7-32 所示，是一个空白报表。在设计视图中还出现了该报表链接的数据源【选课表】的字段列表。如果没有显示字段列表，可以通过【视图】菜单选中【字段列表】命令来显示字段列表。

图 7-32　报表设计视图

（5）选中所需字段，拖动到主体节中，在合适位置释放，窗体上出现了与所选字段对应的文本框和附属标签，标签标题默认为字段名，文本框与对应字段绑定。打开工具箱，选定标签控件，在【页面页眉】中单击或拖动鼠标，添加【标签】，设置标题为"学生选课"。利用【视图】菜单下的【属性】命令或者在标签任意处单击右键，打开标签属性对话框，设置标签对应属性，【字号】为"36"，【前景色】为"红色"，如图 7-33 所示。

图 7-33　初步设计报表设计视图

（6）通过选定指定控件，使用【格式】菜单下子菜单【对齐】中的【靠左】、【靠右】命令调整控件，使报表更加整洁。

（7）要使报表外观更加清楚美观可以进行进一步加工，例如，从工具箱中选择"直线"控件，在页面页眉拖动，并设置属性【边框宽度】为3磅，【边框颜色】为红色，再对此直线进行复制，粘贴到主体节的底部，并设置属性【边框样式】为【点点直线】，如图7-34所示，执行打印预览后，图7-35显示了设计的最终结果。单击工具栏上的【保存】按钮，在弹出的【另存为】对话框中输入报表名称"学生选课"，然后单击【确定】按钮，完成了整个设计过程。

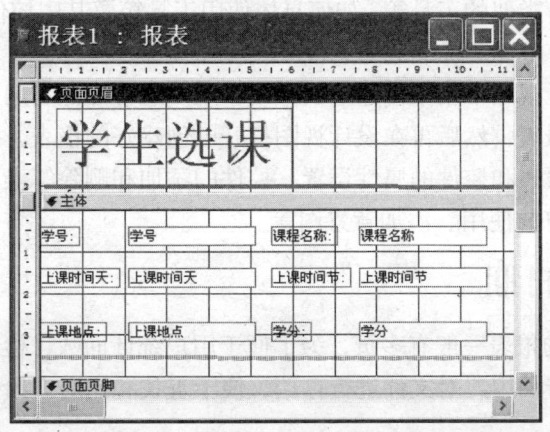

图 7-34 布局调整后的报表设计视图

整个设计过程中，多次利用工具箱中的控件。在设计视图设计报表过程中，工具箱作用强大，是整个设计器的关键和精髓，它是用户在设计视图里最常用的工具。充分利用工具箱，用户可以为原来的报表挑选新的控件、设置新的属性参数、添加新的字段等。

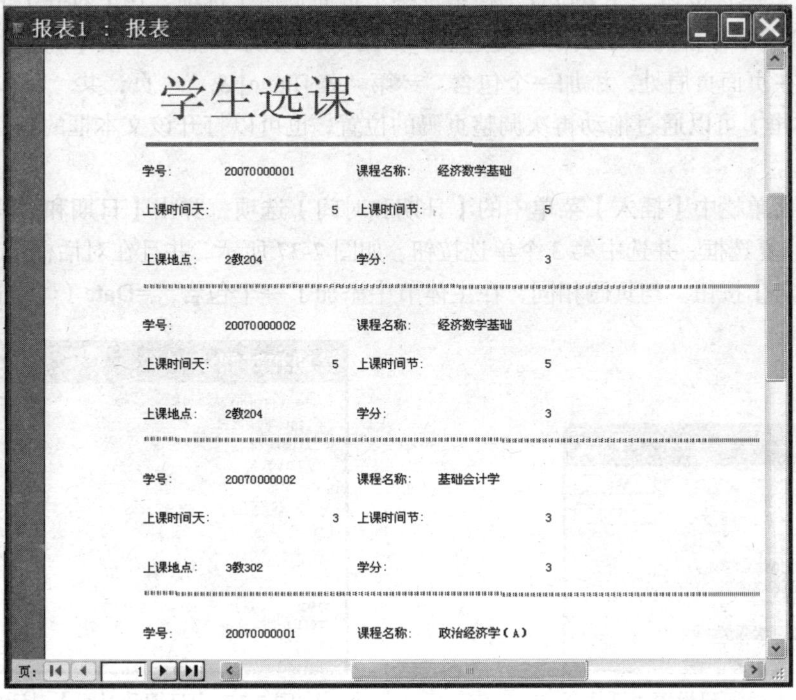

图 7-35 报表打印预览视图

打开工具箱操作方法如下。

(1)在报表视图中，单击鼠标右键，得到一个弹出菜单，在得到的弹出菜单中，单击【工具箱】即可。

(2)单击菜单栏中【视图】菜单中的【工具箱】命令。

打开工具箱后，工具箱通常是一个悬浮的矩形窗口，用户可以将工具箱拖动到工具栏上，形成工具栏中的工具条。

窗体设计视图中也有类似的工具箱，如何具体使用工具箱及其中控件，在前面窗体的定制中，已经给了很详细的说明，在这里不再重述。

大多数情况下，设计视图不用来创建空白报表，用户通常都是利用"自动创建报表"或"报表向导"创建一个新的报表，然后再在设计视图打开已创建好的报表，按需要对报表进行进一步的设计和修改，主要是报表和控件的属性设置、控件的添加和删除等操作、报表的分组和排序、报表格式的设置、分页符的使用、添加背景图等。

7.3.2　页码和日期

Access中所要打印的报表一般有多页，为了便于用户统计面数、检索信息，页码的加入是必不可少的。日期则可以帮助用户对文件进行存档，便于查找和比对。给报表添加页码和日期是必要的。

【例7.6】下面通过对图7-35所示报表的进一步修改，说明报表中插入页码和日期的具体步骤和方法。

(1)以设计视图打开7-35所示的【学生选课】报表。

(2)单击菜单栏中【插入】→【页码】选项，弹出【页码】对话框，在【格式】栏中选中"第N页，共M页"单选按钮，在【位置】栏中选中【页面页眉】选项，在【对齐】下拉列表框中选中"中"，并且选中【首页显示页码】复选框，如图7-36所示，然后单击【确定】按钮。观察设计视图，发现在页面页眉处，添加一个包含"="第 " & [Page] & " 页，共 " & [Pages] & " 页 "" 内容的文本框，可以通过拖动再次调整页码的位置，也可以打开该文本框的属性对话框，设置相关属性。

(3)单击菜单栏中【插入】菜单中的【日期和时间】选项，弹出【日期和时间】对话框，选中【包含日期】复选框，并选中第3个单选按钮，如图7-37所示，并且在对话框下方显示了示例，然后单击【确定】按钮。与页码相同，在主体节中添加了一个包含"=Date( )"内容的文本框。

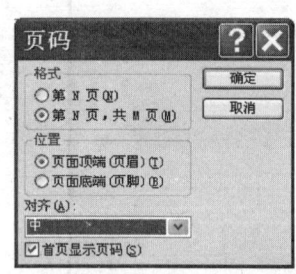

图7-36　页码设置对话框

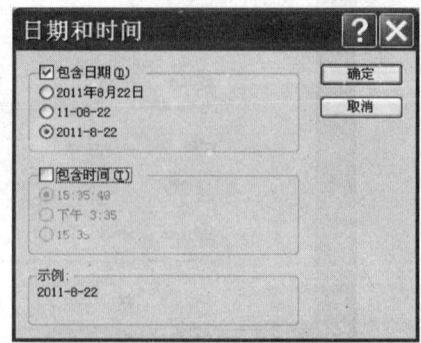

图7-37　【日期和时间】对话框

(4)插入日期时，没有设置放置的位置，【日期】文本框默认放入的位置在主体节上部，为了防止一页中重复显示日期,把【日期】文本框从默认的主体节拖动到页面页眉,调整日期在报表中的显示位置,如图 7-38 所示。

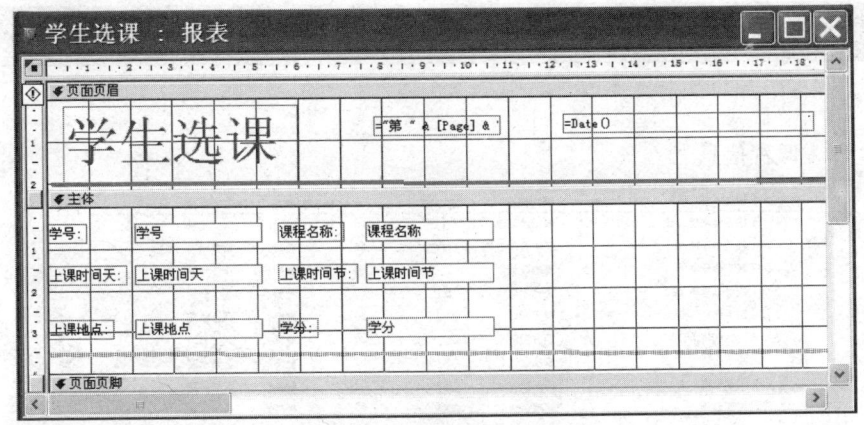

图 7-38 调整日期设计视图

(5)单击工具栏中的【视图】按钮将报表切换到打印预览,如图 7-39 所示。此时已经在报表顶部为报表添加了页码和日期。

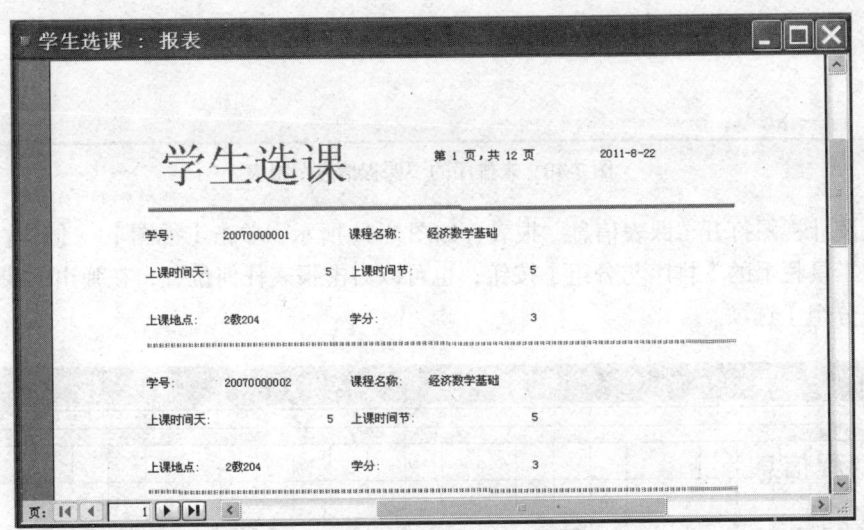

图 7-39 添加页码和日期的报表

7.3.3 报表的排序与分组

在报表中可以设置按照某个字段的升序或降序输出记录数据,同时还可以将记录进行分组,把有某种关系的记录放在同一个组中,便于对整个组进行统计和查看。对记录排序时,最多可以按 4 个字段进行排序,而分组时最多可以按 10 个字段进行分组。

1. 排序

回顾前面的知识,可以发现利用报表向导建立报表的过程有一个"排序"的设置,可以很容易对报表中的记录进行排序,但是用自动创建建立报表是不能进行排序的,而设计视图建立报表时,也需要另外执行"排序"操作。

【例 7.7】下面将通过示例说明在设计视图中对记录进行排序的过程。对如图 7-40 所示的报表中记录进行排序。

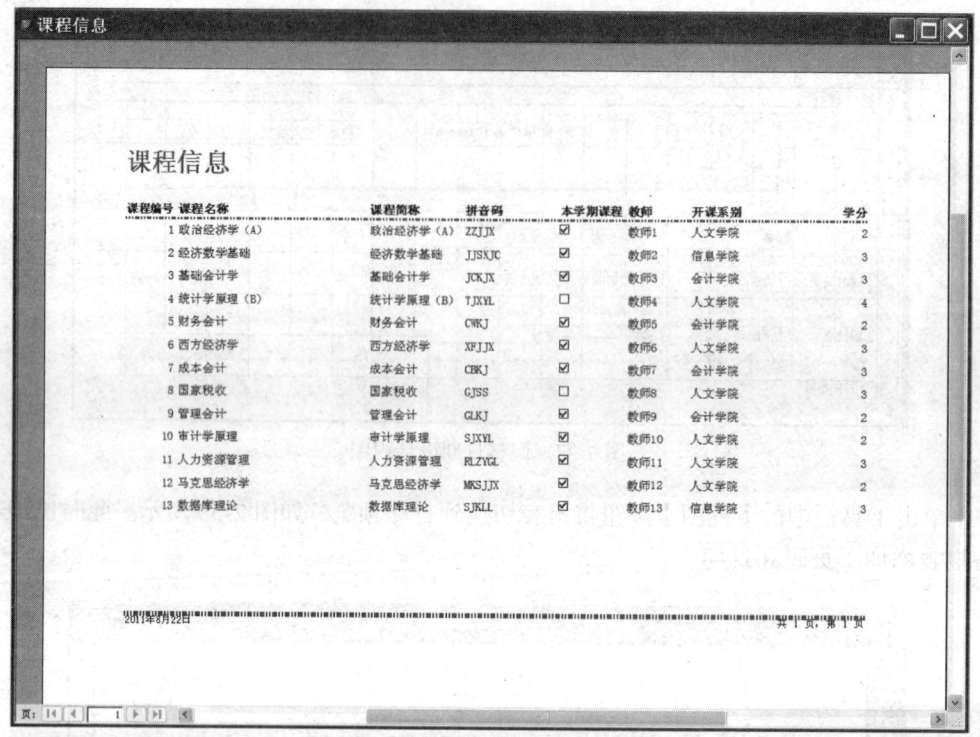

图 7-40　未排序的"课程信息"报表

（1）以设计视图打开"课表信息"报表，如图 7-41 所示，单击【视图】→【排序与分组】选项，或单击工具栏上的【排序与分组】按钮，也可以右击报表任何位置，在弹出的快捷菜单中单击【排序与分组】选项。

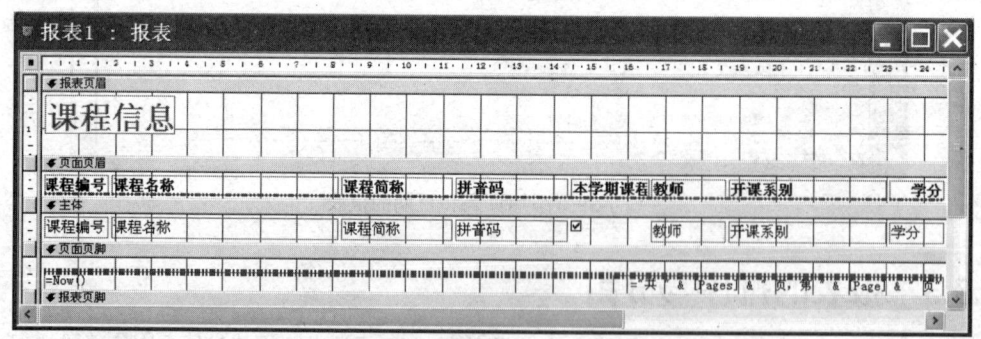

图 7-41　未排序的【课程信息】报表设计视图

（2）弹出如图 7-42 所示【排序与分组】对话框，在【字段/表达式】栏的第一个单元格中选择"课程名称"，在【排序次序】栏中选择"降序"，在【字段/表达式】栏的第二个单元格中选择"教师"。表明报表中的记录首先按照"课程名称"的降序，如果某些记录在"课程名称"字段上的字段值相同，则再按照"教师"字段值排序。依此类推，Access 中排序字段可以有 4 个，不过通常以第一个为主。

第 7 章 报表

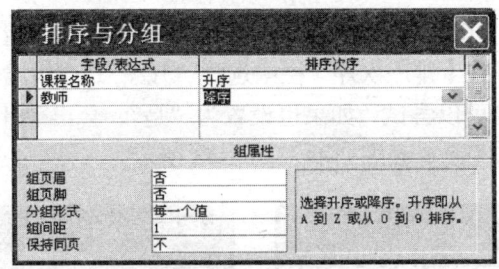

图 7-42 【排序与分组】对话框

（3）设置完毕，关闭排序与分组窗口，保存报表，查看【课程信息】报表打印预览视图，如图 7-43 所示，原有的按【课程编号】排序的记录已经按照【课程名称】排序。

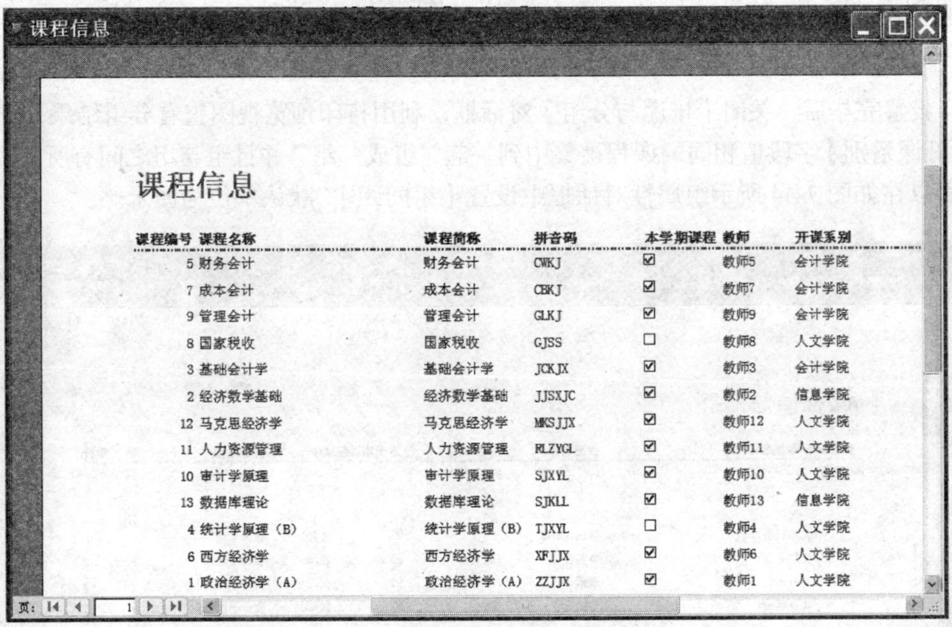

图 7-43 已排序的【课程信息】报表

说明：排序的规则，如果是数字型当然按照数字由小到大（升序）或由大到小（降序）排列；如果是文本类型，英文字母就按由 A～Z（升序）或由 Z～A（降序）排列；如果是中文，则把拼音字母按照 26 个英文字母顺序升序，降序排列。

2. 分组

分组是根据某一个字段值将报表中的记录分成若干个组，可以使用户查看记录条理更加清晰，信息更加准确，而且也便于分组进行数据统计、汇总和计算。不过记录分组之前，必须按照一个字段进行排序。

【例 7.8】现在继续上面的例子，对"课程信息"报表按照【开课系别】进行分组设计。

（1）同样，再次用设计视图打开"课程信息"报表，如图 7-41 所示，单击【视图】菜单中的【排序与分组】选项，或单击工具栏上的【排序与分组】按钮，也可以右击报表任何位置，在弹出的快捷菜单中单击【排序与分组】选项。

（2）弹出如图 7-44 所示【排序与分组】对话框，在【字段/表达式】栏的第一个单元格中选择"开课系别"，在【排序次序】栏中选择"升序"，在组属性栏中的【组页眉】和【组页脚】中

139

均选择"是",可以发现在【开课系别】字段前出现了分组标志。在【字段/表达式】栏的第二个单元格中选择"课程编号",在【排序次序】栏中选择"升序",在组属性栏中的【组页眉】和【组页脚】中均选择"否",大家可以尝试,如果也设置为"是",会出现什么现象?其中【开课系别】和【课程编号】字段的组属性设置如图7-44、图7-45所示。

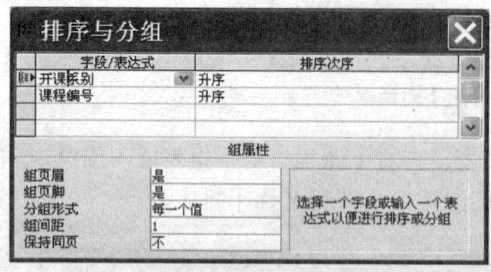　　　　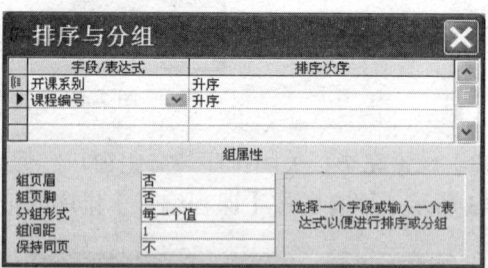

图7-44　显示【开课系别】组属性对话框　　　图7-45　显示【课程编号】组属性对话框

（3）设置完毕后,关闭【排序与分组】对话框,利用打印预览视图查看分组结果,如图7-46所示,【开课系别】字段值相同的课程被集中到一起,组成一组,并且组与组之间有所间隔,其间隔距离可以在如图7-44所示组属性对话框中设置【组间距】,默认单位为厘米。

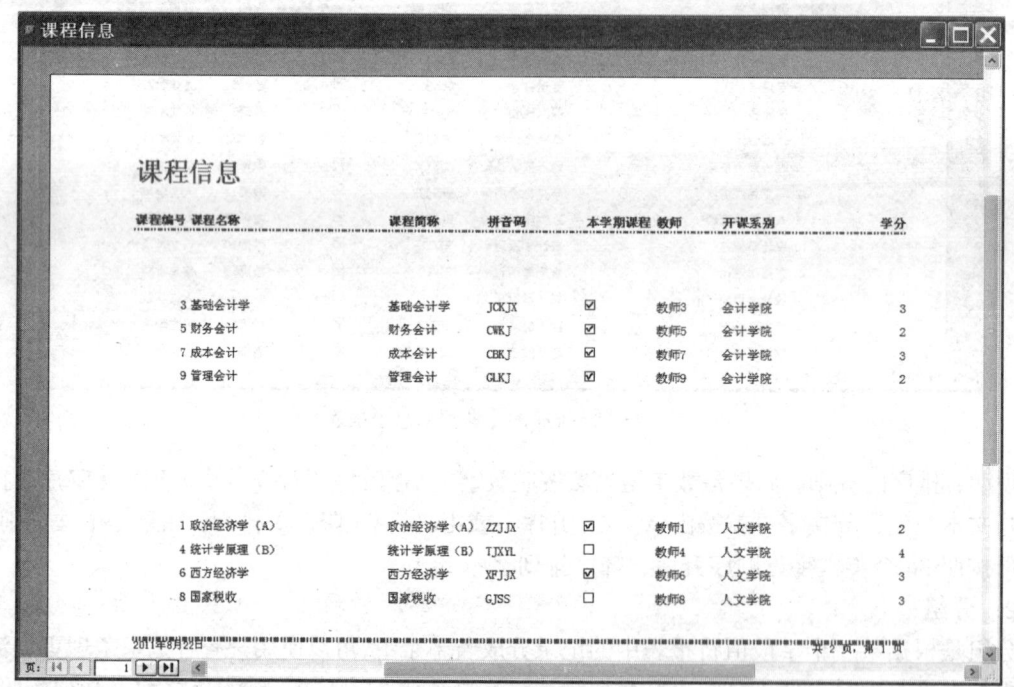

图7-46　已分组的【课程信息】报表

（4）为了使报表的分组显示更加清晰,可在设计视图中再次调整报表布局。在设计视图中再次打开【课程信息】报表,如图7-47所示,此时报表中添加了"开课系别页眉"和"开课系别页脚",即组页眉和组页脚。

（5）调整布局,如图7-47所示,将【页面页眉】中的"开课系别"标签拖动到"课程编号"标签前面,将"开课系别"文本框从【主体节】中拖动到"开课系别页眉"节中,使开课系别的显示从每条记录都显示成为一组显示一次。并且在"开课系别页脚"中放置一个文本框,附属标签标题设置为"合计",同时,文本框【控件来源】属性设置为"=Count(*)",统计每组课程门数。然后调整各个控件的位置。

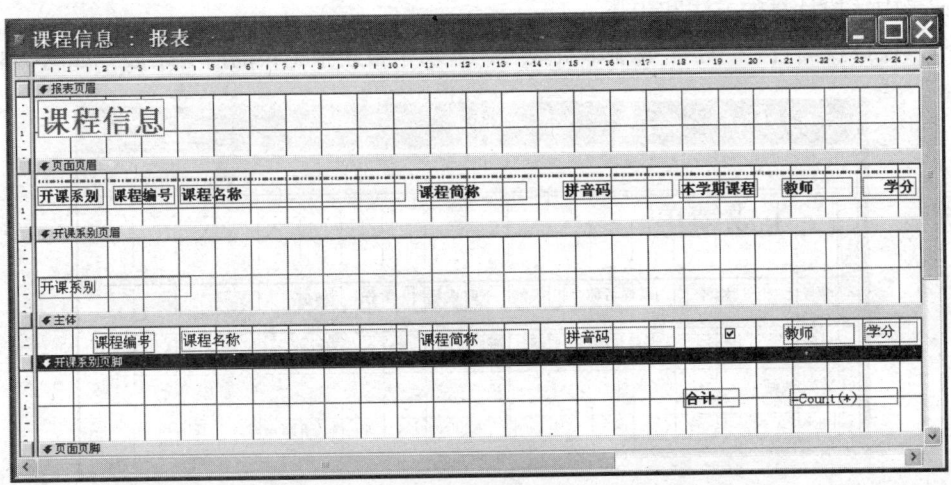

图 7-47　调整布局后的分组报表设计视图

（6）单击工具栏上的【视图】按钮,或单击【视图】菜单中的【打印预览】选项,也可以在标题栏上右击,在弹出的快捷菜单中单击【打印预览】选项,将报表切换到打印预览,效果如图7-48 所示,报表中显示了布局调整后分组的记录数据。

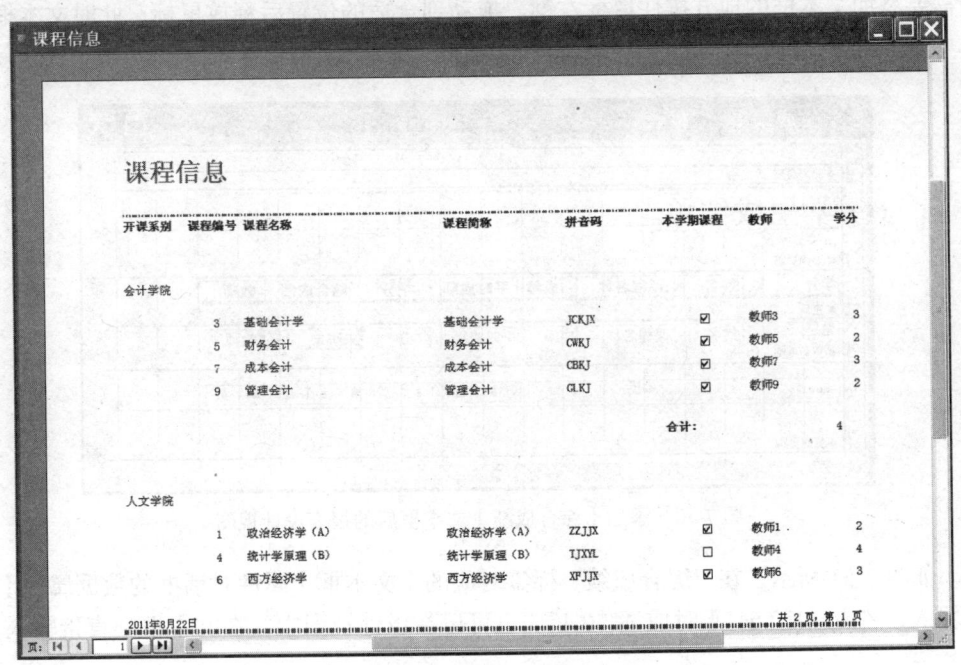

图 7-48　调整布局后的分组报表

7.3.4　报表的计算

报表除了能够把记录以各种样式显示、打印出来,还能够对记录中的相关数据进行汇总统计,例如,求平均值、求和等。

1. 一个记录的计算

【例7.9】下面通过对"学生成绩单"报表中每条记录"综合成绩"的计算,了解Access报表中单个记录中字段计算的方法和步骤。

(1)以设计视图打开"学生成绩单"报表,显示了报表中记录的所有字段,如图7-49所示。

图7-49 【学生成绩单】报表设计视图

(2)单击工具箱中的【标签】按钮,在页面页眉节中需要添加标签的地方按住鼠标左键,拖动到合适的位置后释放鼠标,此时标签被添加到页面页眉中,标题输入"综合成绩"。单击工具箱中的【文本框】按钮,需要注意的是,此时应把文本框的【自动标签】属性设置为"否",在主体节中需要添加文本框的地方按住鼠标左键,拖动到合适的位置后释放鼠标,此时文本框被添加到窗体中,如图7-50所示,从图中可以看到文本框为未绑定控件。

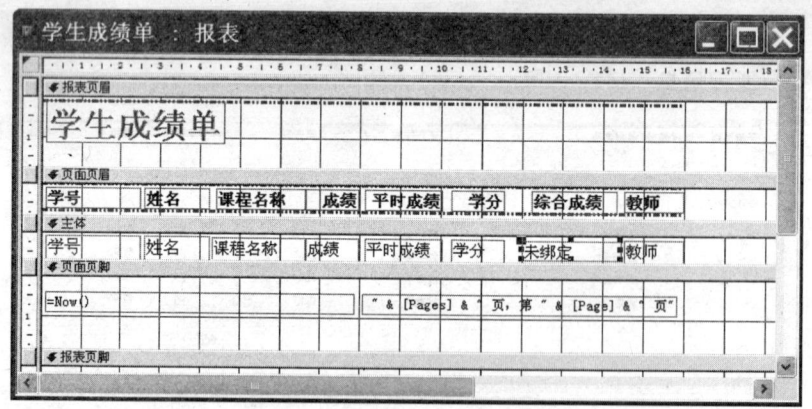

图7-50 添加【综合成绩】文本框后的报表设计视图

(3)如图7-51所示,在"综合成绩"标签对应的【文本框】属性对话框的数据属性【控件来源】中输入"=[成绩]*0.6+[平时成绩]*0.4"。也可以在设计视图中,在文本框中直接输入。

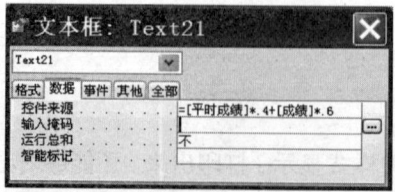

图7-51 【综合成绩】文本框属性对话框

（4）设置完成，关闭属性对话框，切换到打印预览视图，如图7-52所示。

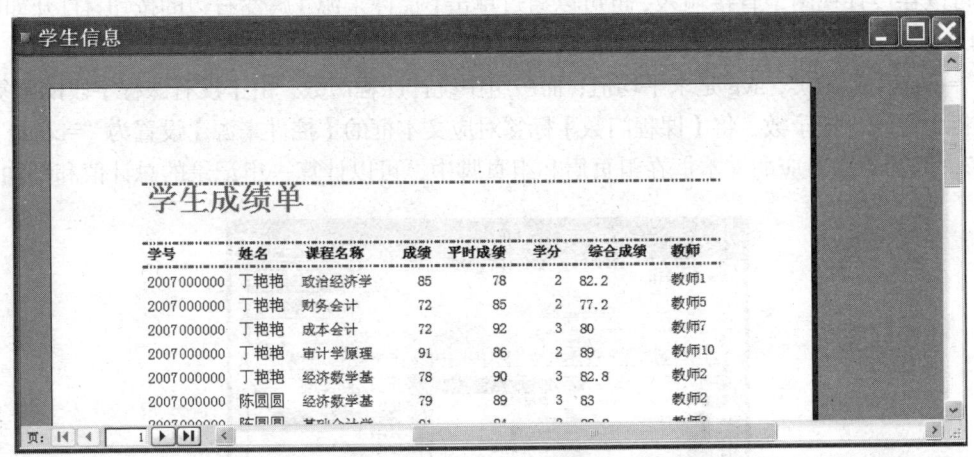

图7-52 添加【综合成绩】报表打印预览视图

说明：在文本框中输入内容时，一定不要忘记"="号，而且在计算相加运算时，要确定字段类行为【数字】，如果是【文本】型的字段，在加法运算时是数字的连接。例如输入文本型字段"=12+6"时，输出结果是126，而不是18。

2. 计算所有记录或一组记录的总计值或平均值

单个记录中各字段之间的数据汇总不能满足用户的需求。在实际应用中，还存在着对一组数据或整个报表数据的汇总统计。

【例7.10】通过对7.3.3节中按姓名分组后的报表进行调整，统计每位学生的总分、平均分，以及每位学生的课程门数，即对一组数据进行汇总统计，说明多条记录数据统计方法与步骤。

（1）在设计视图中打开如图7-48所示的"学生成绩单"报表。

（2）单击【工具箱】中的【文本框】按钮，在【姓名页脚】中需要添加文本框的地方按住鼠标左键，拖动到合适的位置后释放鼠标，此时文本框被添加到窗体中，如图7-53所示，从图中可以看到文本框为未绑定控件，把两个文本框所对应标签标题分别设置为【总分】和【平均分】，在【姓名页眉】中也添加一个文本框，并把标签标题设置为【课程门数】，可以看到文本框均为未绑定控件。

图7-53 添加【总分】和【平均分】对话框的报表设计视图

（3）把【总分】标签对应文本框的【控件来源】属性设置为 "=sum（[成绩]）"，sum 是求和函数，可以在设计视图中直接输入，也可以通过单击【控件来源】属性右边的按钮，打开如图 7-54 所示的对话框，进行对应的选择；类似地，将【平均分】标签对应文本框的【控件来源】属性设置为 "=avg（[成绩]）"，avg 是求平均值；而一组中统计课程门数，由于没有课程字段的重复数据，所以实际也是统计记录数，将【课程门数】标签对应文本框的【控件来源】设置为 "=count（[课程名称]）"，因为它们对应的文本框在组页眉和组页脚中，可以计算一组记录的总计值和平均值。

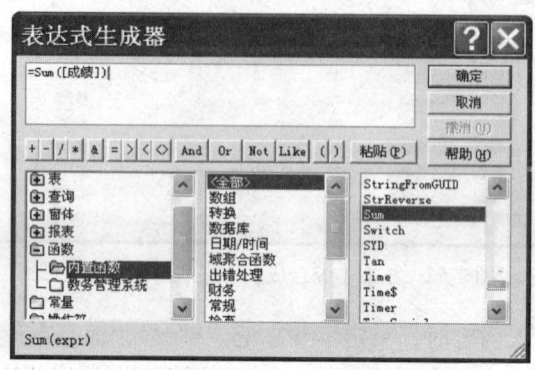

图 7-54　表达式生成器

（4）属性设置完成后，切换至该报表设计视图，可以看到在文本框中显示了所设置的文本框内容，如图 7-55 所示。

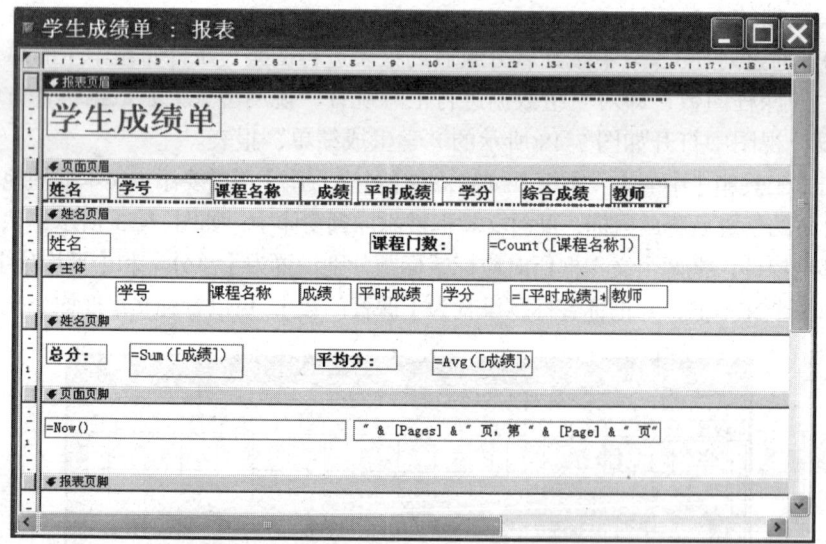

图 7-55　组记录数据统计设置完成的报表设计视图

（5）调整整个报表控件的相对位置，切换至报表打印预览视图，如图 7-56 所示。

说明：① 在以上示例中可以看到，总分、平均分以及课程门数统计的都是每组记录中相关数据，因为三个文本框所放置的位置在组页眉和组页脚中，如果放在报表页眉和报表页脚中，可以计算所有记录的总计值或平均值。

② 当然，放在组页眉和组页脚中也未必一定只统计该组记录，可以通过对文本框【数据】属性中【运行总和】属性的设置进行改变，如图 7-57 所示，该属性默认的值是"不"，如果设置为

"工作组之上"，统计的是本组以及该组之上其他组中记录；如果设置为"全部之上"，则统计的是全部记录。

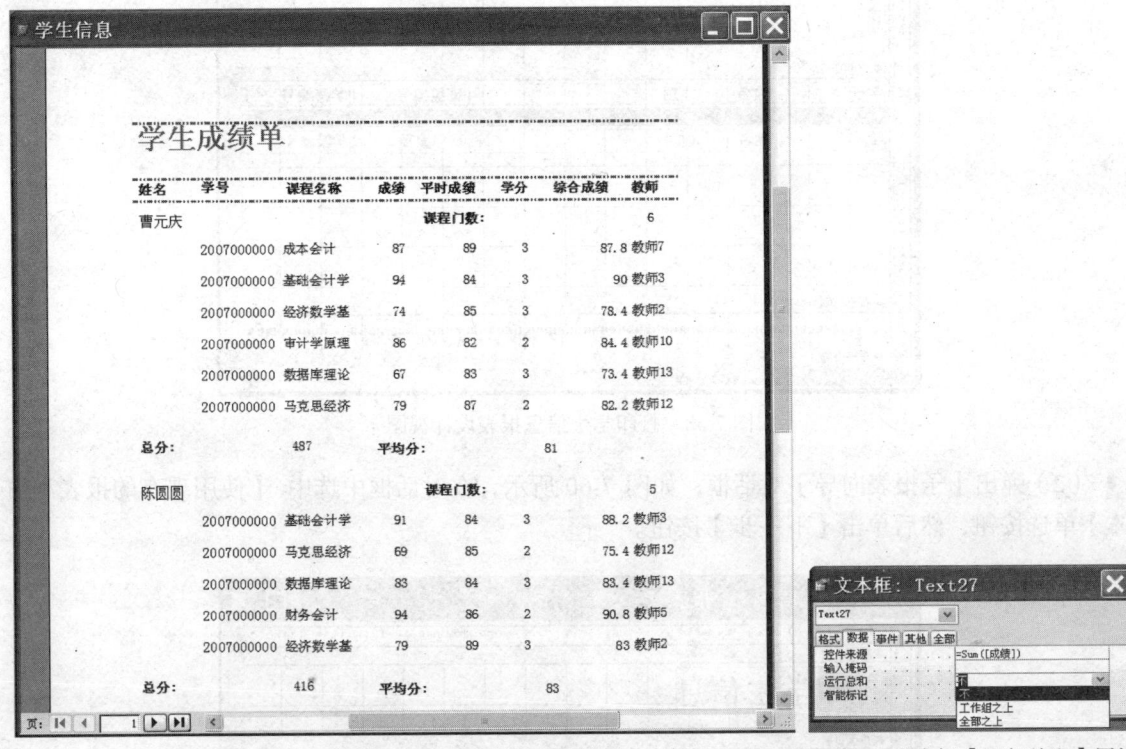

图 7-56 组记录统计完成得报表打印预览视图　　图 7-57 文本框【运行总和】属性

7.3.5　创建和链接子报表

前面涉及的报表都只有一个数据来源，如果用到来自多个表或查询的数据时，可以通过在一个报表中链接两个或多个报表的方法实现，这时链接的主体报表称为主报表，被链接的称为子报表，也可以将同一个数据来的两个或多个报表链接在一起形成新的报表。

子报表就是报表中的报表，包含子报表的报表称为主报表。主报表既可以包含子报表，也可以包含子窗体，子报表又可以包含下一级子报表或子窗体，但主报表最多能包含两级子窗体或子报表。主报表可以是绑定的也可以是非绑定的，也就是说，它可以基于表、查询或 SQL 语句，也可以不基于任何数据源。

【例 7.11】现在通过在"打印学生信息"报表中添加"学生成绩单"报表完成主/子报表的建立过程。

（1）以设计视图打开"打印学生信息"报表，如图 7-58 所示，选中工具箱中的【控件向导】按钮，然后单击【子窗体/子报表】按钮，将鼠标移至【主体】节中，在需要添加报表的位置按住鼠标拖动到合时位置后释放鼠标，布局如图 7-59 所示，添加了一个标签标题为"child15"的子报表，同时弹出【子报表向导】对话框，如果没有弹出，可以通过单击右键，选择【生成器】命令，打开如图 7-60 所示【子报表】对话框。

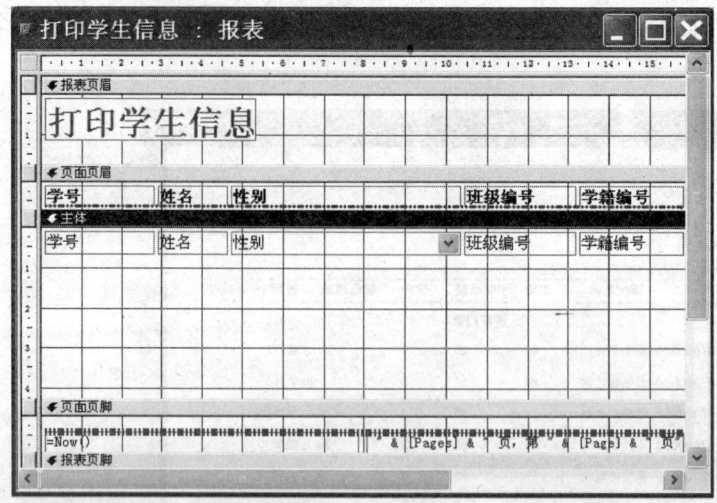

图 7-58 打印学生信息报表设计视图

（2）弹出【子报表向导】对话框，如图 7-60 所示，在对话框中选中【使用现有的报表和窗体】单选按钮，然后单击【下一步】按钮。

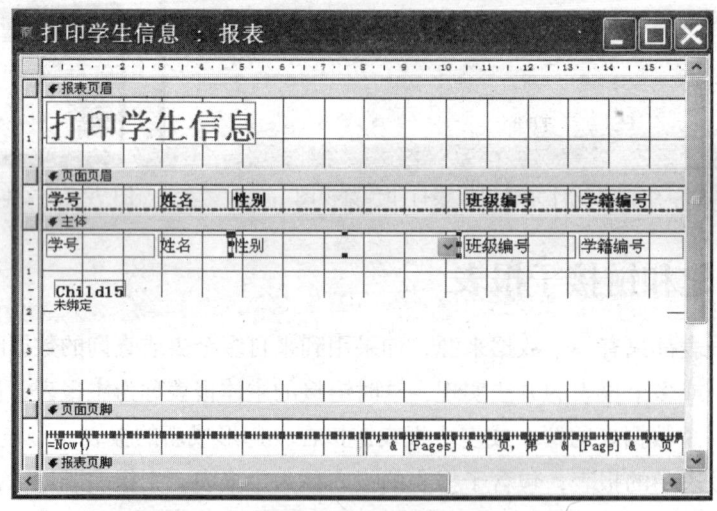

图 7-59 添加子报表按钮的报表设计视图

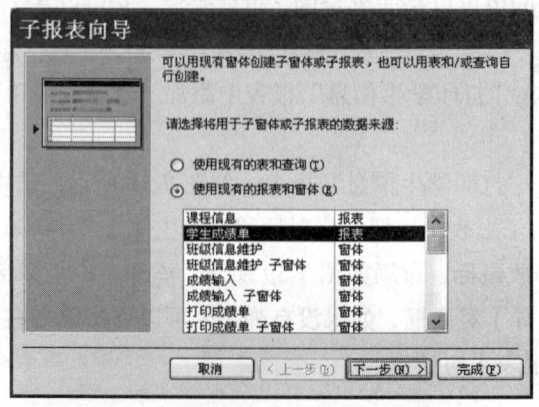

图 7-60 选择子报表数据来源对话框

（3）弹出确定将主报表链接到子报表方式的向导对话框，如图 7-61 所示，同主/子窗体一样，表明在主报表的数据源与子报表的数据源是通过哪个公共字段链接的。按默认选中【从列表中选择】选项，在下面的列表框中选择第一项，如图 7-61 所示，然后单击【下一步】按钮。

当然对于这个主/子报表而言，选择列表框第二项也可以，因为主表数据源中学号和姓名都可以作为主键，没有重复项，并且子报表数据源也均包含这两项。

（4）弹出指定子报表名称的向导对话框，按默认输入"显示学生成绩"，如图 7-62 所示，然后单击【完成】按钮。

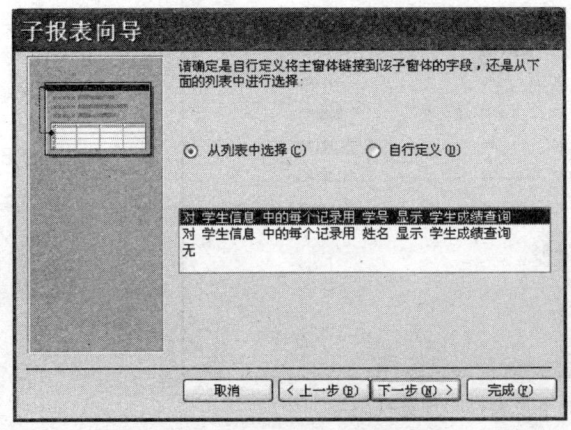 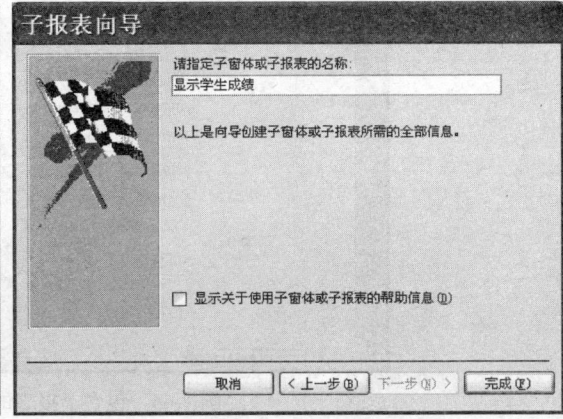

图 7-61　确定链接字段对话框　　　　　　图 7-62　指定子报表名称对话框

（5）此时创建子报表后报表的设计视图如图 7-63 所示，里面显示了子报表"显示学生成绩"。

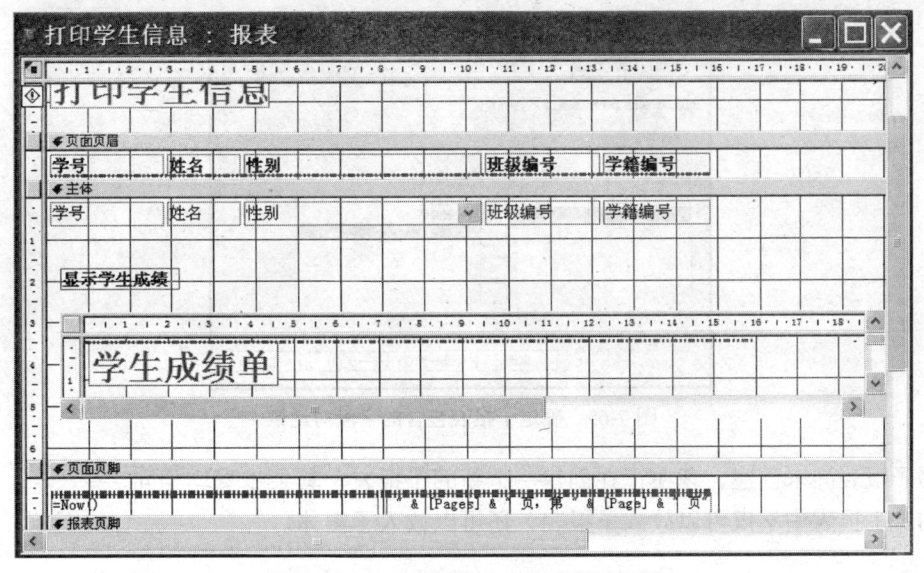

图 7-63　包含子报表的主报表设计视图

（6）单击工具栏上的【视图】按钮，将报表切换到【打印预览】，报表效果如图 7-64 所示。创建报表有两种方法。

① 在已有报表中添加已有报表创建主/子报表，以上过程中实现的就是这种创建。

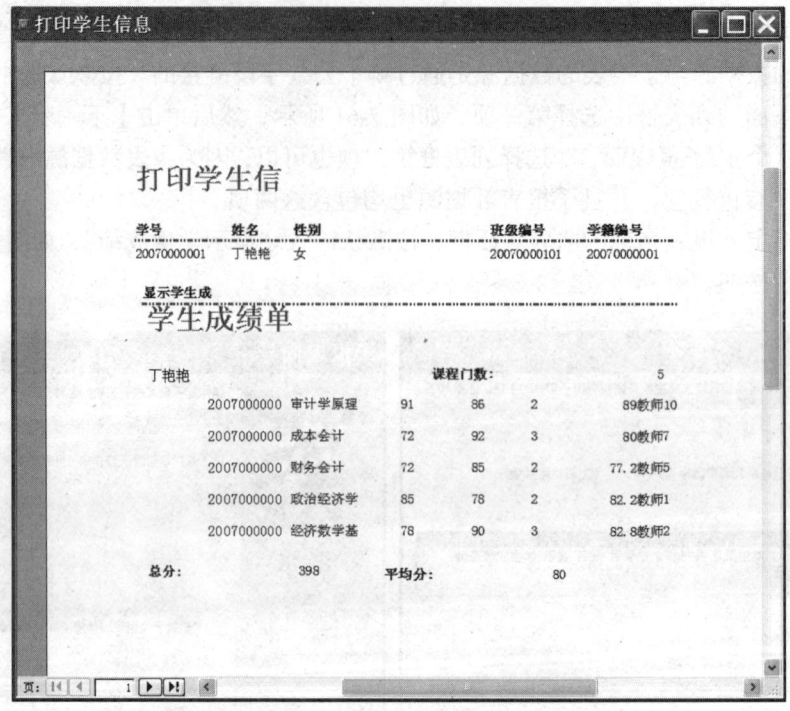

图 7-64　包含子报表的主报表打印预览视图

② 在已有报表中创建子报表。如果要实现这种创建过程，不同的仅在于第二步，如图 7-60 所示，如果选择的是【使用现有表和查询】，那么，弹出的是如图 7-65 所示对话框。

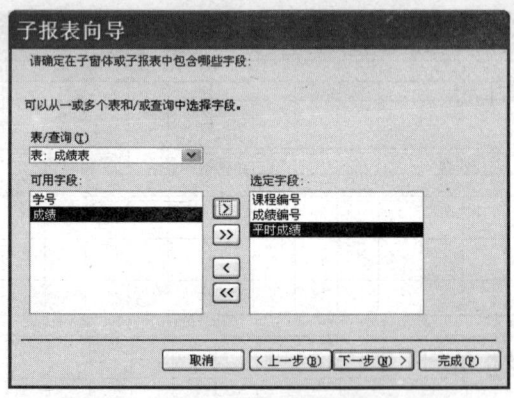

图 7-65　确定子报表包含的字段对话框

表明子报表尚未创建，现在正在创建一个新的子报表。其余步骤均相同。
说明：主报表中不仅可以放入子报表，还可以放入子窗体。

7.4　报 表 打 印

　　前面一直提到了，创建报表的作用之一就是打印信息。在打印报表之前，可以通过打印预览视图和版面预览视图观察版面的效果。这两个视图的相关知识和操作在 7.1.3 节中已经具体介绍了，这里就不再重复。

7.4.1 报表的页面设置

报表打印之前，不仅要预览，还应该对将要打印的报表进行页面设置。任何视图中都可以进行报表的页面设置，包括：页边距、打印方向、纸张、列布局等。

【例 7.12】下面通过打印"学生选课"报表的设置，说明报表打印的页面设置方法与步骤。

（1）以任意视图打开报表"学生选课"，在设计视图中完成"学生选课"报表中控件的位置、属性的调整，然后在【文件】菜单中选中【页面设置】选项，弹出【页面设置】对话框，如图 7-66 所示。

（2）在对话框中的【边距】选项卡下将上、下、左、右的页边距均设置为 25 毫米，设置完毕后，可立即在右侧示例栏中看到实际效果。如果选中了【只打印数据】选项，则报表打印时，不会显示诸如分割线、页眉页脚等信息，而只显示数据库中字段的数据或计算得来得数据。这个选项一般应用到需要打印数据到已经制定好格式的纸张上，例如，商场中打印顾客购物清单到发票，因为发票格式是预先设定好的，只需要将购物清单和价格打印到上面即可。

（3）然后切换到【页】选项卡下，打印方向可以选择横向或纵向，如果需要设置纸张大小，可以在下拉框中选择系统提供的常用纸张中选择一个。如果用户安装了多台打印机，然后单击后面的打印机按钮，选择本报表将要使用的打印机。如果只有一台，则使用默认打印机。【打印方向】、【纸张】和【使用打印机】栏中设置如图 7-67 所示。

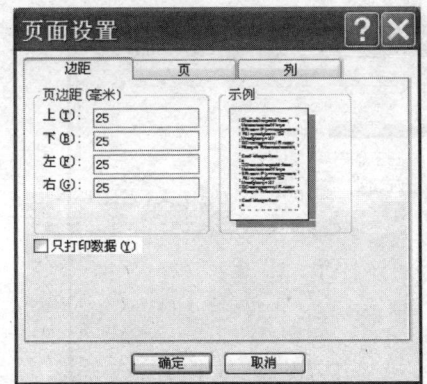

图 7-66 【边距】选项卡

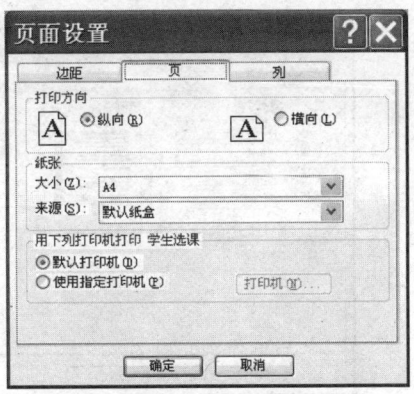

图 7-67 【页】选项卡

（4）如果需要将报表分成多列打印，就到【列】选项卡下，如图 7-68 所示。其中列数，除了标签报表默认是 3 以外，其他报表均默认是 1 列，用户也可以在文本框中输入指定的列数。在【网格设置】栏中【列数】文本框中输入"2"，【列间距】文本框中输入"1cm"，在【列尺寸】和【列布局】栏中设置如图 7-68 所示。然后单击【确定】按钮。

（5）切换到打印预览，页面设置效果如果与设想相同，则在【文件】菜单中选择【打印】命令，就可以打印报表了。

7.4.2 报表的打印

设置完成，当决定打印报表时，按以下步骤操作。

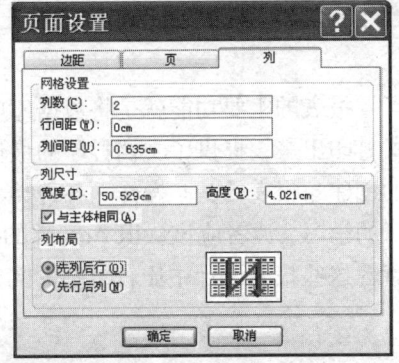

图 7-68 【列】选项卡

（1）选择【文件】菜单中的【打印】命令，显示如图 7-69 所示对话框。

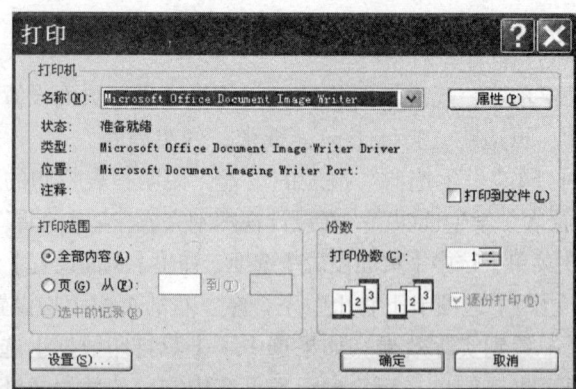

图 7-69 【打印】对话框

（2）指定打印机类型、打印范围以及打印份数，单击【确定】按钮就可以完成报表的打印了。

说明：① 如果打印之前，想再一次进行页面设置，可以单击【设置】按钮，可以再次打开【页面设置】对话框。不过此对话框少了【页】选项卡。

② 如果打印之前，再进行一次进行纸张设置，可以单击【属性】按钮，可以打开如图 7-71 所示对话框。

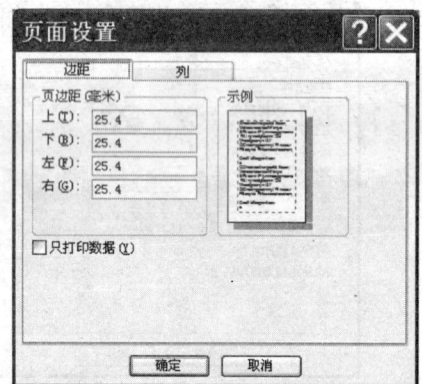

图 7-70 【页面设置】对话框

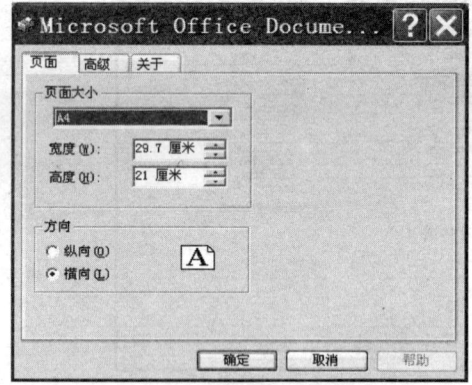

图 7-71 【页面】选项卡

本章小结

报表的主要功能就是将数据库中需要的信息提取出来并加以整理和计算，然后以格式化的方式打印出来，提供了文档打印的最佳方法。本章主要介绍了报表的基本概念及其应用，包括报表的创建、报表的基本操作、各种类型的报表、创建子报表以及报表的输出打印过程等。通过对本章的学习，读者应该认识 Access 的报表，掌握创建报表的各种方法，学会报表的排序、分组和计算等这些报表设计中比较复杂的问题。

第 8 章
数据访问页

数据访问页就是我们通常所说的网页 Web，在互联网上，许多信息是以网页的形式来发布和传播的。Access 2003 跟 Microsoft 公司的其他产品一样，也具有非常强大的 Internet 应用功能，用户不但可以直接在 Access 2003 中启动浏览器进入指定的网页，更可以将表、查询、数据工作表窗体及报表等数据库对象导出成静态或动态网页，数据访问页就是直接与数据库中的数据联系的 Web 页，用于对来自 Internet 的数据进行查看或操作，而这些数据都是保存在 Access 数据库中的，当然也可以是其他来源的数据，例如 Microsoft Excel。数据访问页可以用来添加、编辑、查看以及处理数据库中的当前数据。在 Access 的数据访问页中，相关数据会随着数据库中的内容变化而变化，以便用户随时通过 Internet 访问这些数据。

引例　数据访问页的建立

Access 的数据访问页就是将表、查询、数据工作表窗体及报表等数据库对象导出成静态或动态网页，如图 8-1 所示。将 Access 中的学生信息表通过数据访问页添加，然后在浏览器中浏览学生信息表中的内容。

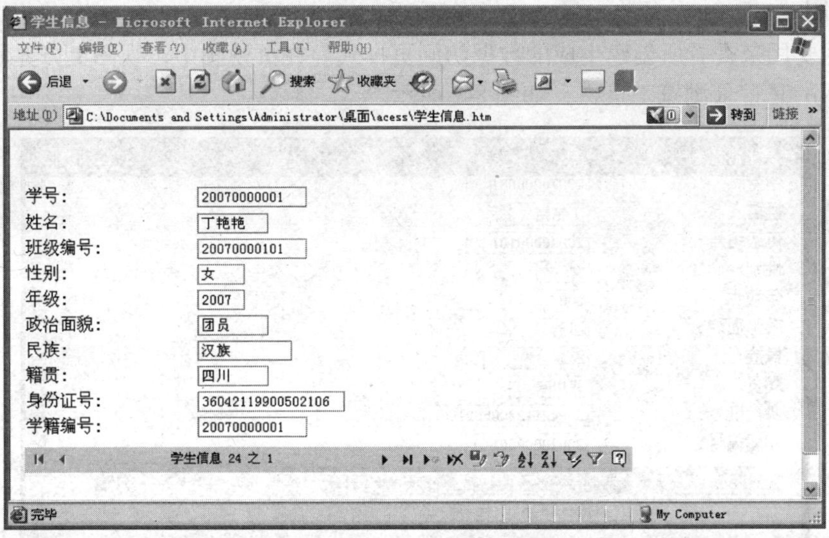

图 8-1　浏览器中的数据访问页

8.1 数据访问页概述

8.1.1 数据访问页的类型

数据访问页是 Access 中的一种常用数据库对象，它的本质其实是一种特殊类型的网页。数据访问页虽然是一种数据库对象，但是它与表、窗体、报表等数据库对象是有很大的区别的，数据访问页是一个独立的文件，不存储在 Access 之中，实际上数据访问页就是一个 HTM 文档，但是只要我们建立了数据访问页，Access 就会自动在数据库窗口中为数据访问页的 HTM 文档创建一个快捷方式，我们仍然可以直接在数据库窗口中存取数据访问页。数据访问页可以分为以下 3 种类型。

1. 交互式报表

这种类型的数据访问页多用于统计、汇整和分析数据库中的信息，然后将运算所得到的摘要数据发布出来。

2. 数据输入

这类数据访问页一般用来查询、新增、修改和删除数据记录。

3. 数据分析

这种数据访问页将包含一个数据透视列表，这个透视列表与 Microsoft Access 2003 数据透视表窗体或 Microsoft Excel 数据透视表报表类似，允许重新组织数据以便用不同方式分析数据。这种数据访问页还可能包含一个图表，可以用于分析趋势、检测模式以及比较数据库中的数据。另外，这种数据访问页也可能内含一个电子表格，我们可以在这个电子表格中输入和编辑数据，并且还可以像在 Microsoft Excel 中一样使用公式进行计算。

8.1.2 数据访问页视图

数据访问页有两种视图方式：页视图和设计视图。除此之外，我们还可以在 Internet Explorer 中打开数据访问页。

1. 页视图

页视图主要用来查看所创建生成的数据访问页样式。在页视图中，视图上方显示的是记录数据，下方显示的是记录浏览工具栏，如图 8-2 所示。

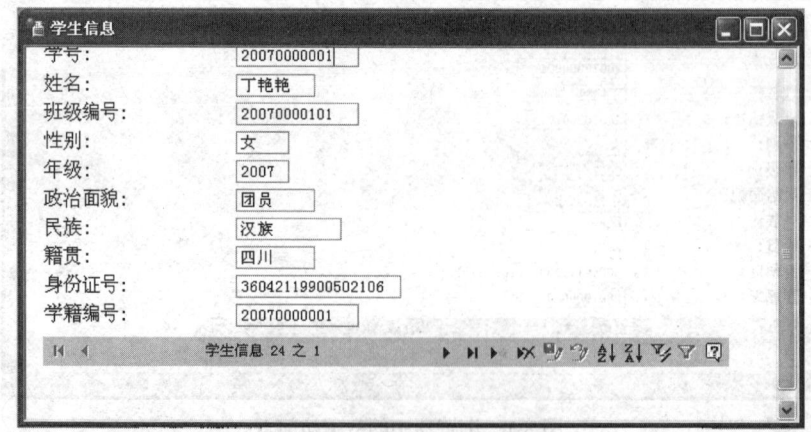

图 8-2 数据访问页的页视图

在页视图中打开数据库访问页的方法如下。
(1)打开数据库窗口,如图 8-3 所示。

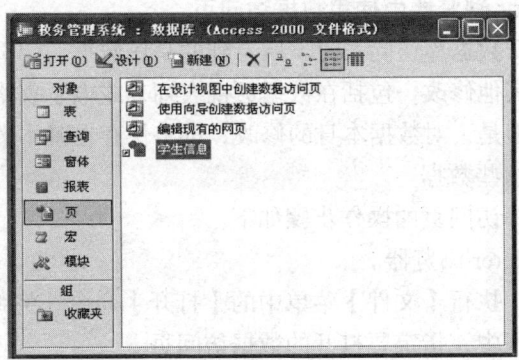

图 8-3　数据库页对象中数据访问页的快捷方式

(2)选择某个数据库访问页单击。然后单击【打开】按钮。
(3)双击某个数据库访问页。
(4)用鼠标右键单击某个数据访问页,在弹出的快捷菜单中选择【打开】命令。

2. 设计视图

在设计视图中打开数据访问页主要用于对数据访问页进行修改,例如改变数据访问页的结构或显示内容等,如图 8-4 所示。

在设计视图中打开数据库访问页的方法如下。
(1)选择某个数据访问页名称并单击,然后单击【设计】按钮。
(2)用鼠标右键单击某个数据访问页.在弹出的快捷菜单中选择【设计视图】命令。

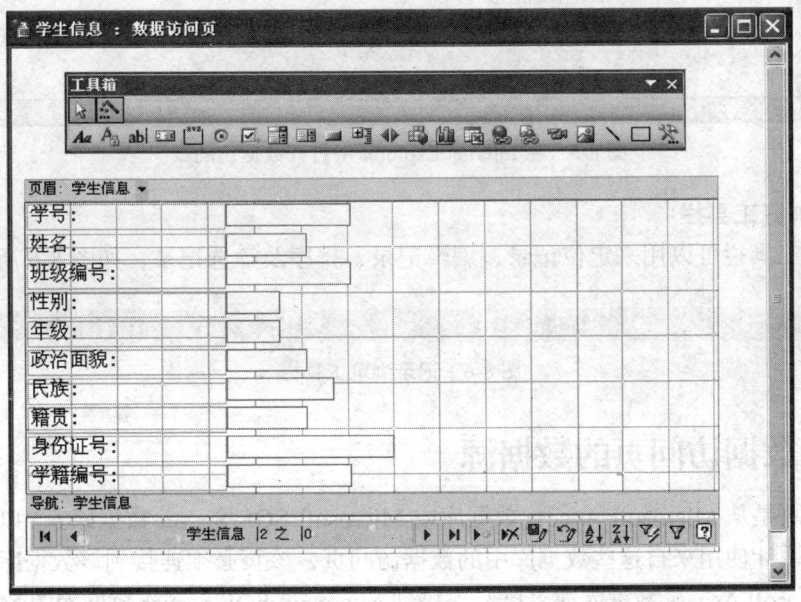

图 8-4　数据访问页的设计视图和工具箱

设计视图是新建并设计数据访问页的一个可视化的集成界面,在这个界面下可以修改数据访问页。打开数据访问页的设计视图时,系统会同时打开工具箱,如图 8-3 所示。如果视图工具箱没有打开，也可以通过执行【视图】菜单中的【工具箱】命令，或者单击工具栏上的【工具箱】按钮来打开工具箱。

3. 在 Internet Explorer 浏览器中使用数据访问页

当用户在浏览器中打开数据库访问页时，所看到的是该数据访问页的副本，对所显示的数据进行任何筛选、排序以及其他修改，包括在数据透视表列表或电子表格中进行的修改。只会影响到该数据访问页的副本。但是，对数据本身的修改，都将保存在基本数据库中，因此查看该数据访问页的所有用户都可用这些数据。

在浏览器中打开数据库访问页的操作步骤如下。

（1）打开 Internet Explorer 浏览器。
（2）在浏览器窗口中，执行【文件】菜单中的【打开】命令。将弹出【打开】对话框。
（3）在【打开】对话框中，指定要打开的数据访问页。
（4）单击【确定】按钮，在浏览器窗口中显示数据访问页，如图 8-5 所示。

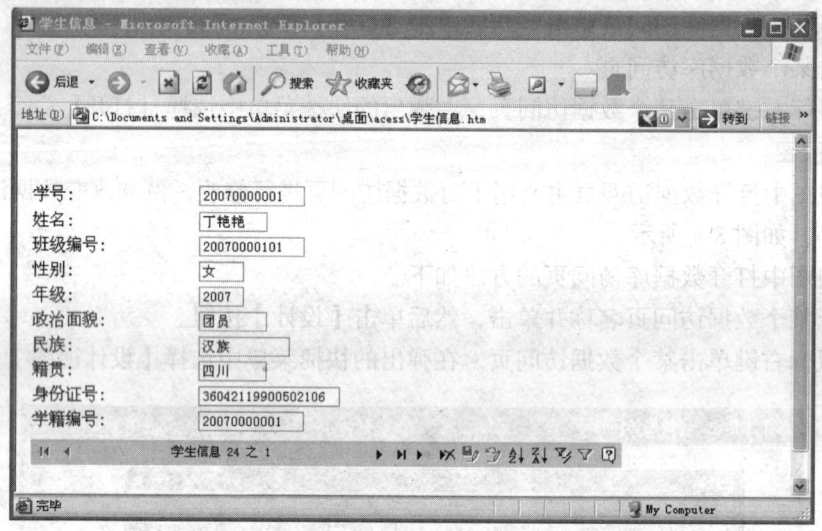

图 8-5　在 Internet Explorer 中打开数据访问页

4. 记录浏览工具栏

记录浏览工具栏可以用来定位记录、编辑记录、排序及筛选记录，如图 8-6 所示。

图 8-6　记录浏览工具栏

8.1.3　数据访问页的数据源

数据访问页是从 Microsoft Access 数据库或 Microsoft SQL Server 数据库 6.5 以上版本中获得数据。如果要设计使用来自这些数据库中的数据访问页，该页必须连接到该数据库。如果已经打开了一个 Microsoft Access 数据库或者已经连接到 Microsoft SQL Server 数据库的 Microsoft Access 项目，创建的数据访问页将自动连接到当前数据库并且将它的路径存储在该数据访问页的 ConnectionString 属性中。当用户在 Internet Explorer 中浏览该数据访问页或在页视图中显示该数据访问页时，通过使用在 ConnectionString 属性中定义的路径，数据访问页显示来自基础数据库中当前的数据。如果数据库是在本地驱动器上，在设计数据访问页时，Microsoft Access 将使用本地路径，这说明数据对其他用户数据不能访问。由于这个原因，将数据访问页将要使用的数据库移动或复制到一个可以访问的网络位置就显得非常重要了。如果数据库处于网络共享的话，可以使用 UNC 地址打开该数据库。如果在数据访问页设计完成后，移动或复制该数据库就必须更新 ConnectionString 属性中的路径，以便指明新的位置。

当数据访问页被连接到某个数据库时，字段列表中的【数据库】选项卡将显示包含所有数据库中可用的表或查询的文件夹。可以从这些记录源中将数据添加到数据访问页中。如果数据库图标上有一个红色 X，并且不能查看其下面的任何文件夹，则需要将数据访问页连接到数据库以便继续数据访问页的设计。

8.2 创建数据访问页

前面已经介绍了数据访问页其实就是一种数据库对象，与表、窗体、查询、报表等数据库对象相似，所不同的是，数据访问页是一个独立的 HTM 文件，保存在 Access 数据库之外，在数据库窗口中保存的是该 HTM 文件的快捷方式。

8.2.1 自动创建数据访问页

用自动创建数据访问页的方法创建的数据访问页包含基础表、查询或视图中图片字段以外的所有字段和记录。因此，使用自动创建数据访问页是最快捷的方法，使用这种方法，用户除指定数据源外，不需要做任何其他设置，所有操作都由 Access 自动完成。

【例 8.1】使用自动创建数据访问页的方法创建纵栏式数据访问页，数据源为"学生信息表"。

自动创建数据访问页方法的具体操作步骤如下。

（1）在数据库窗口中，单击【页】对象，然后单击【新建】按钮，打开【新建数据访问页】对话框。

（2）在【新建数据访问页】对话框中选择【自动创建数据页：纵栏式】列表项，然后在数据来源下拉列表框中选择【学生信息表】，如图 8-7 所示。

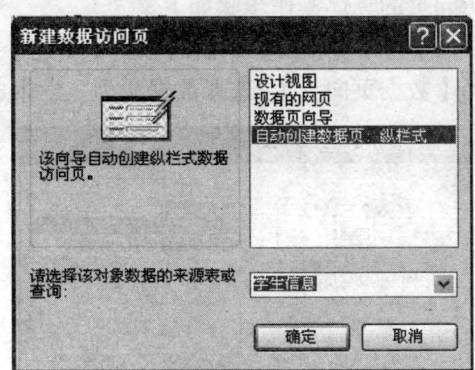

图 8-7 【新建数据访问页】对话框

（3）单击【确定】按钮，在页视图中显示自动创建数据访问页，如图 8-8 所示。

（4）单击页视图窗口中的【关闭】按钮，系统提示是否保存该数据访问页。单击【是】按钮，弹出另存为数据访问页对话框。

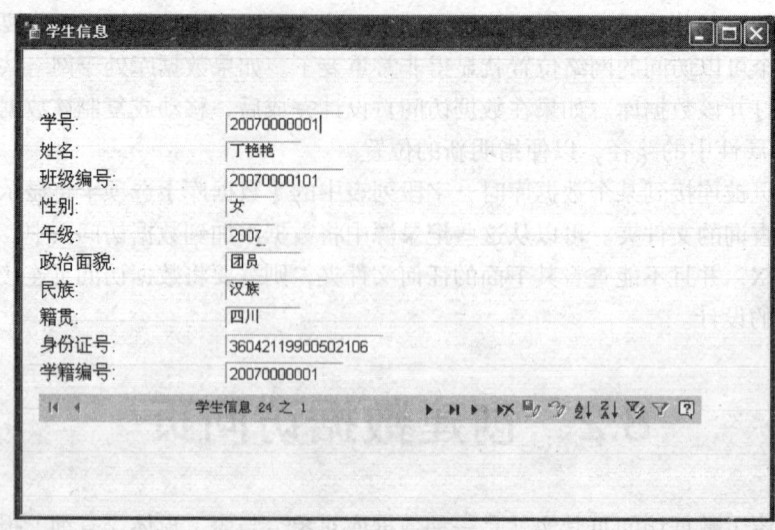

图 8-8　自动创建的数据访问页

（5）在该对话框中指定 Web 页存放的路径和文件名，这里输入文件名为"学生信息"。在为数据访问页命名时，尽量做到见名知义。

（6）单击【确定】按钮，即完成了自动创建数据访问页的操作。

使用"自动创建数据访问页"的方法创建数据访问页时，Access 自动会在当前文件夹中将创建的数据访问页保存为 HTML 格式，并且在数据库窗口中添加一个访问该页的快捷方式。将鼠标指针指向该快捷方式时，可以显示该文件的路径。

8.2.2　利用数据页向导创建数据访问页

Access 还提供了创建数据访问页向导，使用户可以根据自己的需要设置选项，然后根据用户的设置来创建数据访问页。使用向导创建数据访问页过程中，系统会询问有关的记录源、字段、布局和格式等详细问题，并根据回答来创建数据访问页。

【例 8.2】使用"向导"来创建"学生成绩表"的数据访问页。

使用"向导"创建数据访问页的具体操作步骤如下。

（1）在【数据库】窗口中，单击【页】对象，然后单击【新建】按钮，打开【新建数据访问页】对话框，在对话框中选择【数据页向导】，选择数据源为"学生成绩表"，如图 8-9 所示。

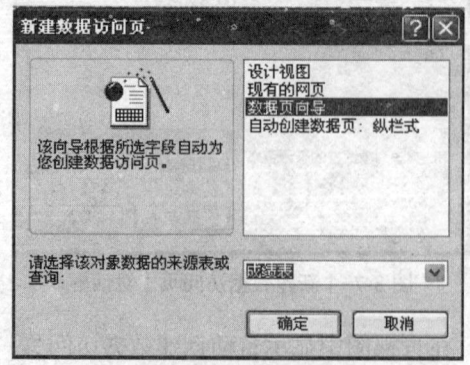

图 8-9　【新建数据访问页】对话框

（2）单击【确定】按钮，屏幕显示"数据页向导"的第1个对话框。在该对话框中，单击【添加】按钮，将【可用字段】列表中的字段逐个地选择字段到【选定的字段】列表框中，单击【全部添加】按钮，将【可用字段】列表中的字段全部移到【选定的字段】列表框中，如图8-10所示。

（3）单击【下一步】按钮，屏幕上显示"数据页向导"的第2个对话框。在该对话框中，指定分组级别字段。这里使用字段"学号"作为分组依据，如图8-11所示。

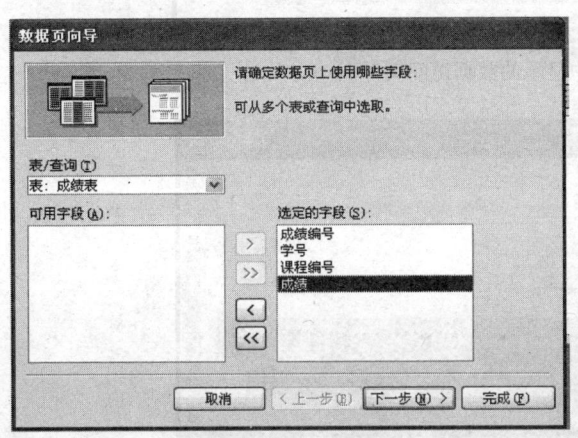

图8-10　数据页向导字段选取对话框

图8-11　数据页向导分组依据选取对话框

（4）单击【下一步】按钮，屏幕上显示"数据页向导"的第3个对话框。在该对话框中，设置排序次序。这里选择"成绩"作为依据进行升序排序，如图8-12所示。

（5）单击【下一步】按钮，屏幕上显示【数据页向导】第4个对话框。在该对话框中，要求为数据访问页指定标题，然后决定是打开数据页还是修改设计。实际上就是指定在页视图下还是在设计视图下打开所创建的数据访问页。这里指定数据访问页的标题为"学生成绩表"，并选择【打开数据页】单选按钮，如图8-13所示。

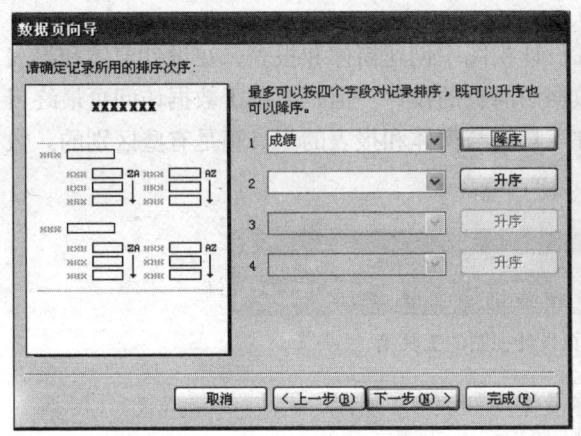

图8-12　数据页向导排序依据选取

图8-13　数据页向导完成对话框

（6）单击【完成】按钮，Access将会根据用户所设置的信息创建一个新的数据访问页，如图8-14所示。共有5组学号不同的记录，现在所显示的是学号为"20010000001"的一组。

单击【浏览记录】工具栏上的【记录定位】按钮，可以显示其他学号组的记录。

（7）单击页视图左上角的展开按钮，可以将分组展开显示。如图8-15所示，可以看到学号为

"20010000001"—"20010000010"组中的记录。

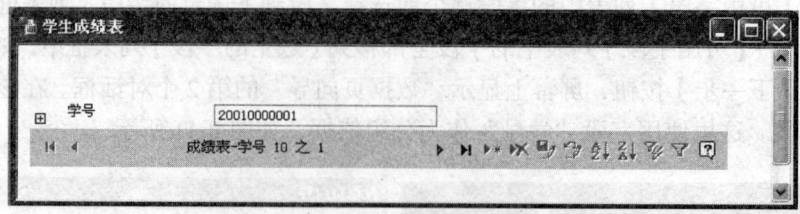

图 8-14 页视图中显示的数据访问页

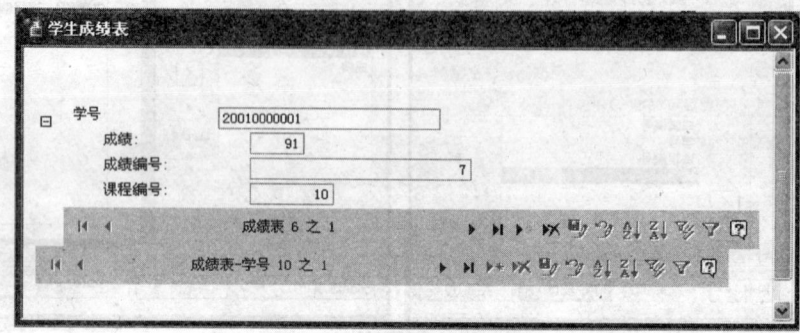

图 8-15 展开的数据访问页

8.2.3 利用设计视图创建数据访问页

1．设计视图创建数据访问页

用自动创建数据访问页的方法和数据访问页向导的方法虽然都能快速地创建数据访问页，但是通过这两种方法所创建的数据访问页一般较为简化，而且形式与种类都有限，不能完全满足实际需求。如果想要根据实际需求，创建出满足实际需求的数据访问页，还必须通过使用数据访问页设计视图来完成。

用设计视图创建数据访问页，方法类似于在设计视图中创建窗体和报表，在设计窗体和报表时所用到的各种工具和技术几乎均适用于所有数据访问页的设计。但是，由于数据访问页最终目标位置是显示在网页上，所以数据访问页的控件工具箱与窗体和报表的工具箱是有些区别的。数据访问页的工具箱如图 8-16 所示。

图 8-16 数据访问页设计视图的工具箱

数据访问页的工具箱中特有的工具按钮名称及作用如表 8-1 所示。

表 8-1　　　　　　　　　　数据访问页工具箱中特有的工具按钮

按　钮	名　称	功　能
	绑定范围	显示来自数据库中某字段的数据或一个表达式的结果
	滚动文字	在数据访问页上插入一段移动或滚动的文字信息
	展开	在数据访问页中插入一个展开或收缩按钮，用显示或隐藏分组的记录信息

续表

按钮	名称	功能
	记录浏览	可以移动、添加、删除和查找记录
	Office 数据透视表	在数据访问页上插入数据透视表,按行和列格式显示只读数据,可以重新组织数据格式,使用不同方法分析数据
	Office 图表	在数据访问页上插入二维图表,使用户易于查看数据中的比较、模式及趋势
	Office 电子表格	在数据访问页上添加 Office 电子表格组件,以提供 Microsoft Excel 工作表的某些功能
	超链接	在数据访问页中插入超链接
	图像超链接	使用图像超链接往数据访问页中添加图像
	影片	创建影片控件

打开数据访问页设计视图之后,如果工具箱处于隐藏状态,可以单击视图工具栏上的【工具箱】按钮,也可以执行【视图】菜单中的【工具箱】命令,都可以显示数据访问页的工具箱。

除了工具箱有区别外,数据访问页的字段列表与窗口、报表的字段列表的字段列表也有些区别,窗口与报表会显示上方所有的数据来源的字段,而数据访问页则只显示所有表或查询。

在数据访问页设计视图中,只要有字段的地方,就会弹出属性窗口,打开及使用方法也跟窗体的属性窗口一模一样。

使用数据访问页设计视图的方法设计数据访问页的步骤是,首先是打开数据访问页设计视图,打开数据访问页设计视图窗口有两种方法,这两种方法的差别就在于是否使用新的对象快捷方式来选取来源表的方式。如果不想使用新对象快捷方式打开设计视图,就可以按照下面的例子中的步骤进行。

【例 8.3】利用数据页设计视图的方法创建一个数据访问页,包含课程表中的全部字段。设计步骤如下。

(1)在数据库窗口中单击【页】对象,然后单击【新建】按钮,打开【新建数据访问页】对话框,在对话框中选择【设计视图】,选择数据源为课程表。

(2)单击【确定】按钮,进入空白数据访问页的设计视图窗口,如图 8-17 所示。

图 8-17 空白数据访问页

（3）单击数据访问页设计视图上方的"单击此处并键入标题文字"，输入数据访问页的标题文字信息，如"课程表"。

（4）如果没有显示【字段列表】对话框，可以单击工具栏上的【字段列表】按钮，即可打开【字段列表】对话框，如果数据访问页中的字段列表为空，则必须将数据访问页连接到某个数据库。字段列表中的【数据库】选项卡显示了包含当前数据库中所有可用的表或查询的文件夹，如图8-18所示。

（5）在【字段列表】对话框中，单击"课程表"前面的【展开】按钮，展开"课程表"，然后选择表中的字段，最后单击对话框中的【添加到页】按钮或用鼠标左键拖动将要选定的字段添加到数据访问页中。可以每次将一个字段拖动到数据访问页以便创建控件（绑定于该字段），或者也可以从字段列表拖动整个表或其他记录源，一次添加所有字段，如图8-19所示。

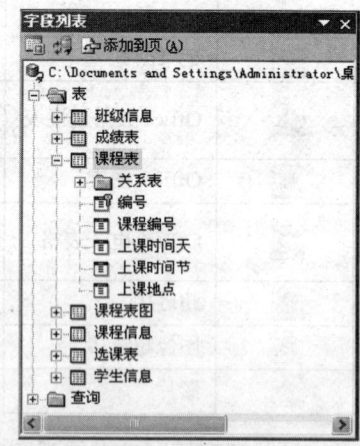

图8-18 【字段列表】对话框

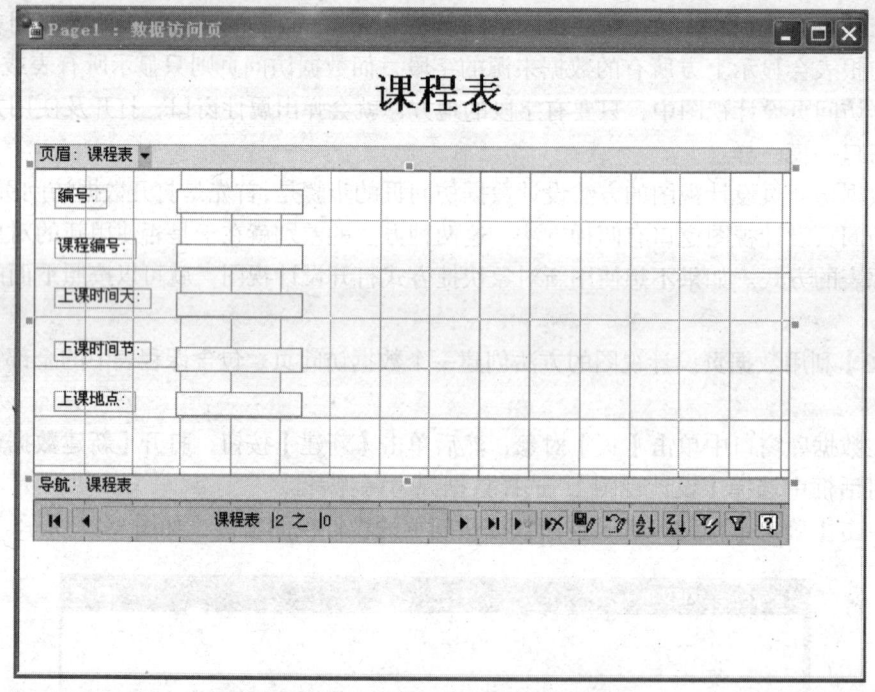

图8-19 添加了字段的数据访问页

（6）单击工具箱中的【直线】控件按钮，在字段信息和标题之间插入"直线"控件，作为分隔线。也可以根据需要调整记录字段控件的位置，如图8-20所示。

（7）关闭【字段列表】对话框之后，单击【保存】按钮，将弹出【另存为数据访问页】对话框，在对该话框中指定数据访问页所保存的位置和文件名称，然后单击【保存】按钮，保存数据访问页。可以看到，在数据库窗口的"页"对象中多了一个"成绩表"数据访问页的快捷方式。

（8）在数据库窗口中的"页"对象中，双击"成绩表"数据访问页，打开数据访问页的页面视图，效果如图8-21所示。

第 8 章 数据访问页

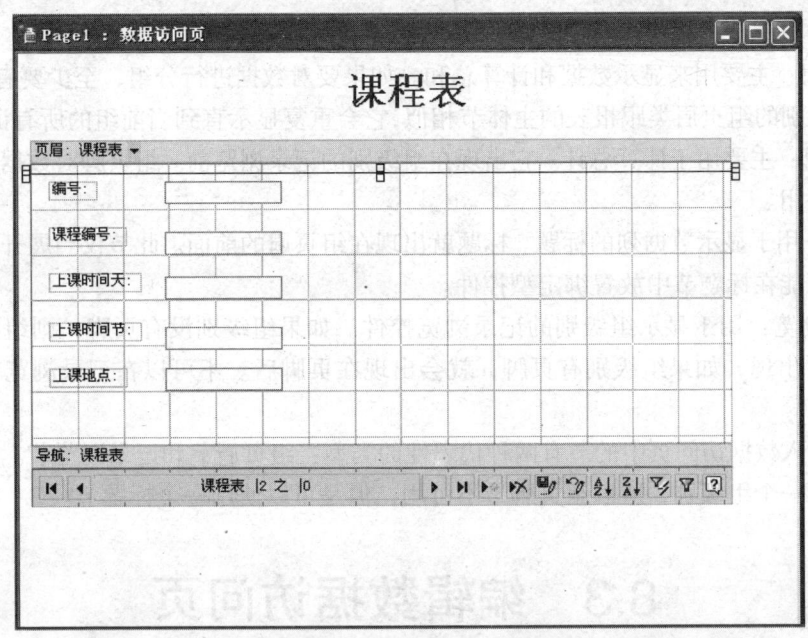

图 8-20 插入"直线"控件的数据访问页

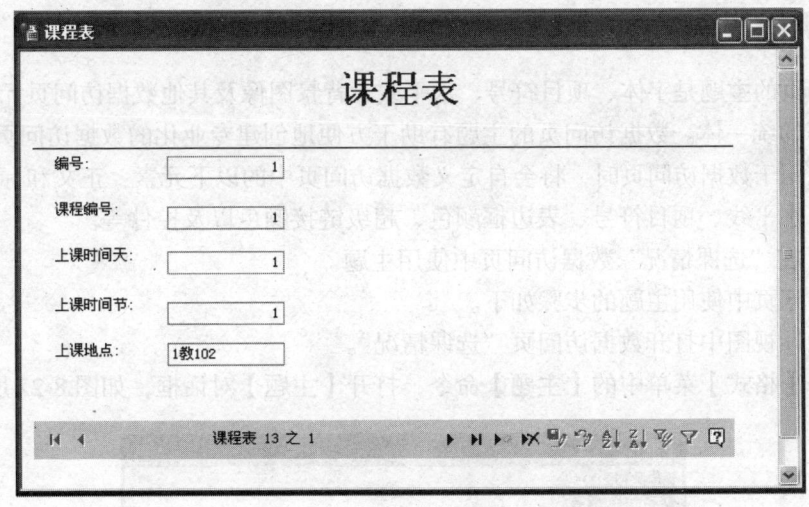

图 8-21 数据访问页的页面视图

2. 数据访问页设计视图的结构

（1）正文。正文部分是数据访问页的基本设计外表。在数据访问页视图中，可以使用正文来显示文本性信息和节。在默认情况下，正文中的文字、节和其他元素的位置是相对的。也就意味着，元素是以在 HTML 源文件中同样的顺序一个个依次输出的。正文中各元素的位置是由前面的内容来决定的。当以页视图或 Internet Explorer 方式查看时，正文中的内容将会自动调整以便适合 Web 浏览器的大小。

（2）利用节可以显示文字、数据库中的数据以及工具栏。节中的控件和其他元素的位置在默认情况下是固定的。也就是说，每个控件或元素的位置相对于节的顶端和左边的坐标来讲是固定的。节中拥有绝对位置的控件即使在浏览器大小调整了的时候也会保持同样的位置。

在分组的数据访问页中有四种节可用：组页眉、组页脚、标题和记录浏览节。对组级别可以只使用所需的节。
- 组页眉：主要用来显示数据和计算总和。如果要对数据进行分组，至少要有两个组级别。位于最低组级别的组页眉类跟报表的主体节相似，它会重复显示直到当前组的所有记录都已打印。
- 组页脚：主要用于计算总计。它出现在组级别的记录浏览前。组页脚对数据访问页中的最低组级别不可用。
- 标题：用于显示数据列的标题。标题就出现在组页眉的前面。此节仅当展开上一个组级别时才显示。不能在标题节中放置绑定型控件。
- 记录浏览：用于显示组级别的记录浏览控件。如果组级别没有页脚，则组的记录浏览节在组页眉节后出现，如果组级别有页脚，就会出现在页脚后。不可以在记录浏览节中放置绑定型控件。

在数据输入数据访问页中的节有两种代表性的类型：组页眉节和记录浏览节。在数据输入页中，只能使用一个组级别，所以组页脚节不可用，但是可以使用一个标题节。

8.3 编辑数据访问页

8.3.1 使用主题

数据访问页的主题是字体、项目符号、水平线、背景图像及其他数据访问页元素的设计元素和颜色方案等的统一体。数据访问页的主题有助于方便地创建专业化的数据访问页。

将主题应用于数据访问页时，将会自定义数据访问页中的以下元素：正文和标题样式、背景色彩或图形、水平线、项目符号、表边框颜色、超级链接颜色以及控件等。

【例 8.4】在"选课情况"数据访问页中使用主题。

在数据访问页中使用主题的步骤如下。

（1）在设计视图中打开数据访问页"选课情况"。

（2）单击【格式】菜单中的【主题】命令，打开【主题】对话框，如图 8-22 所示。

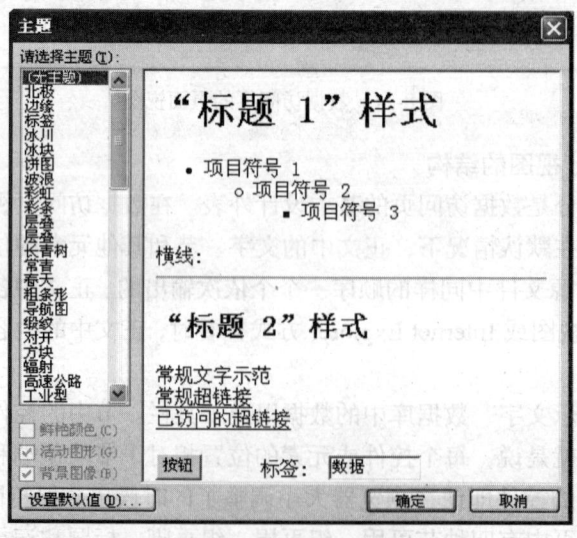

图 8-22 【主题】对话框

(3)在【请选择主题】列表框中选择合适的主题,然后在右侧的预览框中可以看到当前所选择主题的效果。

(4)在主题列表的下方设计相关复选框,以便确定主题是否使用鲜艳颜色、活动图形和背景图像等。

(5)单击【确定】按钮,所选择的主题将会应用于当前的数据访问页,如图 8-23 所示。

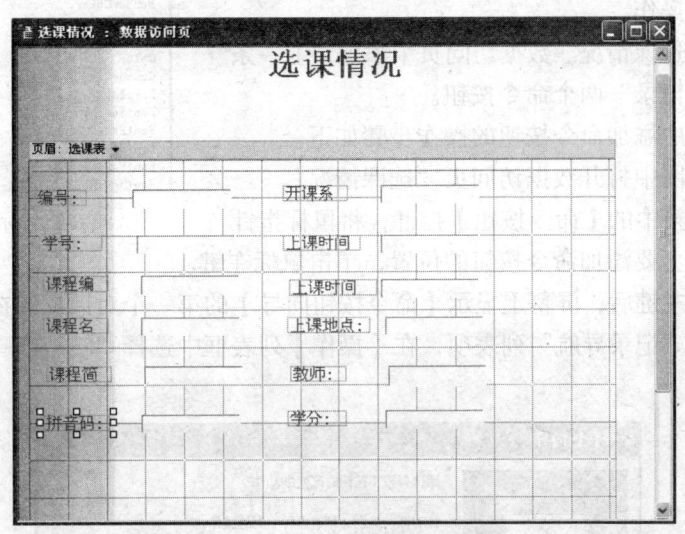

图 8-23 应用了主题的数据访问页

8.3.2 添加标签

数据访问页的标签控件主要用来显示描述性的文本信息。例如,数据访问页的标题、字段内容说明等。向数据访问页中添加标签的操作步骤如下。

(1)在数据访问页的设计视图中,单击工具箱中的【标签】控件按钮。

(2)将鼠标指针移动到数据访问页设计视图上要添加标签的位置,按住鼠标左键拖动,拖动时会出现一个方框,调节大小合适后,松开鼠标即可。

(3)在标签中输入所需的文本信息,可以使用【格式】工具栏中的格式工具来设置文本字体、字号和颜色等,如图 8-24 所示。

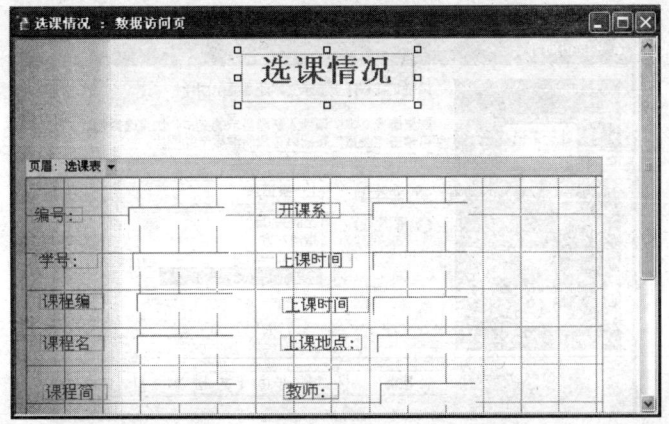

图 8-24 添加了标签的数据访问页

（4）用鼠标右键单击【标签】，执行弹出的快捷菜单中的【元组属性】命令，打开标签的属性对话框，在对话框中可以修改标签的其他属性，如图 8-25 所示。

8.3.3 添加命令按钮

在数据访问页中添加命令按钮控件，可以实现记录导航和操作记录两种操作。

【例 8.5】在"选课情况"数据访问页中添加"上一条记录"和"下一条记录"两个命令按钮。

向数据访问页中添加命令按钮的操作步骤如下。

（1）在设计视图中打开数据访问页"选课情况"。

（2）单击工具箱中的【命令按钮】控件，将鼠标指针移动到数据访问页上要添加命令按钮的位置，单击鼠标左键。

图 8-25　标签的属性对话框

（3）松开鼠标左键后，屏幕上显示【命令按钮向导】的第一个对话框。在该对话框中的【类别】列表框中选择"记录导航"列表项，在【操作】列表框中选择"转至前一项记录"列表项，如图 8-26 所示。

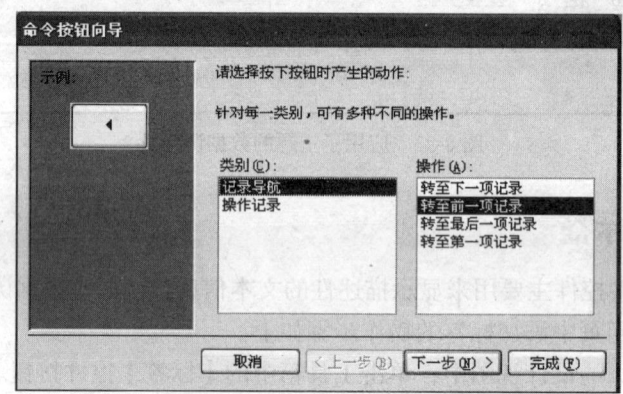

图 8-26　按钮向导类别操作对话框

（4）单击【下一步】按钮，屏幕上显示【命令按钮向导】的第二个对话框。在该对话框中可以设置按钮上是显示文字还是显示图片，这里选择是【文本】单选按钮，并在【文本】单选按钮后面的文本框中输入"上一条记录"，如图 8-27 所示。

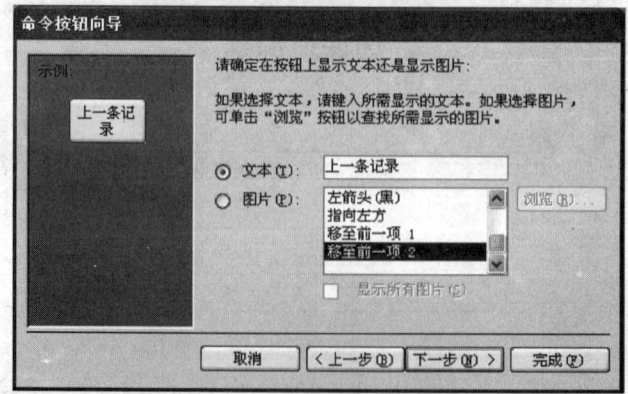

图 8-27　按钮向导第二个对话框

（5）单击【下一步】按钮，屏幕上显示【命令按钮向导】的第三个对话框。在该对话框中输入按钮的引用名称"前一个记录"，如图 8-28 所示。

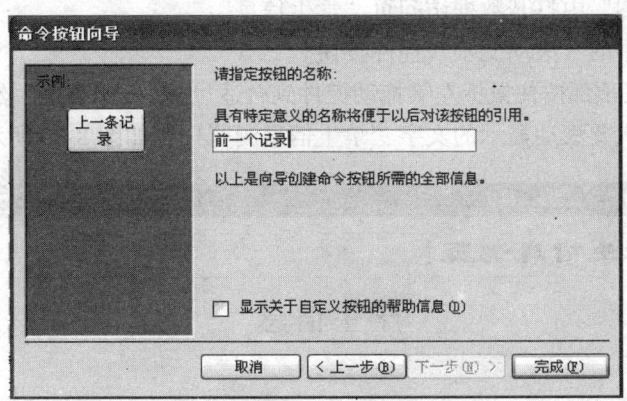

图 8-28　按钮向导完成对话框

（6）单击【完成】按钮，在数据访问页中就成功添加了一个"命令按钮"控件。还可以用鼠标调整该"命令按钮"控件的大小和位置，也可以用鼠标右键单击该"命令按钮"控件，执行弹出的快捷菜单中的【属性】命令，打开"命令按钮"控件的属性窗口，根据需要修改"命令按钮"控件的属性。

（7）重复步骤（2）~步骤（6），在数据访问页中创建"下一条记录"命令按钮控件。

（8）完成命令按钮的创建操作后，把数据访问页从设计视图切换到页视图，结果如图 8-29 所示。

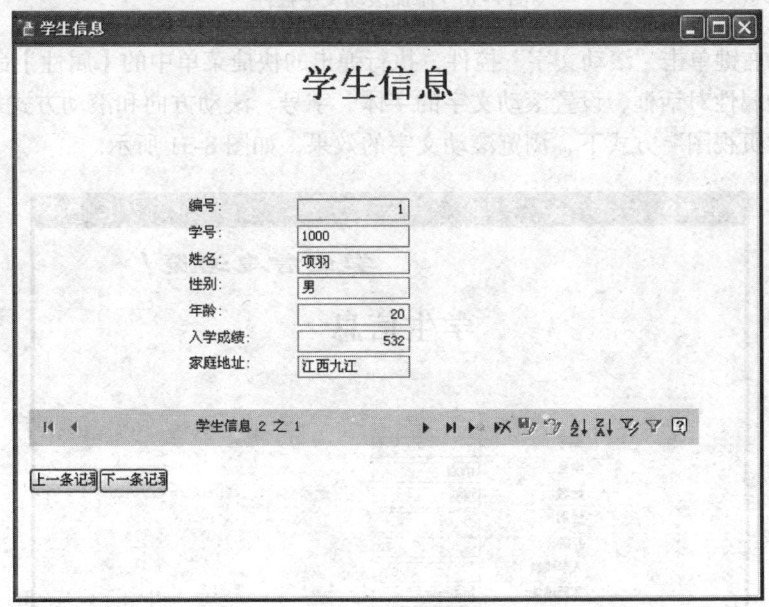

图 8-29　添加了命令按钮的数据访问页

8.3.4　添加滚动文字

如果在数据访问页中添加滚动的文字，就很容易吸引人的注意力。

【例 8.6】在"学生信息"数据访问页的顶部添加滚动文字"学生信息浏览!"。

在数据访问页中添加滚动文字的操作步骤如下。

(1)在"设计视图"中打开数据访问页"学生信息"。

(2)单击工具箱中的"滚动文字"控件按钮。

(3)在数据访问页顶部按住鼠标左键拖动控件到合适尺寸,松开鼠标,然后添加控件。在"滚动文字"控件框中输入要滚动显示的文字"学生信息浏览!",如图 8-30 所示。

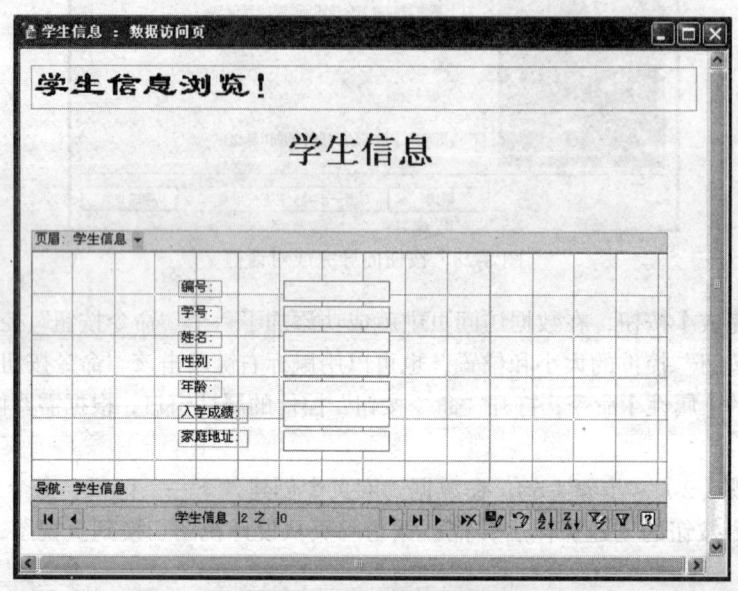

图 8-30　添加滚动文字控件

(4)用鼠标右键单击"滚动文字"控件,执行弹出的快捷菜单中的【属性】命令,打开"滚动文字"控件的属性对话框,设置滚动文字的字体、字号、滚动方向和滚动方式等属性。

(5)换到"页视图"方式下,浏览滚动文字的效果,如图 8-31 所示。

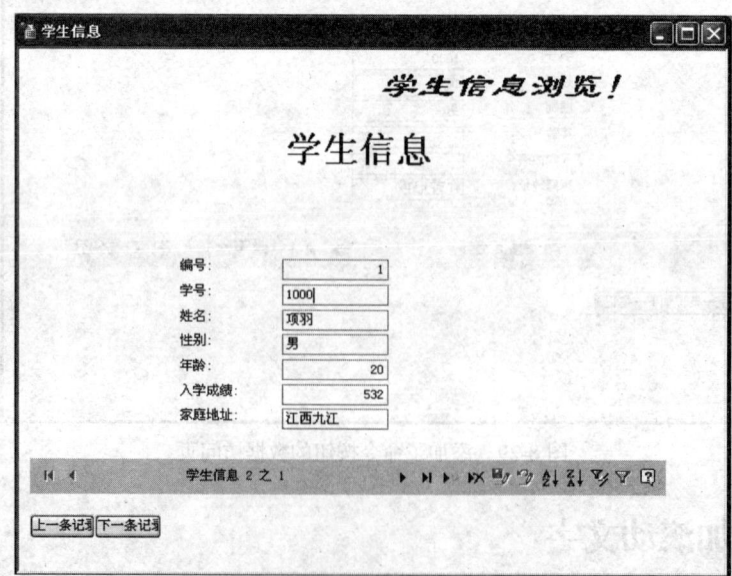

图 8-31　页视图中滚动文字效果

8.3.5 设置背景

在 Access 数据访问页设计过程中，可以通过设置自定义的背景颜色和背景图片来增强数据访问页的整体视觉效果。在设置背景前，必须先删除已经应用的主题。

设置背景的方法很简单，先在"设计视图"中打开要设置背景的数据访问页，然后执行【格式】→【背景】→【颜色】和【图片】命令。

如果在【背景】级联菜单中选择【颜色】命令，将会显示【颜色】级联菜单，如图 8-32 所示，选择需要的颜色，就可以将选定的颜色设置为数据访问页的背景颜色。

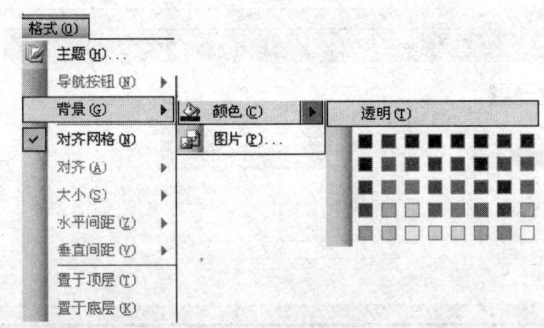

图 8-32 选择背景颜色

如果在【背景】级联菜单中选择【图片】命令，将会显示【插入图片】对话框，在该对话框中找到想要作为背景的图片文件，然后单击【确定】按钮即可。

8.4 添加 Office Web 组件到数据访问页

8.4.1 添加 Office 电子表格

Office 电子表格与 Excel 电子表格的操作类似，在 Office 电子表格中也可以输入原始数据、添加公式以及进行电子表格计算，这样就可以方便在数据访问页的页视图或者浏览器中查看和分析这些数据。

【例 8.7】在学生信息数据访问页中插入 Office 电子表格。具体操作步骤如下。

（1）在设计视图中打开数据访问页"学生信息"。

（2）首先单击工具箱中的【Office 电子表格】按钮，然后将鼠标移回到数据访问页中，单击要插入 Office 电子表格的位置，就可以在数据访问页中插入一张空白的电子表格，如图 8-33 所示。最后，切换到"页视图"方式，就可以直接利用 Office 电子表格所提供的工具栏进行相关的数据操作了。

8.4.2 添加 Office 数据透视表

数据透视表是一种能够在浏览器中动态分析数据的交互式多方面进行编辑的数据对象，可以通过透视表来组织、列出数据库中的数据、查找信息以及建立个人汇总和报表。也就是说，用户可以重新修改数据访问页中的数据透视表版面的分配，也可以通过设置数据访问页的属性来改变它的外观。但是用户却不能新建、修改或者删除数据透视表中显示的数据内容。

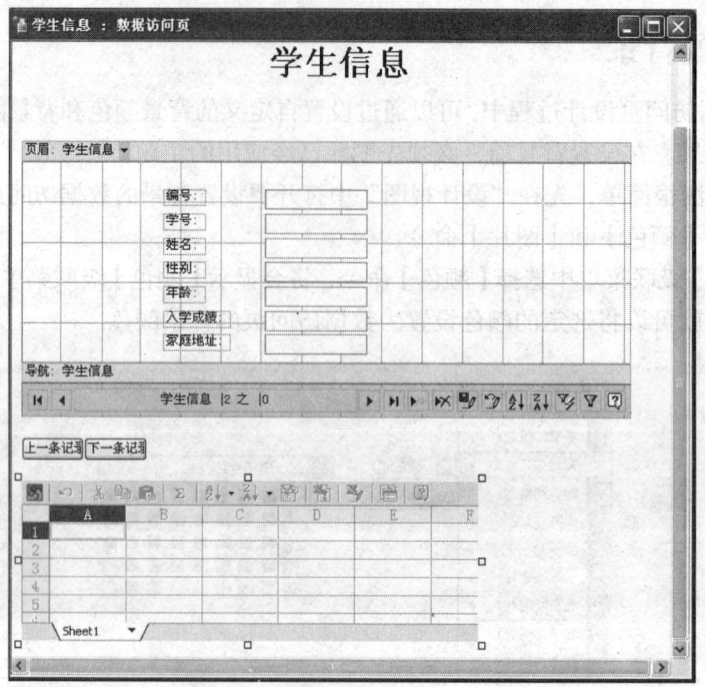

图 8-33 数据访问页中添加电子表格

在数据访问页中建立数据透视表的操作步骤如下。
（1）在设计视图中打开所要添加透视表的数据访问页。
（2）单击工具箱中的【Office 数据透视表】按钮，然后在节中单击透视表所要插入的位置。
（3）为数据透视表选择数据源。
（4）修改版面分配。
（5）利用数据透视表工具栏与【命令和选项】对话框新增总和、设置属性等，如图 8-34 所示。

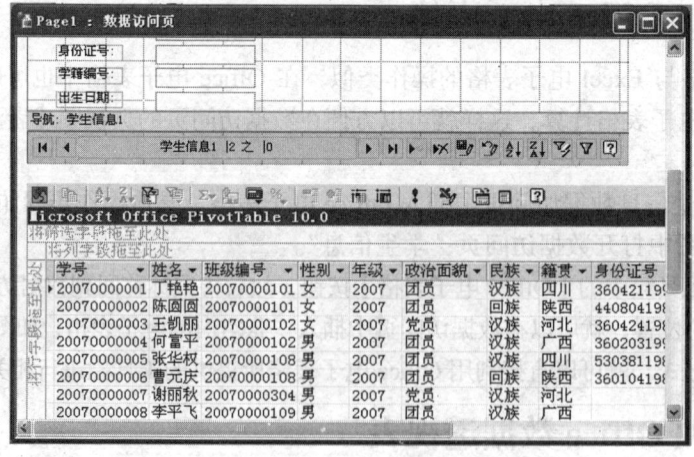

图 8-34 在数据访问页中添加数据透视表

8.4.3 添加 Office 图表

图表能直观形象地说明数据之间的关系，美观的外观又很有吸引力，所以在数据访问页中添加图表也很常用,还可以建立动态的交互式图表,而且这种交互式动态图表还可以用浏览器浏览。如果图表的数据来源发生变化,包含图表的网页也会随之更新,反映最新数据。

图表的数据来源可以是用户输入数据工作表中的数据,也可以是现成的表或查询数据,还可以是 SQL Server 的 OLAP Cube,甚至可以是用户以电子表格组件与数据透视表组件所建立的电子表格或者直接是数据透视表,另外,用户可以用 VBA 替图表组件提供数据。总之,图表的数据来源非常广泛,一般形式的数据都可以。

添加图表的操作步骤如下。

(1)在设计视图中打开要添加图表的数据访问页。

(2)单击工具箱中的【Office 图表】按钮,然后单击数据访问页中需要添加图表的位置。

(3)打开图表,选择数据来源,如图 8-35 所示。

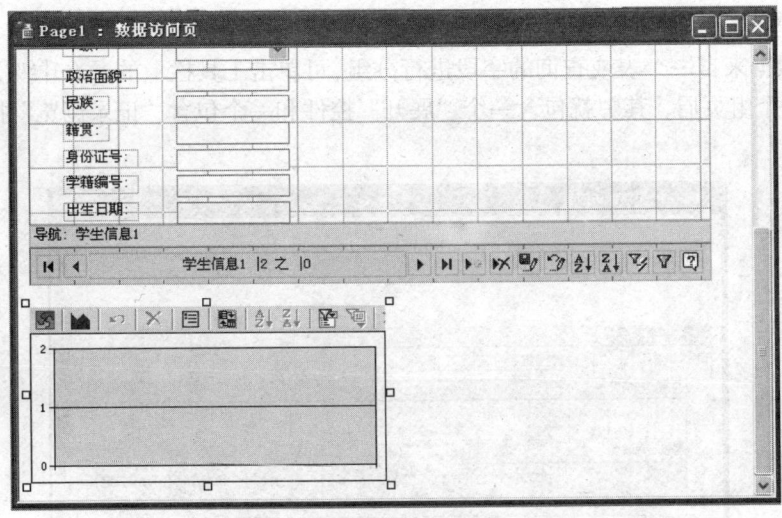

图 8-35　在数据访问页中添加图表

(4)利用图表工具栏与【命令和选项】对话框选择图表类型与设置外观格式,如图 8-36 所示。

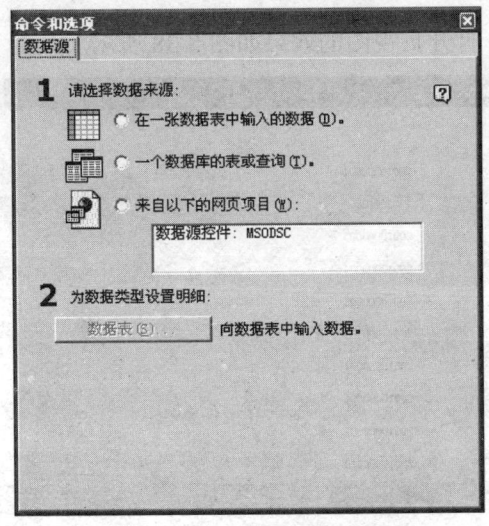

图 8-36　【命令和选项】对话框

8.5 分组数据访问页

在数据访问页中分组记录类似于在报表上分组记录，可以创建一个层次结构，将记录从一般类别分组为特定细节。通过分组的记录，可以在页上查看数据，但是不能添加、编辑或删除数据。

8.5.1 在数据访问页上按值分组记录

在数据访问页上按值分组记录的方法如下。

【例8.8】为成绩表创建一个按学号分组的数据访问页。

（1）新建数据访问页设计视图。

（2）将"学号"、"课程编号"字段添加到页眉中。

（3）如果根据来自一个表或查询的字段进行分组，可单击工具栏上的 （升级）按钮。Microsoft Access 添加一个组页眉，其中就包含一个"展开"控件和一个包含"记录浏览"控件的导航，如图 8-37 所示。

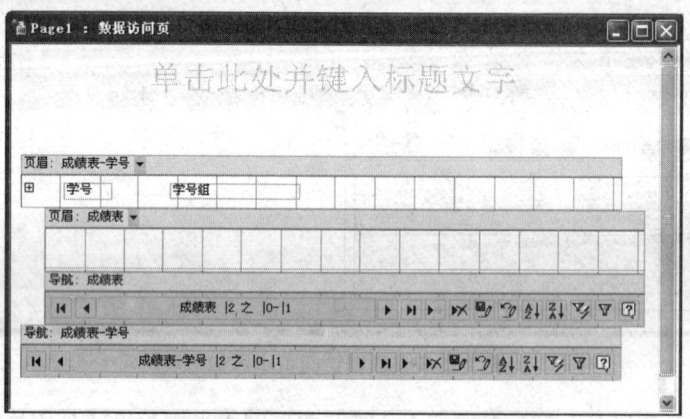

图 8-37 分组数据访问页的设计视图

（4）保存数据访问页，打开页视图的效果如图 8-38 所示。

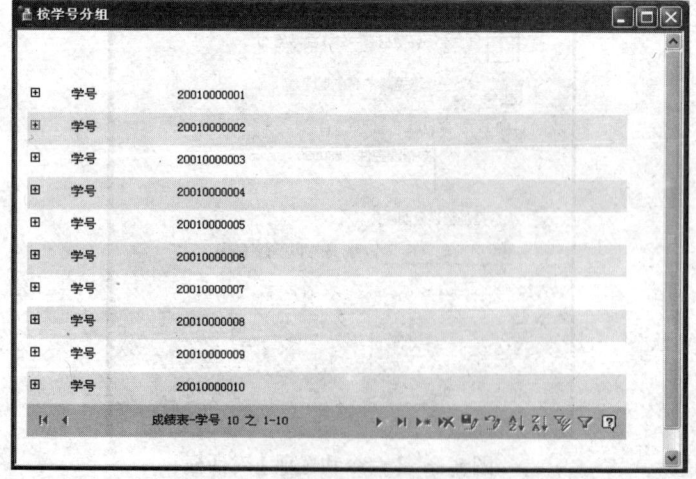

图 8-38 按值分组数据访问页视图

8.5.2　在数据访问页上按日期或时间值的间隔分组记录

在数据访问页上按日期或时间值的间隔分组的操作方法如下。

【例 8.9】为学生表创建一个按出生年份分组的数据访问页。

（1）新建数据访问页设计视图。

（2）将"学号"、"姓名"、"出生日期"字段添加到页眉中。

实现一个电话簿的添加、编辑和列表显示界面。

本章小结

本章对数据访问页的建立、编辑、浏览及其他设置都做了详细的介绍，对每种操作都给出了具体的步骤，希望读者通过实践练习，掌握各种操作方法，熟练地运用到实践中。数据访问页的设计、应用内容都很基础但比较重要，也比较通用，所以希望读者认真掌握这章内容。

第 9 章 宏

前面我们学习了 Access 数据库的 5 种基本对象：表、查询、窗体和报表、数据访问页。这 5 种对象都具有强大的功能，但它们各自比较独立。通常一个数据库应用系统需要将各种对象有机地结合起来，完成数据库的管理功能。使用宏是一种很简便的方法。不需要记住各种语法，也不需要编程，只需掌握一些简单的宏操作，就可以自动、迅速地将已经创建的数据库对象联系在一起，完成一系列的数据库操作。本章将介绍宏的使用。

引例　用宏来建立系统菜单

一个应用系统在所需的表、查询、窗体、报表等对象建立完成后，还需要建立系统菜单来对全部操作对象进行组织和协调。如图 9-1 所示就是"教务管理系统"的系统菜单。

在 Access 中，可以利用数据库中的"宏"对象来建立系统菜单，如图 9-2 所示。

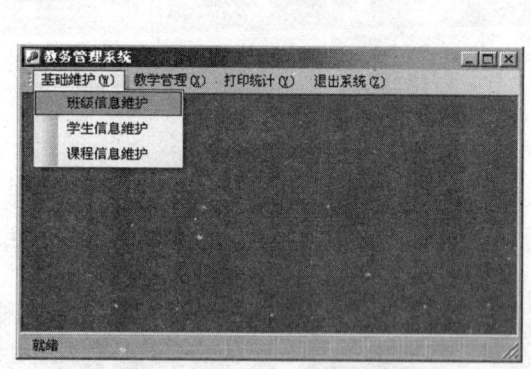
图 9-1　"教务管理系统"的系统菜单

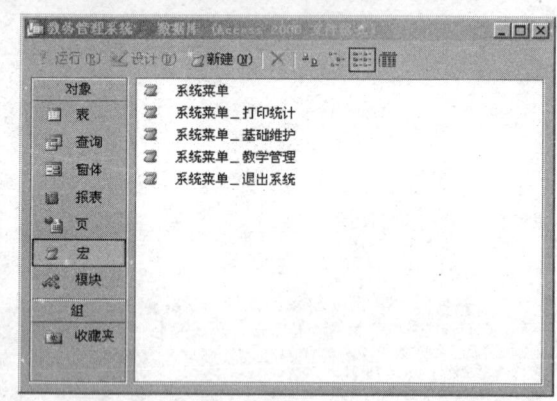
图 9-2　"数据库"窗口的"宏"对象

9.1　宏的概述

9.1.1　宏的基本概念

宏（Macro）是由一个或多个操作组成的集合，其中每个操作都实现特定的功能，如打开或关闭窗体、预览或打印报表等。每个宏操作或称为宏命令，能够完成一个操作动作，我们把这样能自动执行某种操作的命令称为"宏"。每个动作在运行宏时由前到后依次执行。通过宏的操作，能够有次序地自动执行一连串的操作。宏可以使某些普通的任务自动完成。例如，可设置某个宏，在用户单击某个命令按钮时运行该宏，以打印某个报表。

宏是 Access 数据库的一个对象，是实现 Access 应用开发方面的功能之一，在 Office 软件的其他组件中也有宏。宏的作用是将一些经常重复、繁琐的操作自动化。利用它可以增加对数据库中数据的操作能力，无需编程即可完成对数据库对象的一些操作。在使用宏时，只需给出操作的名称、条件和参数等就可以自动完成特定的操作。在 Access 数据库中，通过直接执行宏或者使用包含宏的界面，可以自动完成一些复杂的操作，无需编写程序，并且在创建宏时不需要记住各种语法，因为宏操作的参数都显示在宏的设计窗口上。

Access 中定义了 50 多种宏命令。以实现规定的操作或功能。用户可以单独使用或将一些指令组织起来按照一定的顺序使用，以实现自己所需要的功能。宏与菜单命令类似，但二者对数据库操作的时间不同，作用时的条件也不同。菜单命令一般用在数据库的设计过程中，而宏命令则被用在数据库的执行过程中；菜单命令必须由使用者实施，在前台显性操作，而宏操作隐藏在后台自动完成。

宏的操作也可以通过使用 VBA 编程来实现。选择使用宏还是用 VBA 编程，取决于需要完成的任务的复杂程度。一般而言，对于较简单的事件处理方法，可以采用设计相应的宏来实现，反之则使用 VBA。

9.1.2 序列宏、条件宏和宏组

Access 的宏可以是包含操作序列的宏，也可以是一个宏组，宏组由若干个宏组成。另外，还可以使用条件表达式来决定在什么情况下运行宏。根据以上三种情况，可以把宏分为三类。

（1）序列宏：由顺序执行的宏操作组成的序列。

（2）宏组：将相关的宏保存在同一个宏对象中。宏可以是包含操作序列的一个宏，也可以是某个宏组。宏组是以一个宏名存储的相关宏的集合。如果有许许多多的宏，可将相关的宏设置成宏组，有助于用户方便地对数据库进行管理。

（3）条件宏：带有条件表达式的宏叫条件宏。利用条件表达式可以决定某个操作是否执行。

9.1.3 宏的设计窗口

在创建或打开一个宏的时候，会出现如图 9-3 所示的宏的设计窗口，默认情况下，宏的设计窗口只有【操作】列、【注释】列，可以通过执行【视图】菜单中的【宏名】和【条件】命令，或单击工具栏上的【宏名】按钮 和【条件】按钮 来显示【宏名】和【条件】列。再次执行上面的操作则隐藏这两个列。

宏设计视图中各列的作用如下。

（1）宏名：在宏组中定义一个或一组宏操作的名字。一个宏名所对应的宏操作是从该宏名所在行的宏操作开始，到下一个宏名所在行的前一行结束。

（2）条件：可以在此列输入条件表达式，用于指定对应宏操作的执行条件。在没有输入条件的情况下，Access 将对宏中包含的所有操作按顺序依次执行；在某一操作有条件时，则先对该操作的条件进行判断，如果为真，则执行该操作，为假则该操作不执行并转去执行下一个操作。

（3）操作：用来指定宏执行的操作。设计时可以从下拉列表中直接进行选择。

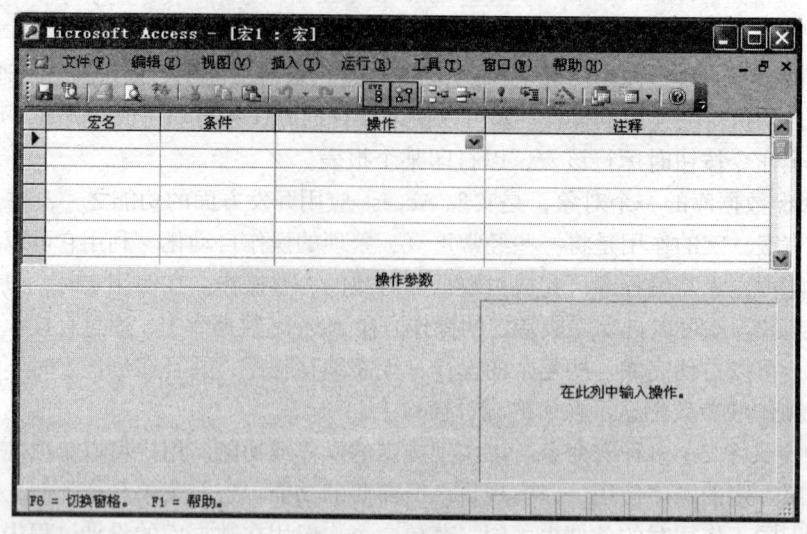

图 9-3 宏设计视图

（4）注释：可选项，用文字来描述对应操作的功能，便于用户理解。

（5）操作参数区：位于宏设计视图的下半部分，用来对各操作的参数进行设置。在操作参数区的左侧设置相关的操作参数，右侧显示相应操作参数的提示信息。

表 9-1 列出了宏的工具栏上一些常用的按钮及功能说明。

表 9-1　　　　　　　　　　　　　宏的工具栏常用按钮说明

按钮图标	按钮名称	功能说明
	宏名	在宏设计视图中显示/ 隐藏【宏名】列
	条件	在宏设计视图中显示/ 隐藏【条件】列
	插入行	在宏操作的当前行上面插入一条空白行
	删除行	删除宏操作的当前行
	运行	运行当前宏
	单步	单步执行宏，一次执行一个操作，便于观察宏的流程

9.1.4　宏的常用操作

Access 为用户提供了 50 多种宏操作。下面按用途分类介绍一些常用的宏操作。

（1）处理数据库对象的宏，如表 9-2 所示。

表 9-2　　　　　　　　　　　　　处理数据库对象的宏

操作名称	功能说明
OpenForm	打开指定窗体，并通过选择窗体的数据输入与窗口方式来限制窗体所显示的记录
OpenModule	打开指定的 Visual Basic 模块
OpenQuery	打开或运行指定查询，可以为查询选择数据输入方式
OpenReport	打开或打印指定报表，可限制需要在报表中打印的记录
OpenTable	打开指定表，可以选择表的数据输入方式
Close	关闭指定的对象，如果没有指定，则关闭活动对象

续表

操作名称	功能说明
Save	保存指定的对象
DeleteObject	删除指定的对象
SelectObject	选择指定的对象
CopyObject	将指定的数据库对象复制到另外一个 Access 数据库中，或以新的名称复制到同一数据库中
Rename	重新命名一个指定的对象
PrintOut	打印打开数据库中的活动对象

（2）执行和控制流程的宏，如表 9-3 所示。

表 9-3　　执行和控制流程的宏

操作名称	功能说明
RunApp	启动另一个 Windows 或 MS-DOS 应用程序
RunCode	调用 Visual Basic 的函数过程
RunCommand	执行 Access 的内置命令，内置命令可以出现在菜单栏、工具栏或快捷菜单上
RunMacro	运行指定的宏，该宏可以在宏组中
RunSQL	执行指定的 SQL 语句
Quit	退出 Access 系统，可以指定在退出之前是否保存数据库对象
CancelEvent	取消之前由宏操作引发的一个事件
StopMacros	停止当前正在运行的宏
StopAllMacros	终止当前所有宏的运行

（3）导入/导出数据的宏，如表 9-4 所示。

表 9-4　　导入/导出数据的宏

操作名称	功能说明
TransferDatabase	与其他数据库之间导入/导出数据，或将其他数据库中的表链接到当前数据库中
TransferSpreadsheet	与电子表格之间导入/导出数据，或将电子表格文件链接到当前数据库
TransferText	与文本文件之间导入/导出数据

（4）对记录进行操作的宏，如表 9-5 所示。

表 9-5　　对记录进行操作的宏

操作名称	功能说明
FindRecord	查找符合指定条件的第一条记录
FindNext	查找符合指定条件的下一条记录，通常与 FindRecord 搭配使用
GoToRecord	将指定记录作为当前记录
GoToControl	把焦点移到打开的窗体、窗体数据表、表数据表、查询数据表中当前记录的特定字段或控件上
Requery	对指定控件重新查询，刷新控件数据
ApplyFilter	对表、窗体或报表应用筛选、查询或 SQL WHERE 子句，以便限制或筛选记录

(5)其他宏，如表 9-6 所示。

表 9-6　　　　　　　　　　　　　　其他宏

操作名称	功能说明
Beep	使计算机的扬声器发出"嘟嘟"声
Echo	显示或隐藏执行过程中宏的执行结果
MsgBox	显示包含警告或提示信息的消息框
Hourglass	当宏运行时将鼠标指针改为沙漏状
SetWarnings	关闭或打开所有的系统消息
Maximize	将活动窗口最大化
Minimize	将活动窗口最小化
MoveSize	移动或调整活动窗口大小
Restore	将最大化或最小化窗口恢复到原来的大小
AddMenu	为窗体或报表添加自定义的菜单栏，菜单栏中的每个菜单都需要一个独立的 AddMenu 操作
SetMenuItem	用于设置活动窗口中自定义菜单栏中菜单项的状态
SetValue	对窗体或报表中的字段、控件或属性值进行设置

9.2　创　建　宏

9.2.1　创建序列宏

操作序列宏是一系列宏操作组成的序列，每次运行该宏时，Access 都按照操作序列中命令的先后顺序执行。

例如，创建一个名为"宏的例子 1"的宏，要求运行该宏时：

第一步：先运行一个已经建立好的查询"课程信息查询"，然后按提示依次输入课程号"14"、课程名称"ACCESS 数据库应用"、课程拼音"ACCESS"，查询出该课程的信息；

第二步：弹出一个对话框，对话框显示的内容为："欢迎学习 Access 数据库"。

创建操作序列宏的步骤如下。

（1）在【数据库对象】窗口中选择【宏】对象。

（2）单击【数据库对象】窗口工具栏上的【新建】按钮，打开宏的设计窗口，如图 9-4 所示。

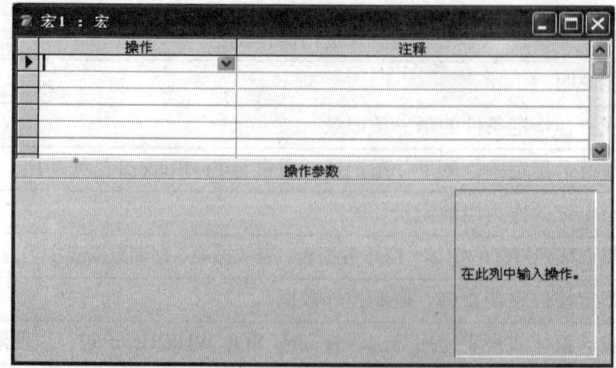

图 9-4　宏的设计窗口

（3）单击【操作】列下面的第一个单元格，然后单击右侧的下三角按钮，在打开的操作列表中选择"OpenQuery"，在下半部的操作参数区设置相关参数，在【查询名称】框中选择"课程信息查询"，如图 9-5 所示。其他参数使用默认设置，并给该宏操作加上注释（不是必选项），这里填上"运行一个课程信息的查询"，如图 9-6 所示。

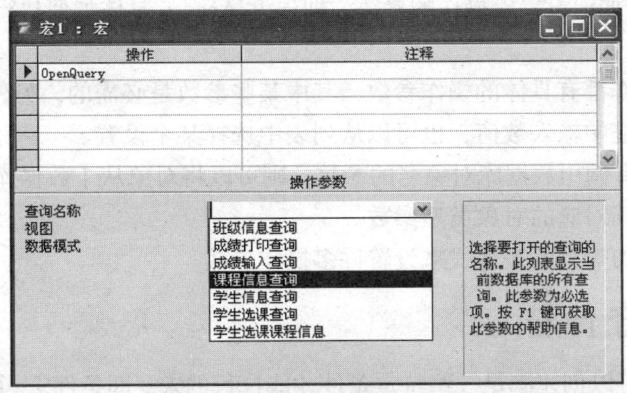

图 9-5　在【查询名称】列表中选择

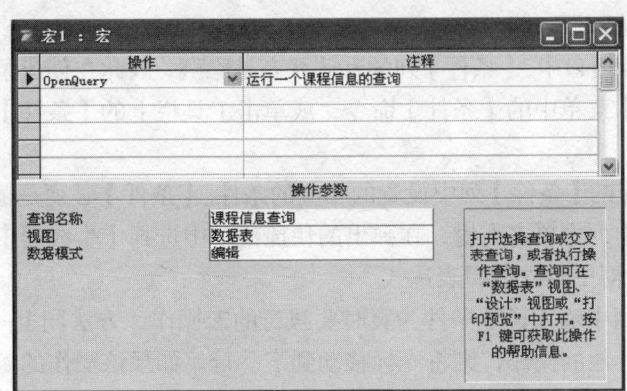

图 9-6　设置了一个操作的宏

（4）单击下一个操作行，然后单击【操作】列右侧的下三角按钮，选择"MsgBox"。在其对应的【注释】列中输入"弹出欢迎的提示信息"。在操作参数区设置相关参数，在【消息】框中输入"欢迎学习 Access 数据库"，将【标题】设置成"Welcome"，其他采用默认值。如图 9-7 所示。

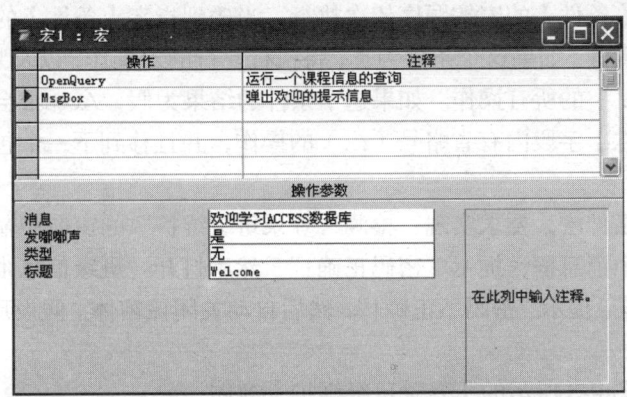

图 9-7　包含两个操作的操作序列宏

（5）保存设计好的宏。单击宏设计视图工具栏上的【保存】按钮，或单击【文件】菜单栏中的【另存为】，在弹出的【另存为】对话框中输入"宏的例子1"，然后单击【确定】按钮，则完成了操作序列宏的创建。

要想熟练地进行宏的创建，既要了解宏操作的具体含义（参考本书9.1.3小节或按"F1"键获得帮助），又要掌握如何设置宏操作的参数，即告诉Access具体如何执行该操作。关于设置操作参数的提示如下。

（1）大部分宏操作都有具体的操作参数，其中某些参数是必需的，另外一些是可选的。

（2）可以在参数框中输入数值，也可以从列表中选择某个设置。

（3）假如操作中有调用数据库对象名的参数，则可以将对象从【数据库】窗口中拖曳到参数框，从而设置参数及其对应的对象类型参数。

（4）可以用前面加等号的表达式来设置许多操作参数。

9.2.2 创建条件宏

在某些情况下，可以创建满足一些特定条件才能执行的宏，即条件宏。【条件】用于控制宏的操作流程。通常可利用条件宏进行数据的有效性检查。

创建条件宏的方法如下。

（1）由于宏的设计窗口中，【条件】列的默认状态是隐藏，因此在创建条件宏时需要在宏设计视图中，选择【视图】菜单中的【条件】命令，或单击工具栏上的【条件】按钮，将在窗口中添加一个【条件】列。

（2）在宏操作对应的【条件】列中设置的相应的条件。【条件】必须是逻辑表达式，用户可直接输入，或在【条件】列中单击右键，在弹出的快捷菜单中选择【生成器】命令，然后在弹出的【表达式生成器】对话框中建立逻辑表达式。

（3）在【操作】列中输入设置条件为真时要执行的宏操作（方法同上一节）。

（4）如果要添加其他的操作，则将光标移动到下一行。如果该操作的条件与上一行操作的条件相同，则只需在该行相应的【条件】栏中输入"…"即可。如果该行是无条件的操作，则使该【条件】栏为空。

在输入条件表达式时，可能会引用到窗体或报表上的控件值，其语法结构如下：

  Forms![窗体名]![控件名]

  [Reports]![报表名]![控件名]

运行宏时，不设【条件】的宏按顺序依次执行，当碰到指定【条件】的宏操作时，Access将判断该条件表达式的真假。如果这个条件为真，将执行此行的宏操作，以及紧接着此操作且在【条件】栏内有省略号（…）的所有操作。如果这个条件的结果为假，Access会忽略这个操作以及紧接着此操作且在【条件】字段内有省略号（…）的操作，并且移到下一个包含其他条件或无条件的操作。

例如，创建一个条件宏，要求实现：检测"登录班级维护"的窗体中输入的密码是否正确，如果正确，则弹出一个消息框，提示"密码正确！"，然后打开"班级信息维护"窗体。如果不正确，则弹出一个消息框，提示"密码不正确！"，然后自动关闭该窗体。假设班级密码是"123456"。

创建步骤如下。

（1）创建一个如图9-8所示的【登录班级维护】窗体。

（2）在【数据库】窗口中新建【宏】对象，并在打开宏的设计窗口中添加【条件】列。

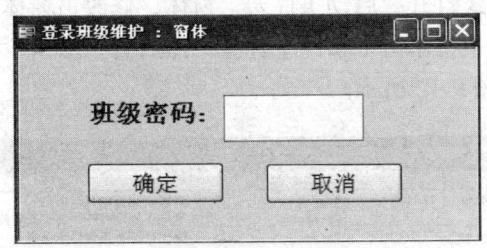

图 9-8 【登录班级维护】窗体

（3）在【条件】列的第一行中输入"[Text1].[Value]="123456"","Text1"是"登录班级维护"窗体中用来输入密码的文本框的名字；在该行【操作】列对应的单元格中选择"MsgBox"，设置操作参数，消息为"密码正确！"，标题为"检测密码"，其余采用默认值，如图 9-9 所示。

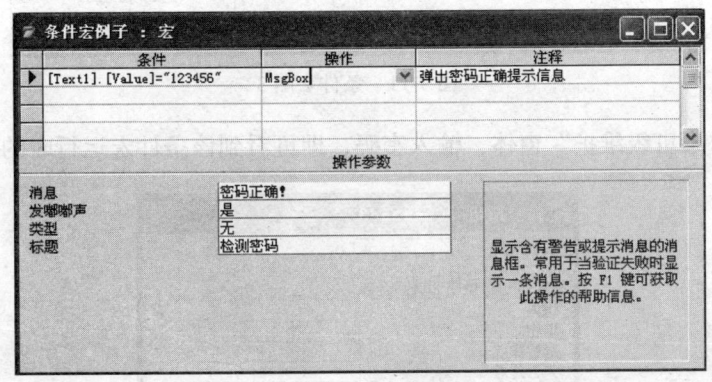

图 9-9　条件宏图 1

（4）在【条件】列的第二行输入"..."，对应的【操作】列选择"OpenForm"，设置参数，窗体名称为"班级信息维护"，如图 9-10 所示。

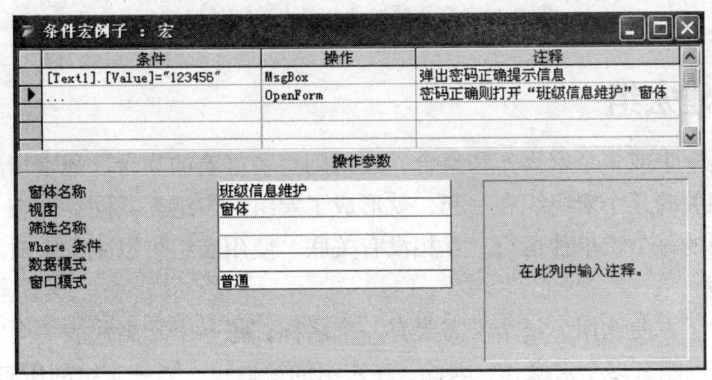

图 9-10　条件宏图 2

（5）在【条件】列的第三行输入"[Text1].[Value]<>"123456""，对应的【操作】列选择"MsgBox"，设置消息为"密码不正确！"，标题为"检测密码"。

（6）【条件】列的第四行为空，对应的【操作】列选择"Close"，设置操作参数，对象类型为"窗体"，对象名称为"登录班级维护"，其他采用默认值，如图 9-11 所示。

（7）以"条件宏例子"为名保存该宏。

（8）以【设计】视图方式打开"启动条件宏"窗体，修改该窗体上的【确定】按钮的属性。在【确定】按钮的属性窗口中，单击【事件】标签，然后为"单击"事件选择要运行的宏名，这里选择"条件宏例子"，如图 9-12 所示。

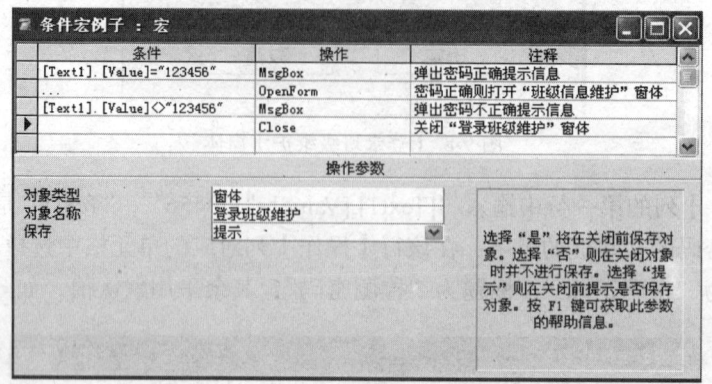

图 9-11　条件宏图 3

（9）运行"登录班级维护"窗体，输入密码，即可看到该条件宏运行时的效果。

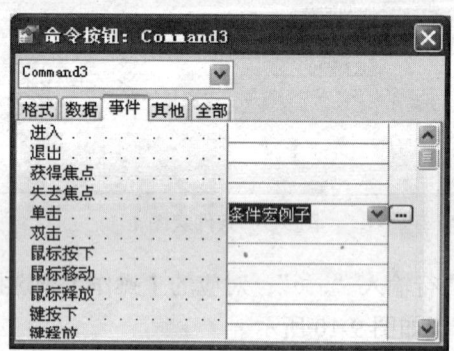

图 9-12　命令按钮的"单击"事件属性

9.2.3　创建宏组

前面说到宏是一个或多个宏操作和集合，宏组则是一群宏的集合。通常情况下，为了完成一项功能，需要将相关的几个宏组织在一起，就形成了宏组。宏组是共同存储在一个宏名下的相关宏的集合，宏组中的每个宏单独运行，互相没有关联。使用宏组可以减少宏对象的数量，有利于对数据库进行管理。

在宏组中，为了方便调用，每个宏需要有一个名称。每一个宏名代表一个宏。多个宏就组成了宏组。一个宏又可能有多个宏操作，因此，在宏组的窗口里，同一宏组的所有操作的宏名列中，只能在每个宏的第一项操作左边的宏名列中填入宏名，其他均为空白。

创建宏组的方法如下。

（1）由于宏的设计窗口中，【宏名】列的默认状态是隐藏，因此在创建宏组过程中需要先单击【数据库】窗口工具栏上的【宏名】按钮，添加一个【宏名】列。

（2）然后将每个宏的名字输入到第一项操作的【宏名】列中。在宏组中，【宏名】是唯一标识宏的名称。

创建宏组以后，如果需要引用宏组中的宏，可以使用如下的语法格式：宏组名.宏名。调用时如果直接引用宏组，则执行宏组中的第一个宏。

例如，如图 9-13 所示的是一个宏组的设计窗口，该宏组名为"系统菜单"，由宏名分别为"基础维护"、"教学管理"、"报表统计"和"退出系统"的 4 个宏组成。其中，"基础维护"宏对应的操作是"AddMenu"，菜单名称是"基础维护（&w）"，用于创建一个下拉式菜单，这个下拉式菜单本身又是一个宏组。"系统菜单_基础维护"宏组中的相关设置如图 9-14 所示。

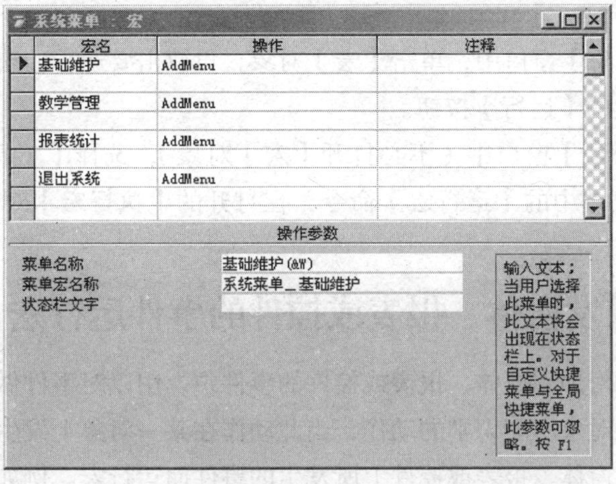

图 9-13 包含 4 个宏的宏组

"教学管理"、"报表统计"、"退出系统"的设计方法也是如此，不再赘述。

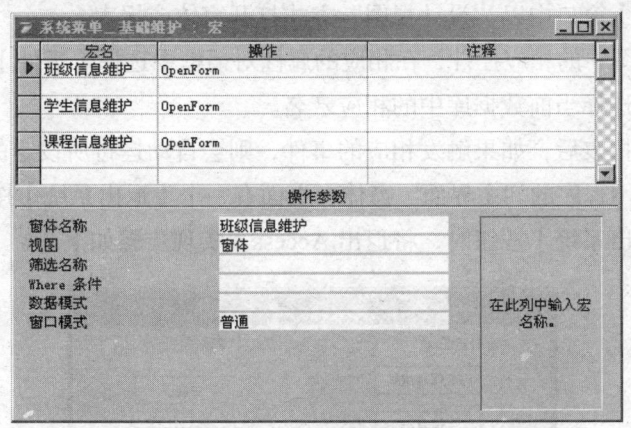

图 9-14 宏组"系统菜单_基础维护"的设计视图

9.3 运 行 宏

宏的运行方式有多种：可以直接运行宏，或者从其他宏或 VBA 中运行宏，也可以作为窗体、报表或控件中出现的事件响应运行宏，还可以创建自定义菜单命令或工具栏按钮来运行宏，将某个宏设定为组合键，或者在打开数据库时自动运行宏等。

9.3.1 直接运行宏

一般来说，直接运行宏的目的是测试该宏是否正确无误，是否能完成预期的任务，因此直接运行宏主要用在 Access 应用程序的设计和调试阶段。

直接运行宏有如下几种方法。

（1）在宏设计视图中，单击工具栏上的【运行】按钮，或者执行【运行】菜单中的【运行】命令。

（2）在【数据库对象】窗口中，单击【宏】对象，再双击要运行的宏名；或者单击要运行的宏名后再单击工具栏上的【运行】按钮。

（3）在【数据库对象】窗口中（不必打开【宏】对象），选择【工具】菜单中的【宏】，然后单击【宏】的级联菜单中的【运行宏】命令，在打开的【执行宏】对话框中选择或输入相应的宏名。

9.3.2 通过触发窗体、报表或控件的事件运行宏

通常我们可以将宏附加到窗体、报表或控件的事件中，用以对事件做出响应。事件是发生在对象上的特定操作，是对象所能识别的动作，当此动作在某一对象上发生时，其对应的事件便会被触发。可以通过触发窗体、报表或控件上所发生的事件而运行宏。例如打开窗体或报表、单击命令按钮、按任意键等。

在 Access 数据库中可以通过响应窗体、报表或控件上发生的事件来运行宏，操作步骤如下。

（1）在【数据库】窗口中以"设计视图"方式打开窗体或报表。

（2）单击设计视图中的相应控件，在相应的属性对话框中选择【事件】选项卡的对应事件，然后在下拉列表框中选择当前数据库中的相应宏名。

（3）打开窗体或报表后，如果触发相应的事件，则会自动运行所设定的宏。

例如，有一个应用程序的"主界面"窗体，上面有一个【退出系统】按钮，如图 9-15 所示，当在窗体中单击【退出系统】按钮时，将退出 Access。实现步骤如下。

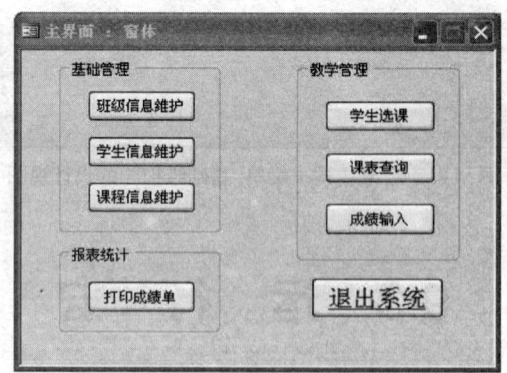

图 9-15 "主界面"窗体

（1）建立一个名为"系统菜单_退出系统"的宏，执行操作"Quit"，如图 9-16 所示。

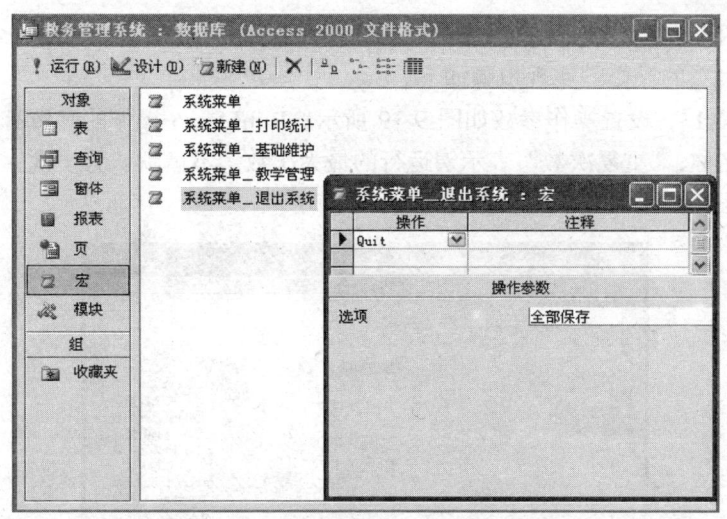

图 9-16 宏操作

(2)用设计视图打开"主界面"窗体,如图 9-17 所示。

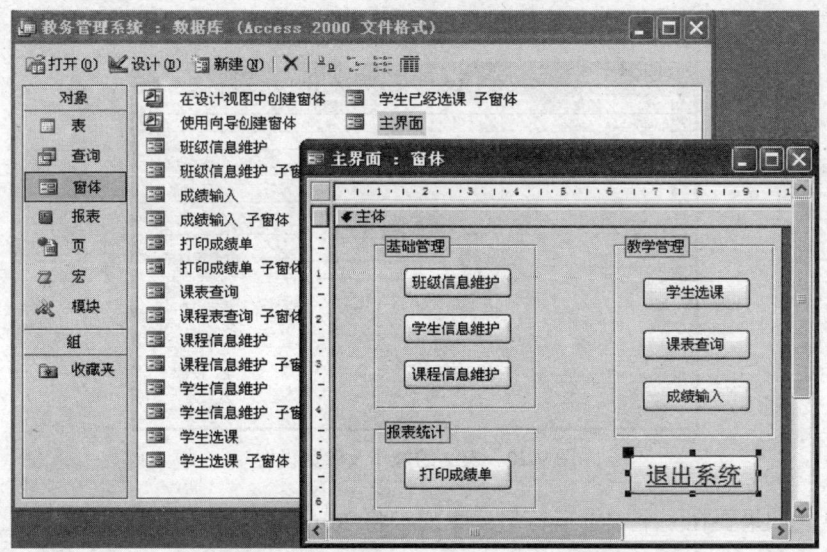

图 9-17 "主界面"窗体的设计视图

(3)用鼠标右键单击"主界面"窗体上的【退出系统】按钮,在出现的属性窗口中选择【事件】选项卡,在单击事件属性的下拉列表中选择宏"系统菜单_退出系统.退出系统",如图 9-18 所示。

如此操作,就将"主界面"窗体中的命令按钮的单击事件设置为运行一个宏,则当在窗体中单击此按钮时,将退出 Access。

9.3.3 从其他宏或 VB 程序中运行宏

如果要在一个宏中运行另一个宏,就要用到 RunMacro 操作,另一个宏的宏名作为操作参数。

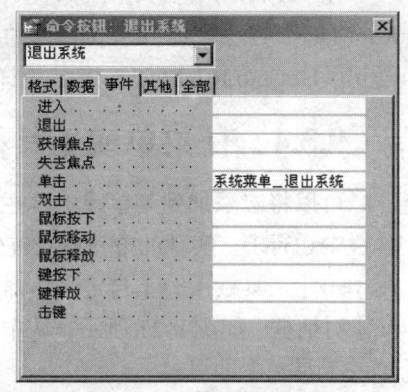

图 9-18 命令按钮的"单击"事件属性

例如，创建两个宏，名字分别为"宏1"和"宏2"，在"宏1"中运行"宏2"，"宏2"包含一个打开"成绩表"的操作。实现步骤如下。

（1）新建"宏1"，设置操作参数如图9-19所示。RunMacro操作的参数有三个："宏名"表示要运行的宏的名称；"重复次数"表示宏运行的最大次数，不填默认为1次；"重复表达式"表达式结果为真或假，如果为假，则宏停止运行。

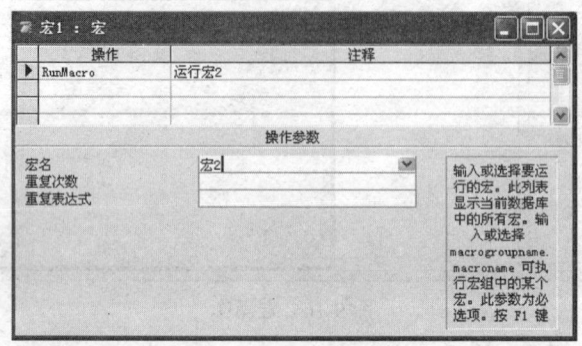

图9-19 宏1的操作及参数设置

（2）新建"宏2"，设置操作参数如图9-20所示。

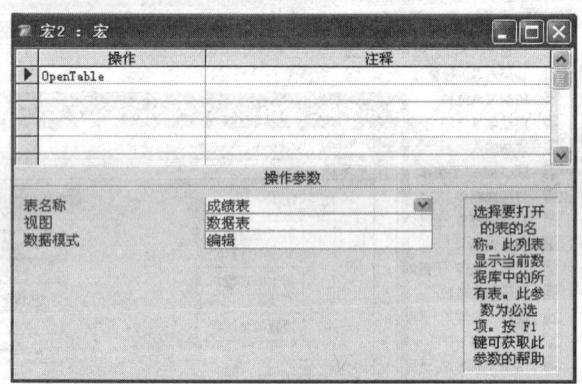

图9-20 宏2的操作及参数设置

由上可见，如果要在一个宏中运行另一个宏，将RunMacro操作添加到此宏中，并且将"宏名"参数设置为另一个宏的宏名即可。

在VBA中运行宏，则使用DoCmd对象中的RunMacro方法来运行宏。具体的做法是在过程中使用语句：DoCmd.RunMacro 宏名（详见下一章）。

9.3.4 在菜单或工具栏中运行宏

可以将宏添加到菜单或工具栏中，从而在菜单或工具栏中运行宏。实现的方法是：首先选择Access的【视图】→【工具栏】→【自定义】命令，弹出一个【自定义】对话框。如图9-21所示，从中将某宏直接拖动到菜单或工具栏中即可。

如图9-22所示，单击该宏的图标即可运行宏。

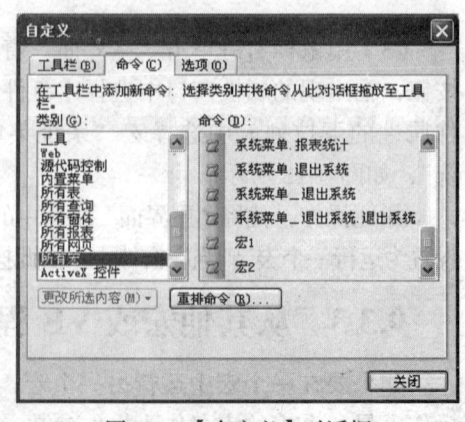

图9-21 【自定义】对话框

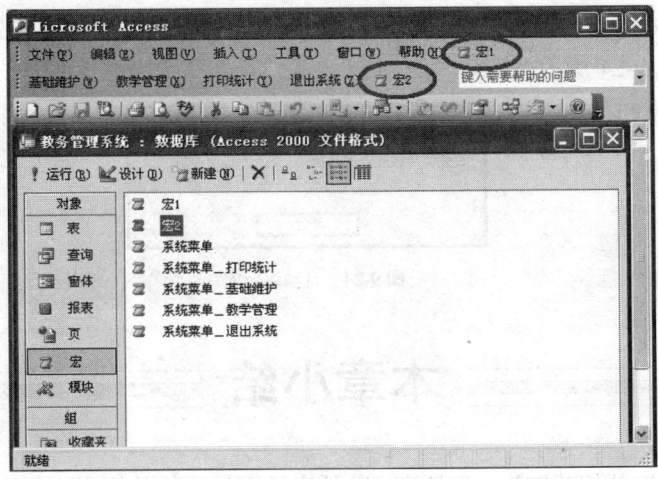

图 9-22　宏对象窗口

9.3.5　运行宏组中的宏

宏组中的宏的运行方式与宏的运行方式大致相同，可以直接运行，或者从其他宏或 VBA 中运行，也可以作为窗体、报表或控件中出现的事件响应运行，还可以创建自定义菜单命令或工具栏按钮来运行宏。只是需要注意：如果调用时直接引用宏组，将只运行宏组中的第一个宏。引用宏组中的宏的格式是：宏组名.宏名。

9.3.6　打开数据库时自动运行宏

如果需要在首次打开数据库时，能够自动执行一个或一系列操作，那就创建一个包含这些操作的宏，并把该宏的名字保存为"AutoExec"就可以了。这是因为每次打开一个 Access 数据库时，系统会自动查找该数据库内有没有名为 AutoExec 的宏，若有则执行该宏。如果要取消自动运行，在打开数据库时按住 Shift 键即可。

例如，建立一个 AutoExec 宏，当打开数据库时出现一个"欢迎使用教务管理系统"消息框。操作步骤如下。

（1）在【数据库】窗口中，单击【对象】窗口列表中的宏对象，然后单击数据库窗口工具栏上的【新建】按钮。

（2）在操作列表中选择 MsgBox，在【消息】文本框中输入"欢迎使用教务管理系统"，如图 9-23 所示。

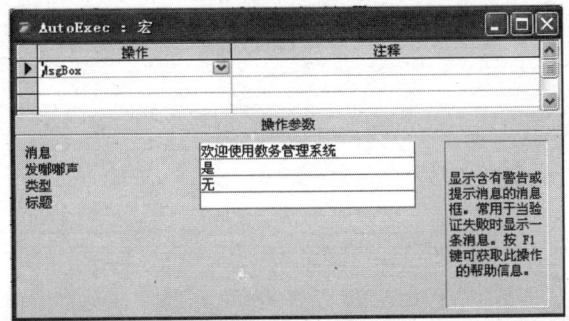

图 9-23　AutoExec 的宏窗口

（3）以 AutoExec 为宏名保存该宏，下一次打开数据库时，Access 将首先自动运行该宏，弹出一个消息框，如图 9-24 所示。

图 9-24　自动运行宏

本章小结

本章主要介绍了宏的相关知识，包括宏、条件宏及宏组的相关概念，宏的创建与编辑的方法，宏的操作参数设置，常用的宏命令，以及使用宏的方法——直接运行宏或宏组、触发事件运行宏或宏组、用宏命令间接运行宏或宏组、打开数据库自动运行的宏 AutoExec。

第 10 章 模块与 VBA

通过上一章的学习，我们知道宏对象可以很方便地完成一些简单的操作，如打开一个窗体、打开一个报表、输出一个消息框等。但对于自定义函数、带有循环判断的程序处理、数据库的事务处理等复杂问题，还需要用到模块对象来实现，而这些模块的功能则是使用 Access 自带的语言 VBA（Visual Basic for Applications）编写程序来实现的。

引例 编写代码实现"班级信息维护"功能

使用"模块"对象，能够编写代码完成一些较为复杂的功能。如图 10-1 所示的是窗体【班级信息维护】的运行界面，在如图 10-2 所示的 VBA 编程环境中可以为窗体编写代码。

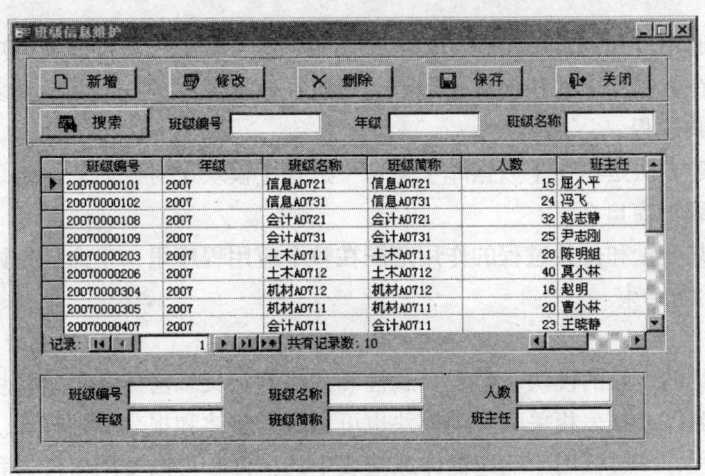

图 10-1 【班级信息维护】窗体

10.1 模 块

10.1.1 模块的概念

模块是 Access 系统的对象之一。模块由一个模块声明与若干个过程组成一个单元进行保存的。模块中的每一个过程既可以是函数过程（Function），也可以是子过程（Sub）。Access 模块分为类模块和标准模块两种类型。

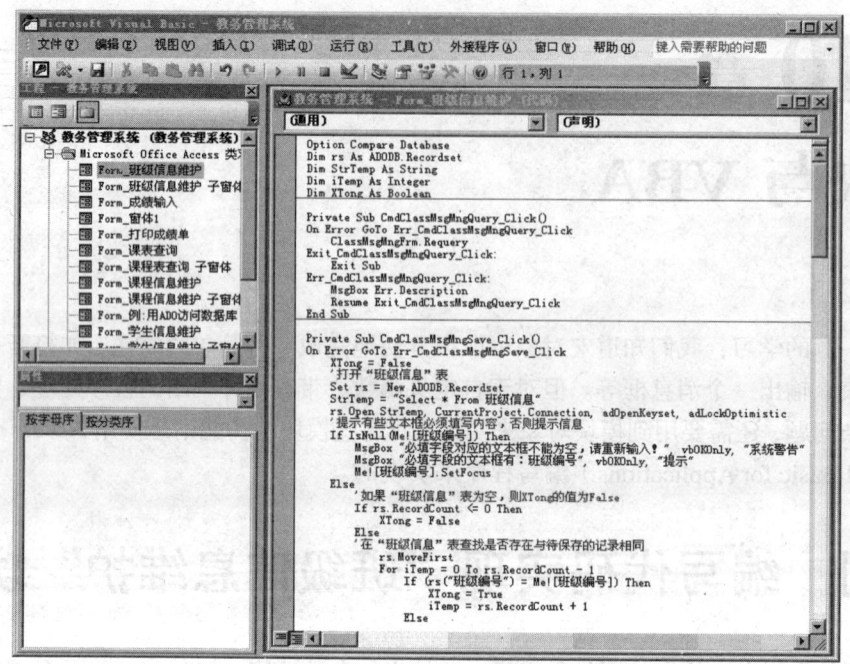

图 10-2　VBA 编程环境

1. 标准模块

标准模块包含通用过程和常用过程。这些通用过程不与 Access 数据库文件中的任何对象相关联，常用过程可以在数据库中的任何位置运行。可以在数据库中的任何其他对象中引用标准模块中的公共变量和公共过程。

标准模块的创建方法是：在【数据库】窗口中选择【模块】对象后，单击【新建】按钮进入标准模块的设计和编辑窗口。

标准模块中公共变量和公共过程的作用范围在整个应用程序里，生命周期则是伴随着应用程序的运行/关闭而开始/结束。

2. 类模块

类模块是包含类的定义的模块，包含其属性和方法的定义。窗体和报表模块都是类模块，而且它们各自与某一窗体或报表相关联。类模块也可以脱离窗体和报表单独存在。窗体和报表模块通常都含有事件过程，该过程用于响应窗体或报表中的事件。可以使用事件过程来控制窗体或报表的行为，以及它们对用户操作的响应，例如：用鼠标单击某个命令按钮。

在窗体和报表的设计视图中，单击工具栏的【代码】按钮或者创建窗体和报表的事件过程可以进入类模块的设计和编辑窗口。

窗体和报表模块具有局部特性，其作用范围局限在所属窗体和报表内部，而生命周期则是伴随着窗体和报表的打开/关闭而开始/结束。

模块内的过程一般可以被其他模块访问，可以在定义过程时加上 Private 关键字将过程局限在模块内部；当然，也可在声明过程时加上 Public 关键字，使它在全局范围内有效。窗体或报表模块中的过程可以调用标准模块中的过程。

10.1.2 宏和模块

在 Access 系统中,宏的每个基本操作在 VBA 中都有相应的等效语句,可以将设计好的宏对象转换为模块代码的形式,这些模块代码能执行与宏相同的操作,并且可以加速宏操作的执行速度。

将宏转换为 VBA 模块代码的方法是:在【数据库】窗口中,选中要转换的宏,然后选择【文件】菜单下的【另存为】命令,在如图 10-3 所示的对话框中选择【保存类型】为"模块",然后单击【确定】按钮就可以将这个宏保存为模块了。

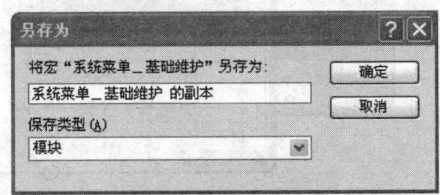

图 10-3 宏转换为模块

使用 DoCmd 对象可以实现在模块的过程中运行宏操作。其调用格式是:
DoCmd.方法 [参数]

说明:DoCmd 对象允许执行各种 Access 命令。这些命令在宏中使用时叫做操作(具体见本书第 9.1.3 小节),在模块代码中执行时叫做 DoCmd 对象的方法。

例如:`DoCmd.OpenForm "班级信息维护"`　　'打开一个窗体
　　　`DoCmd.Close`　　'关闭当前对象
　　　`DoCmd.RunMacro "宏1"`　　'运行一个宏名为"宏1"的宏

10.2 面向对象的程序设计基础

10.2.1 面向对象的基本概念

作为一个面向对象的程序设计语言,VBA 程序的关键组成要素也同样是对象,正确理解和掌握对象的概念,是学习 VBA 程序设计的基础,下面将从使用的角度简述对象的有关概念。

1. 对象和类

对象是面向对象程序设计方法中最基本的的概念,它是现实世界中无处不在的,各种各样的实体,它可以是具体的,也可以是抽象的。如一个人、一个气球、一辆汽车等都是对象;一份报告、一个账单也是对象。Access 中的表、查询、窗体、报表、页、宏和模块都是数据库的对象,而窗体和报表中的控件也是对象。此外 Access 还提供了一个重要的对象 DoCmd,它的主要功能是通过包含在内部的方法来实现 VBA 编程中对 Access 的操作,如打开窗体、打开报表、设置控件值、关闭窗口等。

每个对象都有自己的特征、行为和发生在该对象上的一切活动。如一个气球,该对象有颜色、材质、大小等特征,具有上升、下降、爆炸等行为,以及外界作用在该对象上的各种活动,如被子打气、被放气、被刺破等。在面向对象程序设计中把对象的特征称为属性,对象自身的行为称为方法,外界作用在对象上的活动称为事件,每个对象具有属性、方法和事件,这就是构成对象的三要素。

我们把具有相似性质、执行相同操作的对象称为同一类对象。所以类是同一种对象的集合与抽象。如"人"是一个类,每个具体的人是一个对象。Access 中的表、查询、窗体、报表、页、宏和模块对象也是类,称为对象类。在窗体或报表设计视图窗口中,工具箱中的每个控件就是一个类,称为控件类,而在窗体或报表中创建的具体控件则是这个类的对象。如图 10-4 所示,"确定"和"取消"是命令按钮类的两个对象。因此类可看做是对象的模板,每个对象由类来定义。

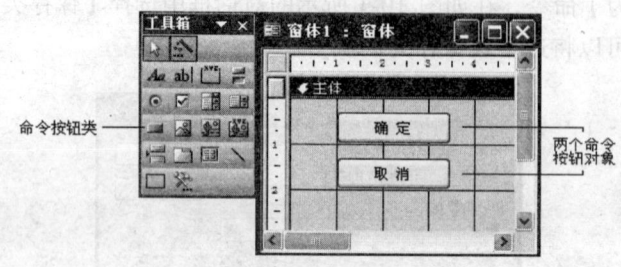

图 10-4 命令按钮类及两个对象

2. 属性和方法

对象的属性用来描述对象的静态特征。如窗体的 Name(名称)属性、Caption(标题)属性等。不同的属性值就决定了这个对象不同于其他对象。不同类的对象具有各自不同的属性,但有些属性是很多对象共有的。比如 Name(名称)属性。

对象的方法用来描述对象的动态特征,即附属于对象自身的行为和动作。如窗体有 Refresh 方法,Debug 对象有 Print 方法等。

引用对象的属性或方法时应该在属性名或方法名前加对象名,并用对象引用符"."连接,即对象.属性或对象.方法。

例如   DoCmd.OpenReport "学生成绩单"

是指利用 DoCmd 对象的 OpenReport 方法打开报表"学生成绩单"

3. 事件和事件过程

事件是外界作用在对象上的可以为对象所识别和响应的动作。事件通常是由系统预定好了的操作。例如,单击、双击、按键、获得焦点、失去焦点等。同一事件,作用于不同的对象,会产生得到不同的响应。比如同样是单击事件,作用在"确定"按钮和"取消"按钮,可以产生不同的反应。

当在对象上发生了事件后,应用程序就要处理这个事件,而处理的步骤就是事件过程。也就是说,事件过程是对象在识别了所发生的事件后执行的程序。

事件过程的形式如下:

```
Sub 对象_事件([参数列表])
    事件过程代码
End Sub
```

例如,下面的事件过程描述了单击按钮之后所发生的一系列动作。

```
Private Sub Command1_Click()
    Me!Label1.Caption = "欢迎光临"
    Me!Text1 = " "
End Sub
```

表 10-1　　　　　　　　　　　　　Access 的主要对象事件

对象	事件	说明
窗体	OnLoad	窗体加载时发生的事件
	OnUnLoad	窗体卸载时发生的事件
	OnOpen	窗体打开时发生的事件
	OnClose	窗体关闭时发生的事件
	OnClick	单击窗体时发生的事件
	OnDbclick	双击窗体时发生的事件
	OnMouseDown	鼠标按下窗体时发生的事件
	OnKeyPress	窗体上键盘按键时发生的事件
	OnKeyDown	窗体上键盘按下键时发生的事件
报表	OnOpen	报表打开时发生的事件
	OnClose	报表关闭时发生的事件
命令按钮	OnClick	单击命令按钮时发生的事件
	OnDblClick	双击命令按钮时发生的事件
	OnEnter	命令按钮获得焦点之前发生的事件
	OnGetFoucs	命令按钮获得焦点时发生的事件
	OnMouseDown	命令按钮上鼠标按下时发生的事件
	OnKeyPress	命令按钮上键盘按键时发生的事件
	OnKeyDown	命令按钮上键盘按下键时发生的事件
标签	OnClick	单击标签时发生的事件
	OnDblClick	双击标签时发生的事件
	OnMouseDown	鼠标在标签上按下时发生的事件
文本框	BeforeUpdata	文本框内容更新前发生的事件
	AfterUpdata	文本框更新后发生的事件
	OnEnter	文本框获得焦点前发生的事件
	OnGetFocus	文本框获得焦点时发生的事件
	OnLostFoucs	文本框失去焦点时发生的事件
	OnChange	文本框内容更新时发生的事件
	OnKeyPress	文本框内键盘按键时发生的事件
	OnMouseDown	文本框内鼠标按下时发生的事件
组合框	BeforeUpdate	组合框内容更新前发生的事件
	AfterUpdate	组合框内容更新后发生的事件
	OnEnter	组合框获得焦点之前发生的事件
	OnGetFocus	组合框获得焦点时发生的事件
	OnLostFoucs	组合框失去焦点时发生的事件
	OnClick	单击组合框时发生的事件
	OnDblClick	双击组合框时发生的事件
	OnKeyPress	组合框内键盘按键时发生的事件

续表

对象	事件	说明
选项组	BeforeUpdate	选项组内容更新前发生的事件
	AfterUpdate	选项组内容更新后发生的事件
	OnEnter	选项组获得焦点之前发生的事件
	OnClick	单击选项组时发生的事件
	OnDblClick	双击选项组时发生的事件
单选按钮	OnEnter	单选按钮内键盘按键时发生的事件
	OnClick	单选按钮获得焦点时发生的事件
	OnDblClick	单选按钮失去焦点时发生的事件
复选框	BeforeUpdate	复选框更新前发生的事件
	AfterUpdate	复选框更新后发生的事件
	OnEnter	复选框获得焦点之前发生的事件
	OnClick	单击复选框时发生的事件
	OnDblClick	双击复选框时发生的事件
	OnGetFocus	复选框获得焦点时发生的事件

除事件过程外，Access 系统还可以使用宏对象设置事件属性的方法来处理窗体、报表或控件的事件响应。

10.2.2 VBA 的编程环境 VBE

VBE（Visual Basic Editor）是 VBA 程序的开发环境，实际上，它就是开发 VBA 程序相应的"设计器"。它是集应用程序的设计、编辑、运行、调试等多种功能于一体的环境。

1. 进入 VBE 编程环境

Access 模块有类模块和标准模块两种类型。它们进 VBE 环境的方法有所不同。

对于类模块，可以直接定位到窗体或报表，然后单击工具栏上的【代码】按钮进入；或定位到窗体、报表和控件上通过指定对象事件处理过程进入。其方法有两种。

（1）鼠标右键单击控件对象，单击快捷菜单上的【事件生成器命令】，打开【事件生成器】对话框，选择其中的"代码生成器"，单击【确定】按钮即可进入。

（2）选择属性窗口的【事件】选项卡，选中某个事件直接单击属性右侧的"…"按钮，打开【事件生成器】对话框，选择其中的"代码生成器"，单击【确定】按钮即可进入。

对于标准模块，有 3 种方法进入。

（1）对于已存在的标准模块，只需从数据库窗体对象列表上选择【模块】，双击要查看的模块对象即可进入。

（2）要创建新的标准模块，需要从数据库窗体对象列表上选择【模块】，单击工具栏上的【新建】按钮即可进入。

（3）在数据库对象窗体中，选择【工具】菜单里【宏】子菜单的【Visual Basic 编辑器】选项即可进入。

2. VBE 的窗口组成

VBE 是编辑 VBA 代码时使用的界面。VBE 窗口主要由主窗口、工程资源管理、属性窗口、代码窗口等组成，如图 10-5 所示。

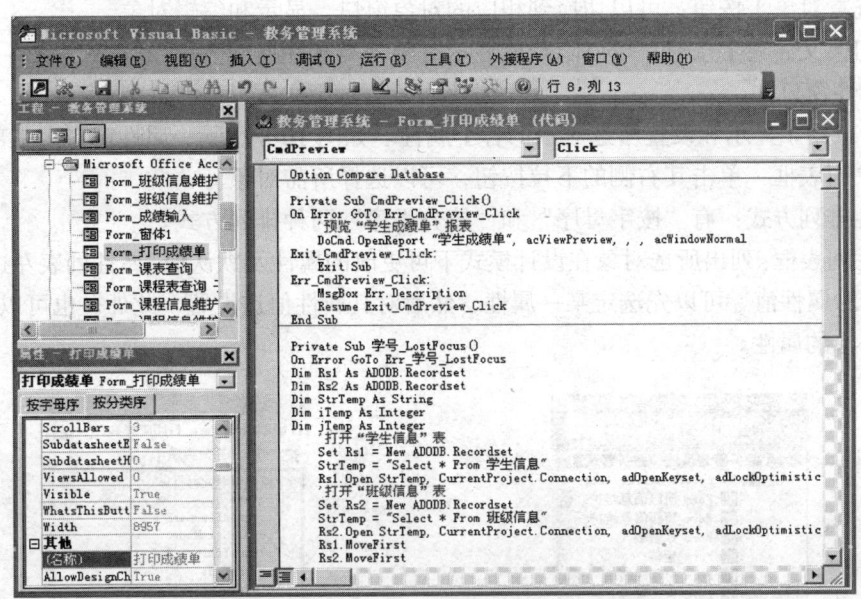

图 10-5　VBE 窗口组成

（1）主窗口

主窗口由标题栏、菜单栏和工具栏等组成。其中标准工具栏可以迅速地访问常用的菜单命令，如图 10-6 所示。

图 10-6　标准工具栏

表 10-2 给出了标准工具栏的常用按钮说明。

表 10-2　　　　　　　　　　　　　标准工具栏中的常用按钮

按钮图标	按钮名称	作　用
	Access 视图	切换 Access 数据库窗口
	插入模块	用于插入新模块
	运行子过程/用户窗体	运行模块程序
	中断运行	中断正在运行的程序
	终止运行/重新设计	结束正在运行的程序，重新进入模块设计状态
	设计模式	设计模式和非设计模式切换
	工程项目管理器	打开工程项目管理器窗口
	属性窗体	打开属性窗体
	对象浏览器	打开对象浏览器窗口

（2）工程资源管理器窗口

如图 10-7 所示，工程资源管理器中列了应用程序中所有的文件，并且以层叠的方式显示。该窗口有三个按钮，说明如下。

- 【查看代码】按钮：可以切换到相应代码窗口，显示和编辑代码。
- 【查看对象】按钮：可以切换到相应的对象窗口，显示和编辑对象。
- 【切换文件夹】按钮：可以隐藏或显示对象分类文件夹。

（3）属性窗口

属性窗口用于显示和设置所选对象的各个属性。如图10-8所示，属性窗口由三部分组成。

- 对象列表框：单击其右侧的下拉按钮，可以选择所需对象。
- 属性排列方式：有"按字母序"和"按分类序"两种排列方式。
- 属性列表框：列出所选对象在设计模式下可更改的属性及默认值。属性列表左边是属性名，右边是相应的属性值。可以先选定某一属性，然后对其属性值进设置，此外，也可以在VBA代码中设置对象的属性。

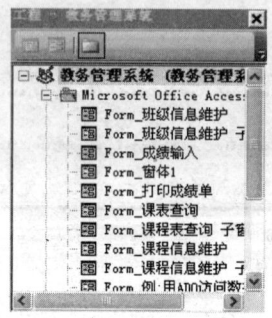

图10-7 工程资源管理器窗口

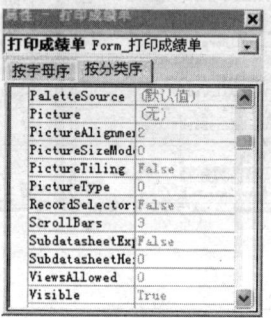

图10-8 属性窗口

（4）代码窗口

代码窗口是专门用来进行VBA代码设计的窗口，各种事件过程、用户自定义过程等源程序代码的编写和修改均在此窗口中进行。如图10-9所示，代码窗口由三部分组成。

- 对象列表框：显示所选对象的名称。可单击右侧的下拉按钮进行选择。
- 过程列表框：在选择好一个对象后，过程列表框中就会列出该对象的所有事件。
- 代码编辑区：在对象和事件都选择好后，系统会自动在代码编辑区生成相应事件过程的模板，用户可以向模板中添加代码。

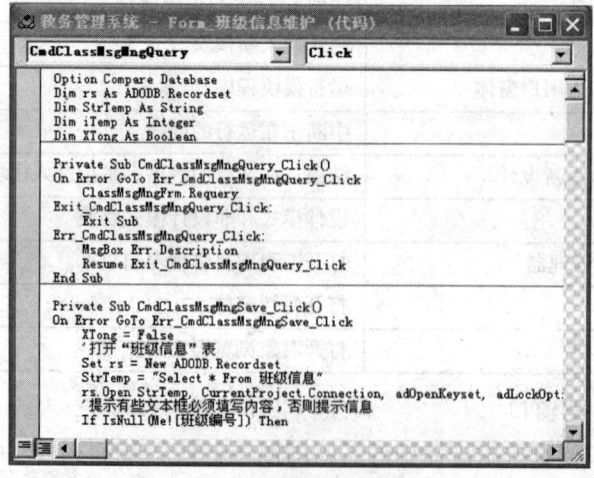

图10-9 代码窗口

在 VBA 中,由于我们在编写代码的过程中会出现各种各样的问题,所以编写的代码很难一次通过,并正确地实现既定功能。这时就需要一个专用的调试工具,帮助我们快速找到程序中的问题,以便我们消除代码中的错误。"VBA"的开发环境中"本地窗口"、"立即窗口"和"监视窗口"就是专门用来调试"VBA"的(具体参阅本书第 10.7 小节),如图 10-10 所示。

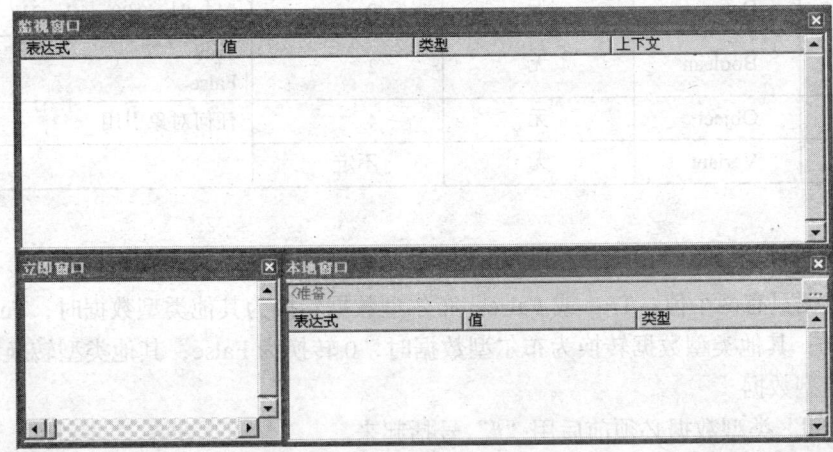

图 10-10 调试窗口

10.3 VBA 语言基础

VBA 是 Microsoft Office 内置的编程语言,VBA 由 Visual Basic 发展而来的, VBA 继承了 VB 的开发机制,是一个与 VB 有着相似的语言结构、同样用 Basic 语言来作为语法基础的可视化的高级语言。与 Visual Basic 不同的是,VBA 不是一个独立的开发工具,一般被嵌入到像 Word、Excel、Access 这样的软件中,与其配套使用,从而实现在其中的程序开发功能。

10.3.1 数据类型

在 VBA 应用程序中,也需要对变量的数据类型进行说明。VBA 支持多种数据类型。Access 数据表中的字段使用的数据类型(OLE 对象和备注字段数据类型除外)在 VBA 中都有对应的类型。

1. 基本数据类型

常用的基本数据类型有:数值型、字符型、货币型、日期型、逻辑型、对象型、变体型、字节型和用户自定义数据类型。

表 10-3   VBA 的基本数据类型

数据类型	关 键 字	类型说明符	占用字节数	范 围
字节型	Byte	无	1	$0 \sim 2^8 - 1$($0 \sim 255$)
整型	Integer	%	2	$-2^{15} \sim 2^{15}-1$($-32768 \sim 32767$)
长整型	Long	&	4	$-2^{31} \sim 2^{31}-1$
单精度型	Single	!	4	$-3.4 \times 10^{38} \sim 3.4 \times 10^{38}$
双精度型	Double	#	8	$-1.7 \times 10^{308} \sim 1.7 \times 10^{308}$

续表

数据类型	关键字	类型说明符	占用字节数	范围
货币型	Currency	@	8	$-2^{96} \sim 2^{96}-1$
字符型	String	$	不定	0~65535个字符
日期型	Date	无	8	01, 01, 100~12, 31, 9999
逻辑型	Boolean	无	2	True False
对象型	Object	无	4	任何对象引用
变体型	Variant	无	不定	

说明：

（1）布尔型数据

布尔型数据只有两个值：True 或 False。布尔型数据转换为其他类型数据时，Ture 转换为-1，False 转换为 0；其他类型数据转换为布尔型数据时，0 转换为 False，其他类型转换为 Ture。

（2）日期型数据

"日期/时间"类型数据必须前后用 "#" 号括起来。

如#2007-1-1#、#2002-5-4 14:30:00 PM#。

（3）变体类型数据

变体类型数据是特殊的数据类型。VBA 中规定，如果没有显示声明或使用符号来定义变量的数据类型，则默认为变体类型。

2. 用户自定义数据类型

除了上述系统提供的基本数据类型外，VBA 还支持用户自定义数据类型。自定义数据类型实质上是由基本数据类型构造而成的一种数据类型，我们可以根据需要来定义一个或多个自定义数据类型。用户自定义的数据类型可以通过 Type 语句来实现。

形式如下：

```
Type [自定义数据类型名]
    <域名1> As  数据类型名
    ...
    <域名n> As  数据类型名
End Type
```

其中：元素名表示自定义类型中的一个成员，可以是简单变量，也可以是数组说明符。数据类型名可以是 VBA 的基本数据类型，也可以是已经定义的自定义类型，若为字符串类型，必须使用定长字符串。

例如，以下定义了一个有关学生信息的自定义数据类型：

```
Type ST
    No As string *6
    Name As String*4
    Sex As string *1
End Type
```

上述例子定义了由三个分量组成的名为 ST 的类型。用户自定义的数据类型在使用时，先要定义用户数据类型，然后再定义此类型的变量。

例如，定义一个 ST 类型的变量 stud：

```
Dim Stud As ST
Stud.No="200702"
Stud.Name="李朋"
Stud.Sex="男"
```

如上例，用户自定义数据类型一般用来建立一个变量来保存包含不同数据类型字段的数据表的记录。用户自定义类型变量的赋值需指明变量名及域名，两者之间用句点分隔。

3. 对象数据类型

对象型数据用来表示引用应用程序中的对象。数据库中的对象，如数据库、表、查询、窗体和报表等，也有对应的 VBA 对象数据类型，这些对象数据类型由引用的对象类所定义。

表 10-4 VBA 支持的数据库对象类型

对象数据类型	对 象 库	对应的数据库对象类型
Database（数据库）	DAO3.6	使用 DAO 时用 Jet 数据库引擎打开的数据库
Connection（连接）	ADO2.1	ADO 取代了 DAO 的数据库连接对象
Form（窗体）	Access9.0	窗体，包括子窗体
Report（报表）	Access9.0	报表，包括子报表
Control（控件）	Access9.0	窗体和报表上的控件
QueryDef（查询）	DAO3.6	查询
TableDef（表）	DAO3.6	数据表
Command（命令）	ADO2.1	ADO 取代 DAO Query Def 对象
DAO.Recordset（结果集）	DAO3.6	表的虚拟表示或 DAO 创建的查询结果
ADO.Recordset（结果集）	ADO2.1	ADO 取代了 DAO.Recordset 对象

10.3.2 常量、变量与数组

1. 变量与常量

计算机在处理数据时，必须将其装入内存。在高级语言中，通过内存单元名称来访问内存中的数据。被命名的内存单元称为变量，这个内存单元的名字就是变量名。变量中存放的数据称为变量的值。变量中的值在程序运行过程中可以发生变化。如同一间旅馆客房，昨天可住旅客 A，今天住旅客 B，明天又有可能被闲置。变量名、变量的数据类型和变量的值构成了变量的三要素。

变量的命名规则如下。

（1）必须以字母或汉字开头，由字母、数字或下画线组成。

（2）变量名的长度应小于或等于 255 个字符。

（3）不区分变量名的字母大小写，不能使用关键字。

以下是合法的变量名：

a,   x,   No_1,   x3

以下是非法的变量名：

3x ,   Li Ping ,   Tax-1,   else

常量是在程序中可以直接引用的实际值，其值在程序运行过程中不变。在 VBA 中，常量可分为直接常量、用户声明的符号常量、系统提供的常量。

（1）直接常量

直接常量就是常数，其取值直接反映了其类型。如 123、"123"分别是整型和字符串常量。

（2）用户声明的符号常量

如果程序中经常反复用到某个常量，或者某常量代表一些具有特定意义的数字或字符串，将其定义成符号常量可增加代码的可读性和可维护性。

符号常量使用 Const 语句来创建。创建符号常量时需给出常量值，在程序中运行过程中对符号常量只能作读取操作，而不允许修改或为其重新赋值，也不允许创建与固有常量同名的符号常量。

形式如下：

Const 符号常量名=表达式

如：Const PI=3.1415926　　　　　　　　　　可以使用 PI 来代替常用的 π 值

（3）系统提供的常量

除了用 Const 语句声明常量之外，Microsoft Access 还提供了许多系统定义的常量，并且可以使用 VBA 常量和 ActiveX Data Objects（ADO）常量。还可以在其他引用对象库中使用常量。

通常，系统提供的常量前两个字母前缀指明了定义该常量的对象库。来自 Microsoft Access 库的常量以"ac"开头，如 acForm，它们主要作为 DoCmd 命令语句中的参数；来自 ADO 的常量以"ad"开头，如 adAddNew；而来自 Visual Basic 库的常量则以"vb"开头，如 vbRed。

可以在任何允许使用符号常量或用户定义常量的地方（包括表达式中）使用固有常量。因为系统提供的常量所代表的值在 Microsoft Access 的以后版本中可能改变，所以应该尽可能使用常量而不用常量的实际值。

可以通过在【对象浏览器】中选择常量或在【立即】窗口中输入"? 固有常量名"来显示常量的实际值，如图 10-11 所示。

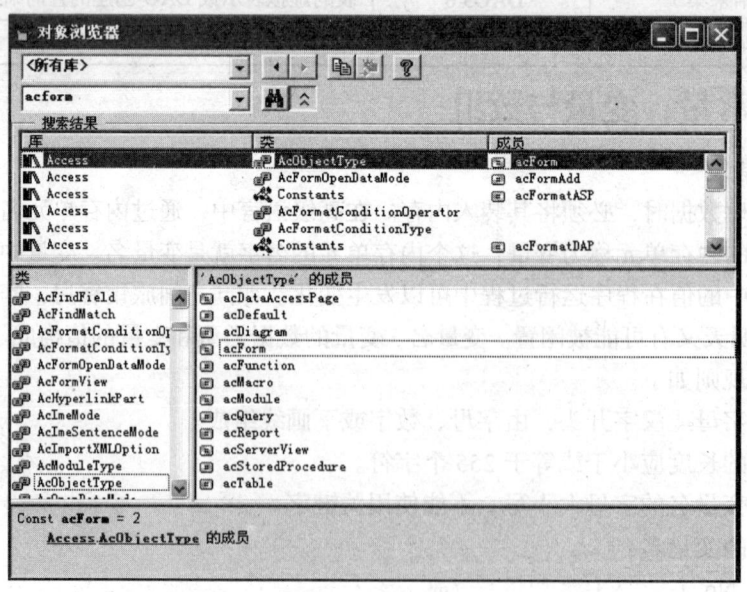

图 10-11　显示固有常量的值

2. 变量的声明

使用变量前，一般必须先声明变量名及其类型，以决定系统为它分配的存储单元和运算规则。VBA 变量声明有两种方法。

（1）显式声明

可以用 Dim 语句对变量进行显式声明，其格式如下：

`Dim 变量名 [AS 类型]`

其中 Dim 是一个 VBA 命令，此处用于定义变量；As 用于指定变量的数据类型，为了方便，可以在变量名后面加类型符来代替"As 类型"。若未指明，变量默认为变体型。

例如：`Dim x as Integer`   ' x为整型变量

等价于：`Dim x%`

（2）隐式声明

在 VBA 中，允许用户不声明变量而直接使用，这就是变量的隐式声明。所有隐式声明的变量都是 Variant 数据类型。

例如：

`Dim x1 as string * 3`   ' x1为字符型变量
`X2r=528`   ' NewVar为Variant类型变量，其值为258

（3）强制声明

在默认情况下，VBA 允许在代码中使用未声明的变量，但如果在模块设计窗口的顶部"通用声明"区域中，加入语句"Option Explicit"，那么所有变量就被强制要求必须先声明后使用。

这种方法只能为当前模块设置了自动变量声明功能，如果想为所有模块都启用此功能，在通过菜单命令【工具】→【选项】打开的对话框中，选中【要求变量声明】选项即可。

3. 变量的作用域

变量由于声明的位置不同以及用不同的关键字声明，可被访问的范围不同，变量的可被访问的范围通常称为变量的作用域。

（1）局部变量

局部变量是在模块的过程内部，使用 Dim、Static 声明的变量或没有声明直接使用的变量，只能在本过程中使用，别的过程不可以访问。局部变量在过程的被调用时分配存储空间，过程结束时释放空间。

（2）模块级变量

用 Dim、Static、Private 关键字，在模块的通用声明段进行定义的变量都是模块级变量。模块级变量定义在模块的所有过程之外的起始位置，可以被声明它所在模块中所包含的所有过程访问。

（3）全局变量

变量定义在标准模块的所有过程之外的起始位置，运行时在类模块和标准模块的所有过程都可访问。在标准模块的变量定义区域，全局变量用 Public 关键字说明进行声明。

4. 变量的生命周期

变量的生命周期（持续时间）与作用域是两个不同的概念，它是指变量从首次出现（变量声明，分配存储单元）到程序代码执行完毕并将控制权交回调用它的过程为止的时间。

按照变量的生命周期，局部变量分为两类。

（1）动态局部变量：以 Dim 关键字声明的局部变量，动态变量在定义它的过程被调用时分配存储单元，调用结束时释放占用的存储空间，变量的值也被丢失。

（2）静态局部变量：以 Static 关键字声明的局部变量，静态变量在程序的运行中可以保留变量的值，不被丢失。静态变量可以用来计算事件发生的次数或者是函数与过程被调用的次数。

5. 数据库对象变量

Access 建立的数据库对象及其属性均可被看成是 VBA 程序代码中的变量及其指定的值来加以引用。Access 中窗体和报表对象的引用格式为：

　　Forms ！窗体名称 ！控件名称 [.属性名称]

或 Reports ！报表名称 ！控件名称 [.属性名称]

关键字 Forms 或 Reports 分别表示窗体或报表对象集合。感叹号"！"分隔开对象名称和控件名称。"属性名称"部分缺省，则为控件默认属性。

如果对象名称中含有空格或标点符号，就要用方括号把名称括起来。

例如，下面是对"打印成绩单"窗体中"课程名称"文本框的引用：

　　Forms ！打印成绩单！课程名称.Text="成本会计"

或 Forms ！打印成绩单！课程名称="成本会计"

Text 是文本框的默认属性，可以省略不写。

6. 数组

数组是由一组具有相同数据类型的变量构成的集合。数组使用统一的名称作为标识，这个名称就是数组名，数组中的每个数据称为数组元素。数组元素在内存中占用连续的内存空间，它们互相之间以下标区分。如 a(1)、a(2)、a(3)表示数组 a 的三个元素。

数组必须先声明后使用，并且要声明数组名、类型、维数和大小。

（1）定长数组的声明

一维数组的声明格式为：

Dim 数组名（[数组下标下界 to] 数组下标上界） [As 数据类型]

其中：

数组名的命名规则与变量名的命名规则相同。

下标不能使用变量，必须是常量。一般是整型常量。

下标下界缺省时，默认为 0。若希望下标从 1 开始，可在模块的通用声明段使用 Option Base 语句声明。其使用格式为：

```
Option Base 0|1              ' 后面的参数只能取 0 或 1
```

如果省略 As 子句，则数组的类型为 Varient 变体型。

例如：Dim Score（10）As Integer

这条语句声明了一个有 11 个元素的数组，每个数组元素为一个整型变量。数组元素为 score(0) ~ score(10)。

多维数组的声明格式为：

```
Dim 数组名（[<下界>to]<上界>，[<下界>to]<上界>，...）[As <数据类型>]
```

例如：

Dim   X(1 To 3, 1 To 4)As Single 声明了一个有 12 个元素的数组，数组元素为：

X(1，1)　　X(1，2)　　X(1，3)　　X(1，4)

X(2，1)　　X(2，2)　　X(2，3)　　X(2，4)

X(3，1)　　X(3，2)　　X(3，3)　　X(3，4)

（2）动态（不定长）数组

在应用程序开发时，如果事先无法得知数组中元素的个数，可以使用动态数组，即不定长数组。

动态数组的声明和使用分两步。

① 用 Dim 语句声明数组，但不能指定数组的大小，形式为：

Dim 数组名（ ）As 数据类型

② 用 ReDim 语句动态地分配元素个数，并且可以在 ReDim 后加保留字 Preserve 来保留以前的值，否则使用 ReDim 后，数组元素的值会被重新初始化为默认值。形式为：

ReDim 数组名（[<下界>to]<上界>，[<下界>to]<上界>，…）[As <数据类型>]

下面的例子说明了动态数组的声明和使用方法：

```
Dim Score() As Integer        '声明部分
ReDim Score(10)               '在过程中重定义
```

同样，数组也可以使用 Public、Private 或 Static 来说明数组的作用域和生命周期。

10.3.3 运算符和表达式

VBA 提供了丰富的运算符来完成各种形式的运算和处理。根据运算不同，可以分成 4 种类型的运算符：算术运算符、字符串运算符、关系运算符和逻辑运算符。

1. 算术运算符

算术运算符用于数值的算术运算，是常用的运算符。表 10-5 为 VBA 提供的 8 个算术运算符。其中，负号（-）是单目运算符，其他均为双目运算符，优先级为 1 的级别最高。

表 10-5　　　　　　　　　　　　　算术运算符

运算符	含义	优先级	举例
^	乘方	1	2^4　结果为 16
-	负号	2	-10
*	乘	3	5*3　结果为 15
/	除	3	10/4　结果为 2.5
\	整除	4	5\3　结果为 1
MOD	求余	5	10 MOD 4　结果为 2
+	加	6	2+3　结果为 5
-	减	6	5-3　结果为 2

在算术运算中，如果操作数具有不同的数据精度，则 VB 规定运算结果的数据类型采用精度相对高的数据类型，即

$$Integer>Long>Single>Double>Currency$$

2. 字符串运算符

字符串运算有两个："&" 和 "+"，它们的功能都是将两个字符串连接起来，但存在着区别。

● "&"：无论进行连接的两个操作数是字符串型还是数值型，在进行连接之前，系统都要强制将它们转换成字符串型，然后再连接。使用 "&" 运算符时应注意，变量与运算符 "&" 之间应加一个空格。

● "+"：只有当运算符两边的操作数均为字符串型时，才将两个字符串连接成一个新字符串。若两边均为数值型，则进行算术加法运算；若一边为数值型，另一边为数字字符串，则将自动将数字字符串转换成数值型后，进行加法运算；若一边为数值型，另一边为非数字字符

串，则无法运算。

例如：表达式"3" & "4" + 5 的运算结果是 39。

3. 关系运算符

关系运算符的作用是比较两个操作数的大小，两个操作数必须是相同的数据类型。关系运算的结果为逻辑值：真（True）和假（False）。关系运算符的优先级相同。

表 10-6　　　　　　　　　　　　关系运算符

运算符	含义	举例	
>	大于	5 + 8 > 6	（True）
<	小于	"B" < "A"	（False）
=	等于	6 = 0	（False）
>=	大于或等于	35 >= 5	（True）
<=	小于或等于	"35" <= "5"	（True）
<>	不等于	"AB" <> "ab"	（True）

4. 逻辑运算符

逻辑运算符用于逻辑运算，运算结果为逻辑型。VBA 的常用逻辑运算如表 10-7 所示（表中 T 表示 True，F 表示 False）。其中 Not 是单目运算符，其他均为双目运算符。

表 10-7　　　　　　　　　　　　逻辑运算符

运算符	含义	优先级	说明	举例
Not	非	1	与操作数原来的值相反	Not T 结果 F Not F 结果 T
And	与	2	当且仅当两个操作数同时为真时，结果才为真，否则结果为假	T Not T 结果 T T Not F 结果 F F Not T 结果 F F Not F 结果 F
Or	或	3	当两个操作数同时为假时，结果才为假，否则结果为真	T Not T 结果 T T Not F 结果 T F Not T 结果 T F Not F 结果 F
Xor	异或	3	当两个操作的值相同时，结果为假，不相同时结果为真	T Xor T 结果 F T Xor F 结果 T F Xor T 结果 T F Xor F 结果 F

用括号和运算符将常量、变量、函数按一定的规则连接起来的式子称为表达式。表达式的数据类型取决于表达式的运算结果。对于多种运算符并存的表达式，运算符的先后顺序是：有括号的先运算，无括号的由运算符的优先级决定的，优先级高的先进行，优先级相同的运算依照从左向右的顺序进行。

不同种的运算之间的优先级如下：

算术运算符>字符串运算符>关系运算符>逻辑运算符

10.3.4 常用内部函数

在 VBA 中，函数有两类：内部函数（标准函数）和用户自定义函数。其中内部函数由系统提供，有几百个之多，这里介绍常用内部函数。

标准函数一般用于表达式中，有的能和语句一样使用。其调用形式如下：

函数名[（<参数列表>）]

其中，函数名必不可少，函数的参数放在函数名后的圆括号中，用逗号隔开。参数可以是常量、变量、表达式或另一个函数，参数可以有一个或多个，也可以没有，没有参数的函数为无参函数。大部分函数被调用时会有一个返回值。下面的叙述中，N 表示数值表达式，C 表示字符表达式，D 表示日期表达式，E 表示任意类型表达式等。

1. 数学函数

表 10-8　　　　　　　　　　　常用数学函数

函　数	功　能	举　例	返　回　值
Abs(N)	取绝对值	Abs(-5.4)	5.4
Fix(N)	截取整数部分	Fix(3.6)	3
Int(N)	取不大于 N 的最大整数	Int(-4.7)	-5
Log(N)	求以 e 为底的自然对数	Log(2.72)	1
Exp(N)	求 e 的 N 次幂	Exp(1)	2.72
Sgn(N)	符号函数	Sgn(-8) Sgn(0) Sgn(-8)	-1 0 1
Sqr(N)	平方根	Sqr(4)	2
Rnd(N)	产生[0，1)随机数		
Sin(N)	正弦函数	Sin(90*3.14/180)	1
Cos(N)	余弦函数	Cos(0)	1
Tan(N)	正切函数	Tan(0)	0

2. 字符串函数

表 10-9　　　　　　　　　　　常用字符串函数

函　数	功　能	举　例	返　回　值
Instr(C1，C2)	查找 C2 在 C1 中的起始位置，若找不到，结果为 0	InStr("ab"，"abc")	0
Len(C)	返回字符串的长度	Len("abcd")	4
Left(C，N)	取字符串左边 N 个字符	Left("abcd"，2)	ab
Right(C，N)	取字符串右边 N 个字符	Right("abcd"，2)	cd
Mid(C，N1[，N2])	在字符串中从第 N1 个字符开始向右取 N2 个字符，N2 缺省时取到结束	Mid("abcd"，2)	bcd
Space(N)	产生 N 个空格	"ab"&Space(2)& "cd"	ab　cd

203

续表

函 数	功 能	举 例	返 回 值
Ucase(C)	小写字母转大写	UCase("abcd")	ABCD
Lcase(C)	大写字母转小写	LCase("ABCD")	abcd
Ltrim(C)	删除字符串左空格	LTrim("abcd")	abcd
Rtrim(C)	删除字符串尾部空格	RTrim("abcd")	abcd
Trim(C)	删除字符串两头空格	Trim("abcd")	abcd
Replace(C，C1，C2)	在 C 字符串中用 C2 代替 C1	Replace("祖国我爱你"，"祖国"，"中国")	中国我爱你

3. 日期/时间函数

表 10-10　　　　　　　　　　常用日期/时间函数

函 数	功 能	举 例	返 回 值
Date()	返回系统日期	DATE()	2011-8-19
Time()	返回系统时间	TIME()	20:17:20
Now()	返回系统当前日期时间	NOW()	2011-8-19　20:17:20
Year(C|D)	返回年	Year(Date)	2011
Month(C|D)	返回月	Month(Date)	8
Day(C|D)	返回日	Day(Date)	19
Weekday(C|D)	返回星期 1～7	Weekday(Date)	5
Hour(T)	返回小时数	Hour(Time())	8
Minute(T)	返回分钟数(0～59)	Minute(Time())	17
Second(T)	返回秒数(0～59)	Second(Time())	20

4. 转换函数

表 10-11　　　　　　　　　　常用转换函数

函 数	功 能	举 例	返 回 值
Asc(C)	返回 C 的首字母的 ASCII 码值	Asc("abc")	97
Chr(N)	返回 ASCII 字符的十进制数	Chr(65)	A
Str(N)	数值型转字符型	"202"&Str(101)	202　101
Val(C)	字符型转数值型	10+Val("2.35")	12.35

5. 测试函数

测试函数可以对数据进行校验，这类函数的返回值都是逻辑型的。

表 10-12　　　　　　　　　　常用测试函数

函 数	功 能
IsArray(E)	测试是否为数组，是数组返回 True
IsNumeric(E)	测试是否为数值型，是数值型返回 True
IsDate(E)	测试是否为日期型，是日期型返回 True

续表

函　数	功　能
IsNull(E)	测试是否为无效数据，是无效数据返回 True
IsEmpty(E)	测试是否已初始化，未初始化返回 True
IsError(E)	测试是否为一个错误值，有错误返回 True
IsObject(E)	测试是否为对象类型
Eof	测试文件是否到了文件尾，到了文件尾返回 True

6．输入输出函数

（1）输入对话框函数 InputBox

InputBox 函数用于产生一个能接收用户输入数据的对话框，并返回输入的值，函数返回值的类型为字符串类型。每执行一次 InputBox 函数只能输入一个值。

函数格式：

InputBox（提示信息[，标题][，默认值][，x 坐标][，y 坐标]）

参数说明：

● 提示信息：必选、字符串表达式，是对话框内要显示的提示信息。如果要显示多行信息，则可在每行行末用回车符 Chr（13）、换行符 Chr（10）、回车换行的组合 Chr（13）&Chr（10）或系统常量 vbCrLf 来换行。

● 标题：可选、字符串表达式，运行时该参数显示在对话框的标题栏中。如果省略，则在标题栏中显示当前的应用程序名。

● 默认值：可选、字符串表达式，可选项。显示在对话框上的文本框中，在没有其他输入时作为默认值。如果省略，则文本框为空。

● x 坐标、y 坐标：可选、整型表达式。成对出现，用于确定对话框左上角在屏幕的坐标位置，单位为 Twip。

各项参数的次序要一一对应，如果中间某项需要省略，则必须要用逗号占位符跳过。

例如：mz=InputBox（"请输入你的民族："，"民族"，"汉族"），执行后弹出如图 10-12 所示的数据输入对话框。

图 10-12　数据输入对话框

（2）消息对话框函数 MsgBox

MsgBox 函数用来产生一个对话框来显示消息，等待用户选择一个按钮，并返回用户所选按钮的整数值。

函数格式：

MsgBox（提示信息[，按钮类型][，标题]）

参数说明：
- 提示信息：含义和用法与 InputBox 相同。
- 按钮类型：可选、整型表达式。由按钮类型、图标类型和默认按钮三部分组成，该参数的值是由这三类数值相加产生。参见表。
- 标题：含义和用法与 InputBox 相同。

表 10-13　　　　　　　　　　　　　按钮设置值及含义

分　类	系统定义符号常量	按　钮　值	含　　义
按钮类型	vbOKOnly	0	只显示"确定"按钮
	vbOKCancel	1	显示"确定"、"取消"按钮
	vbAbortRetryIgnore	2	显示"终止"、"重试"、"忽略"按钮
	vbYesNoCancel	3	显示"是"、"否"、"取消"按钮
	vbYesNo	4	显示"是"、"否"按钮
	vbRetryCancel	5	显示"重试"、"取消"按钮
图标类型	vbCritical	16	显示停止图标 x
	vbQuestion	32	显示询问图标 ？
	vbExclamation	48	显示警告图标 ！
	vbInformation	64	显示信息图标 i
默认按钮	vbDefaultButton1	0	第一个按钮是默认按钮
	vbDefaultButton2	256	第二个按钮是默认按钮
	vbDefaultButton3	512	第三个按钮是默认按钮

表 10-14　　　　　　　　　　　　　MsgBox 函数的返回值

系统符号常量	返　回　值	被选的按钮
vbOK	1	确定
vbCancel	2	取消
vbAbort	3	终止
vbRetry	4	重试
vbIgnore	5	忽略
vbYes	6	是
vbNo	7	否

例如：x=MsgBox（"密码错误"，5+vbExclamation，"警告"），执行后弹出如图 10-13 所示的消息对话框。

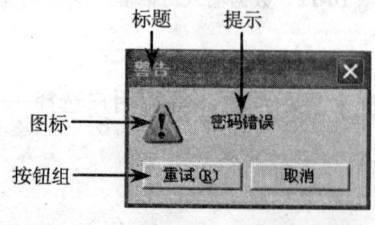

图 10-13　消息对话框

10.4 VBA 程序流程控制

VBA 程序是由大量的语句命令构成的。每条语句都能够完成某项操作。VBA 提供传统的结构化程序设计思想，还提供面向对象的程序设计方法。

在代码窗口，最上面的是通用声明段，主要书写模块级以上的变量声明、对 Option 选项的设置，不能书写控制结构等语句。

VBA 程序代码是块结构，块构成程序的主体的事件过程或自定义过程，块的先后次序与程序执行的先后次序无关。

VBA 程序语句按照其功能不同分成两大类型。
- 声明语句，用于给变量、常量或过程定义命名。
- 执行语句，用于执行赋值操作，调用过程，实现各种流程控制。执行语句分为 3 种结构。
- 顺序结构，按照语句顺序顺次执行。
- 条件结构，又称为选择结构，根据条件选择执行路径。
- 循环结构，重复执行某一段程序语句。

10.4.1 程序语句的书写

任何一种程序设计语言都有自己的语法规则和编码书写规则，如果不遵循这些规则，程序编译的时候就会出现错误。

1. 书写规则

（1）程序中的英文字母不区分大小。
（2）通常是一条语句写一行。
（3）若语句太长，一行写不下，可以分成若干行书写，但必须在行末加上续行符"_"。
（4）多条语句可以书在同一行，语句之间用冒号":"分隔，一行最多可达 255 个字符。
（5）增加注释有助于程序的阅读、调试和维护。

2. 常用语句

（1）注释语句

在程序的适当位置对编写的程序添加注释是很有好处的。注释语句默认以绿色文本显示。注释语句有以下两种：

Rem 注释内容   或   '注释内容

（2）声明语句

声明语句用于命名和定义常量、变量、数组和过程，同时也定义了它们的作用域与生命周期。

（3）赋值语句

赋值语句是最基本的语句。它的功能是给变量或对象的属性赋值。其格式为

<变量名>=<表达式> 或 <对象名.属性>=<表达式>

例如：

```
x = 100                              '给变量 x 赋值 100
Me!Text1.Value = "欢迎使用本系统！"   '给控件的属性赋值
```

（4）语句标号和 GoTo 语句

GoTo 语句用于实现无条件转移。

语句格式为：GoTo 语句标号。

程序运行到此结构，会无条件转移到其后的"标号"位置，并从那里继续执行。使用 GoTo 语句时，"标号"位置必须首先在程序中定义好，否则转移无法实现。

10.4.2 顺序结构

顺序结构是按照程序中语句出现的先后次序依次执行。图 10-14 表示一个顺序结构的流程图，它有一个入口和一个出口。语句 1、语句 2 和语句 3 依顺序执行。

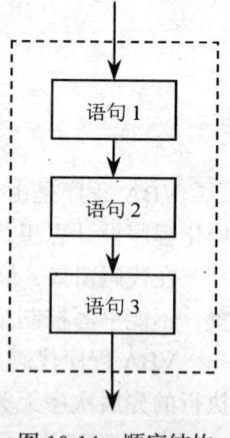

图 10-14 顺序结构

一般地，顺序结构的语句主要是赋值语句、输入/输出语句、注释语句等。

10.4.3 选择结构

选择结构也称分支结构，是指在程序的执行中，通过对条件进行判断，选择执行不同的程序语句，用来解决有选择、有转移的问题。选择结构是程序的基本结构之一，下面介绍构成选择结构的语句。

1. If…Then 语句（单分支结构）

语句格式如下。

格式一：

If ＜表达式＞ Then

    ＜语句序列＞

End If

格式二：

If ＜表达式＞ Then ＜语句＞

说明：

语句序列指一条或多条语句。当只有一条语句或语句间用冒号分隔，并且在一行上书写时，可以采用格式二。

该语句的作用是当表达式的值为非零（True）时，执行语句序列或语句，否则不执行。然后执行 End If 后面的语句。其流程图如图 10-15 所示。

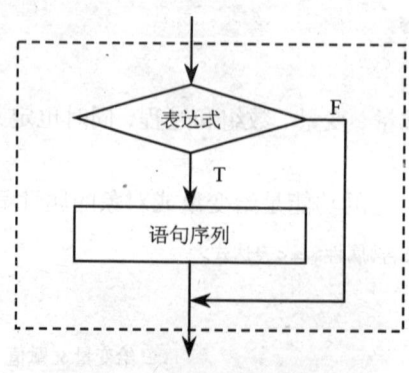

图 10-15 If…Then 单分支结构

例如，输入一个数并在立即窗口输出其值。

```
Dim x As Integer
x = InputBox("请输入x的值:")
If x Then
   Debug.Print  x
End If
```

2. If…Then…Else 语句（双分支结构）

语句格式如下。

格式一：

```
If <表达式> Then
    <语句序列1>
Else
    <语句序列2>
End If
```

格式二：

```
If <表达式> Then <语句序列1> Else <语句序列2>
```

说明：

该语句的作用是，执行时，先判断表达式的值，为非零（True）执行语句序列 1，否则执行语句序列 2。然后执行 End If 后面的语句。其流程图如图 10-16 所示。

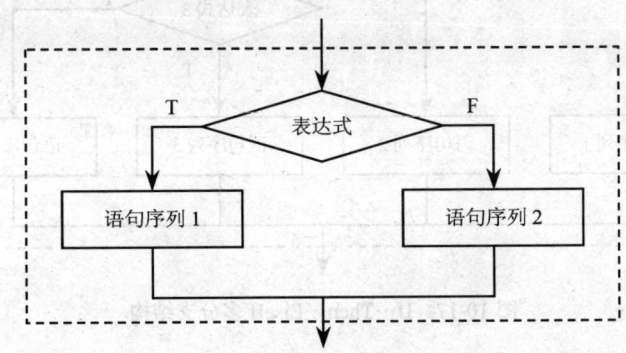

图 10-16　If…Then…Else 双分支结构

例如，输入两个数并在立即窗口输出其中较大的数：

```
Dim x As Integer, y As Integer
x = InputBox("请输入x的值:")
y = InputBox("请输入y的值:")
If x > y Then
   Debug.Print x
Else
   Debug.Print y
End If
```

3. If…Then…ElseIf 语句（多分支结构）

语句格式为

```
If <表达式1> Then
```

```
        <语句序列 1>
ElseIf  <表达式 2>Then
        <语句序列 2>
    …
[ElseIf <表达式 n>Then
        <语句序列 n>
Else
        <语句序列 n+1>   ]
End If
```

说明：

该语句的作用是，执行时，从表达式 1 开始逐个测试条件，一旦遇到值为非零（True）的条件时，即执行该条件后所对应的语句序列，然后执行 End If 后面的语句。其流程图如图 10-17 所示。

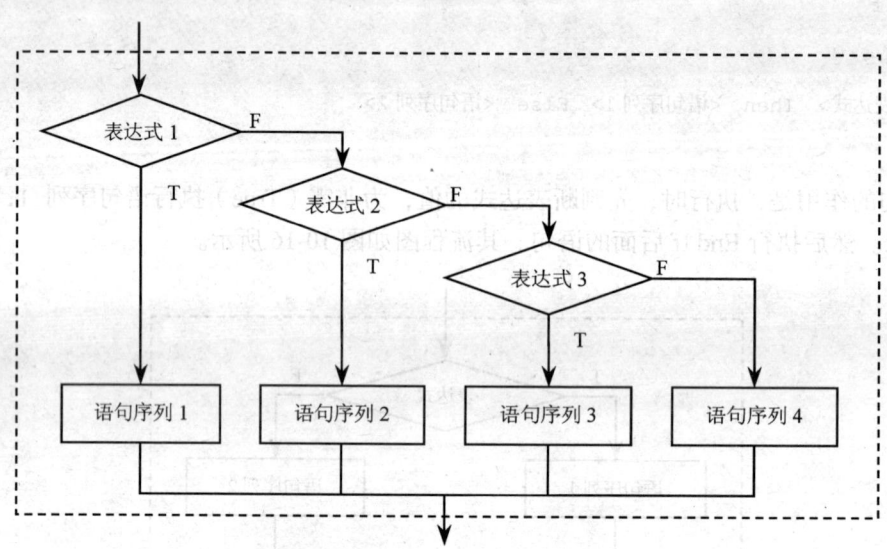

图 10-17　If…Then…ElseIf 多分支结构

4. Select Case…End Select 语句（多分支结构）

语句格式为：

```
Select   Case  <变量或表达式>
  Case  <表达式列表 1>
       <语句序列 1>
  Case  <表达式列表 2>
       <语句序列 2>
      …
  [Case Else
       <语句序列 n+1>]
End Select
```

说明：

（1）Select Case 后的变量或表达式只能是数值型或字符型表达式。

（2）各个表达式列表应与 Select Case 后的变量或表达式数据类型相同，可以是如表 10-15 所示的几种形式之一。

表 10-15　　　　　　　　　　　表达式列表的形式

形　　式	举　　例	说　　明
单一表达式	Case 7	和某一个值比较
用逗号分隔的一组枚举值	Case 2，4，6，8	
表达式 1 To 表达式 2	Case 60 to 100	与设定值的范围比较
Is 关系运算符表达式	Case Is < 60	

（3）该语句的作用是，执行中将 Select Case 后的变量或表达式的值，从上至下与各个 Case 后的表达式列表逐个比较，然后决定执行哪一个语句序列。如果有多个 Case 后的表达式列表与其相匹配，则只执行第一个与之匹配的语句序列。其流程图如图 10-18 所示。

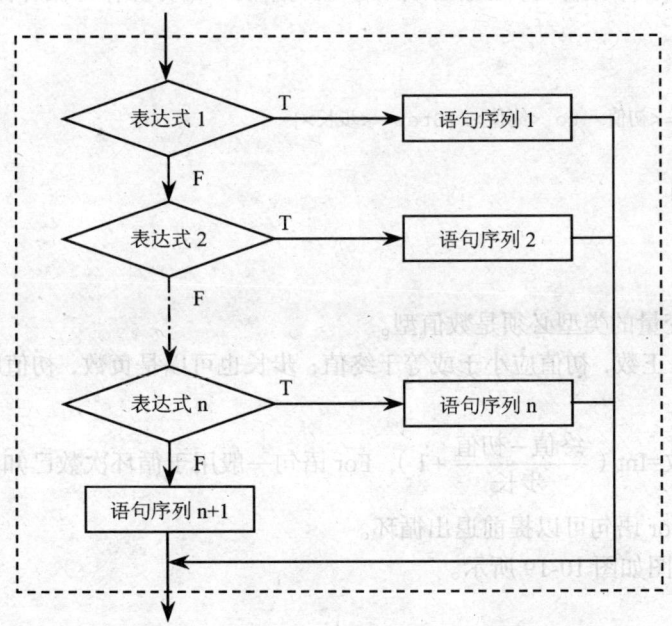

图 10-18　Select Case…End Select 多分支结构

例如，下面的代码利用 Select…End Select 语句实现对 Text1 文本框中输入的成绩进行分段，并通用 Label1 标签显示出来。

```
x=Text1
Select Case x
Case Is>=90
   Label1.Caption="优秀"
Case Is>=80
   Label1.Caption="良好"
Case Is>=60
   Label1.Caption="及格"
Case Else
   Label1.Caption="不及格"
End Select
```

5. 条件函数

除了上述条件语句外，VBA 还提供了 3 个函数来完成相应选择操作。

（1）IIf 函数：IIf（条件表达式，表达式 1，表达式 2）。

该函数根据"条件式"的值来决定函数返回值。"条件式"值为真，函数返回"表达式 1"的值，"条件式"值为假，函数返回"表达式 2"的值。

（2）Switch 函数：Switch（条件表达式 1，表达式 1[，条件式 2，表达式 2][，条件式 3，表达式 3]…[，条件式 n，表达式 n]）

该函数是分别根据"条件 1"、"条件 2"直至"条件 n"的值来决定函数的返回值。

（3）Choose 函数：Choose（整数表达式，选项 1[，选项 2]…[，选项 n]）

该函数根据"索引式"的值来返回选项列表中的某个值。

10.4.4 循环结构

循环控制结构是程序执行时，根据条件，该语句中的一部分操作即循环体被重复执行多次。

1. For 语句

语句格式为：

```
For <循环变量>=<初值> to <终值> [Step <步长>]
    <循环体>
    [Exit For]
Next <循环变量>
```

说明：

（1）循环控制变量的类型必须是数值型。

（2）步长可以是正数，初值应小于或等于终值；步长也可以是负数，初值应大于或等于终值。如果步长默认为 1。

（3）循环的次数=Int（$\dfrac{终值-初值}{步长}+1$），For 语句一般用于循环次数已知的情况。

（4）使用 Exit For 语句可以提前退出循环。

For 语句的流程图如图 10-19 所示。

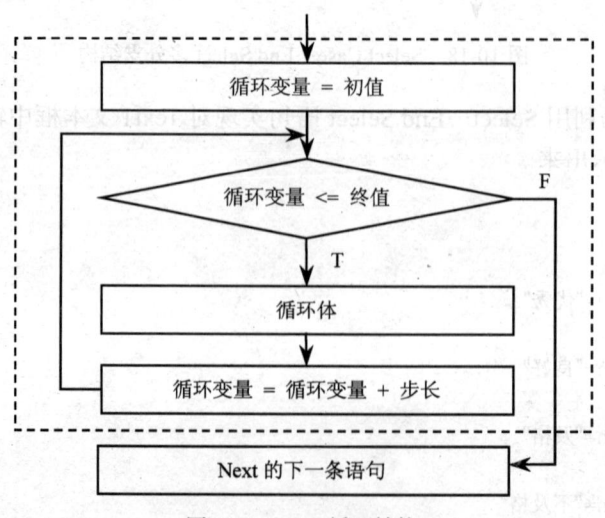

图 10-19 For 循环结构

例如，编程用 For 语句求 1+2+3+…+10 之和：

```
Public Sub gc()
    Dim s As Integer, i As Integer
    s=0
    For i = 1 To 10 Step 1
        s = s + i
    Next i
    Debug.Print s
End Sub
```

2. Do …Loop 语句

DO 是另一种常用的循环结构。它一般用于控制循环次数未知的循环结构，形式如下。

形式一：

```
Do [While| Until ] [条件表达式]
    <循环体>
    [Exit Do]
Loop
```

形式二：

```
Do
    <循环体>
    [Exit Do]
Loop [While| Until ] [条件表达式]
```

说明：

（1）两种形式的区别在于[While| Until] [条件表达式]的位置，当它放在 Do 后面时，先判断后执行，循环体有可能一次都不执行。当它放在 Loop 后面时，先执行后判断，至少执行循环体一次。两种形式的流程图分别如图 10-20 和图 10-21 所示。

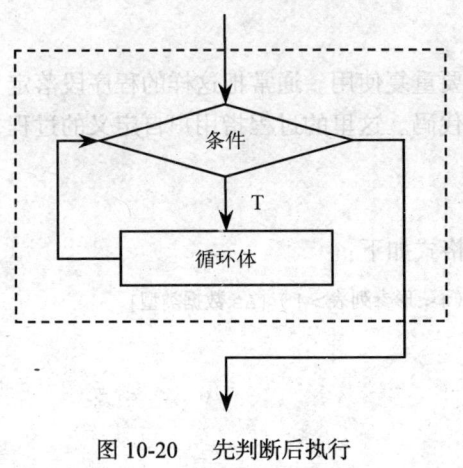

图 10-20　先判断后执行

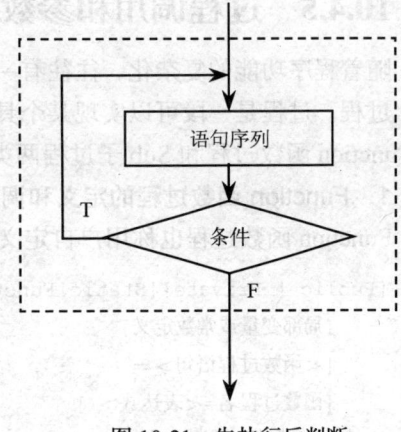

图 10-21　先执行后判断

（2）While 和 Until 的区别在于：While 用于指明条件为非零（True）时就执行循环体中的语句；Until 用于指明条件为零（False）时就执行循环体中的语句。

（3）当循环结构由 Do…Loop 构成时，表示无条件循环，此时循体内应有 Exit Do 语句，否则就是死循环。Exit Do 语句的作用是提前终止循环。

例如，下面的程序用 Do While…Loop 语句求 1+2+3…+10 之和。

```
Dim s As Integer, i As Integer
s = 0
i = 1
Do While i <= 10
 s = s + i
 i = i + 1
Loop
Debug.Print s
```

例如，下面的程序用 Do Until…Loop 语句求 1+2+3…+10 之和。

```
Dim s As Integer, i As Integer
s = 0
i = 1
Do Until i > 10
 s = s + i
 i = i + 1
Loop
Debug.Print s
```

3. While…Wend 语句

格式如下：

```
While  <条件表达式>
    <循环体>
Wend
```

说明：

While…Wend 循环与 Do While…Loop 结构类似，但不能在 While…Wend 循环中使用 Exit Do 语句。

10.4.5 过程调用和参数传递

随着程序功能的复杂化，往往有一些程序段落需要重复使用。通常把这样的程序段落定义为一个过程。过程是一段可以实现某个具体功能的程序代码。这里的过程指用户自定义的过程，它有 Function 函数过程和 Sub 子过程两类。

1. Function 函数过程的定义和调用

Function 函数过程也称用户自定义函数，其定义格式如下：

```
[Public | Private][Static]Function 函数过程名（[<形参列表>]）[As 数据类型]
    [局部变量或常数定义]
    [<函数过程语句>=
    [函数过程名=<表达式> ]
    [Exit Function]
    [<函数过程语句>
    [函数过程名=<表达式> ]
End Function
```

说明：

（1）Public 定义的函数过程是公有过程，可被程序中任何模块调用；Private 定义的函数是局部过程，仅供本模块中的其他过程调用。Public 为默认。

（2）Static 表示在调用之后保留过程中声明的局部变量的值。

（3）函数过程名的命名规则与变量命名相同。

（4）形参列表中形参定义时是无值的，用来接收调用过程时由实参传递过来的参数。也可以无形参，但形参两旁的括号不能省略。

（5）AS 类型用于指出函数返回值的类型。

（6）函数过程名=<表达式>用来指出函数的返回值，至少要对函数过程名赋值一次。

函数过程是一个通用过程，创建的方法是：在窗体、标准模块或类模块的代码窗口把插入点放在所有现有的过程之外，直接输入函数过程；或通过选择【插入】→【过程】菜单命令建立自定义函数过程框架，如图10-22、图10-23 所示。

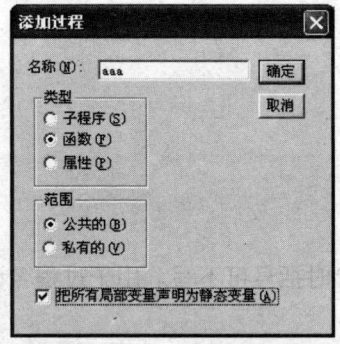

图 10-22　添加过程

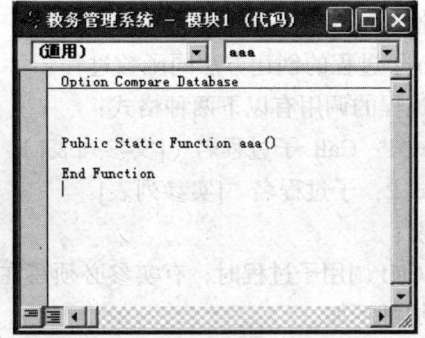

图 10-23　过程代码窗口

函数过程的调用与内部函数的调用相同，格式如下：

函数过程名（<实参列表>）

说明：

（1）实参列表中的实参与函数过程定义时的形参类型、位置和数目要一一对应。

（2）由于函数过程返回一个值，因此函数过程不能作为单独的语句来调用，只能出现在表达式中。

例如，下面的代码定义了一个求任意整数的阶乘的函数过程 Fact，并在命令按钮的单击事件中调用了该函数过程。

```
Private Function Fact(n as Integer) As Long
  Dim i As Integer
  Fact=1
  For i=1 to n
   Fact = Fact *i
  Next i
End Function
Private Sub Command1_Click()
  Dim x As Integer, f as Long
  x=Val(InputBox("输入任意一个整数:"))
   f=Fact(x)
  MsbBox "它的阶乘是:" & f
End Sub
```

2. Sub 子过程的定义和调用

Sub 子过程的定义方法同函数过程。其定义格式为：

```
[Public|Private][Static] Sub 子过程名（[<形参列表>]）
    [局部变量或常数定义]
    [<子过程语句>]
    [Exit Sub]
    <子过程语句>
End Sub
```

说明：

（1）关键字 Public、Private 和 Static 的意义同函数过程。

（2）Sub 子过程没有返回值，所以过程名后面不需要说明类型，子过程体内也不需要对子过程名赋值。

Sub 子过程的创建方法同函数过程。

子过程的调用有以下两种格式：

格式1：Call 子过程名（[实参列表]）

格式2：子过程名　[实参列表]

说明：

用 Call 调用子过程时，有实参必须写在括号内，无实参时括号可不写。用子过程名调用时，括号可加可不加。

例如，下面的代码定义了一个能使 Label1 标签向右移动 100Twip 的子过程 Move，并在命令按钮的单击事件中调用了该过程。

```
Private Sub Move()
    Label1.left= Label1.left+100
End Function
Private Sub Command1_Click()
    Call Move
End Sub
```

3. 参数传递

如前所述，形式参数（形参）是在定义 Function 函数过程、Sub 子过程时过程名后圆括号中出现的变量名，多个形参之间用逗号分隔。实际参数（实参）是在调用过程时在过程名后的参数，其作用是将它们的值或地址传送给被调过程对应的形参。

形参可以是变量和带空括号的数组名；实参可以是常量、变量、数组元素、带空括号的数组名和表达式。

（1）传地址

如果在定义子过程或函数时，形参的变量名前不加任何前缀或加 ByRef，即为传地址。传地址方式要求实参必须是变量名。

传递过程是：调用过程时，将实参的地址传给形参。此时，实参与形参变量共用同一个存储单元，因此如果在被调过程或函数中修改了形参的值，则主调过程或函数中实参的值也跟着变化。

例如，在下面的程序中，如果单击命令后输入 10 和 20，观察立即窗口会显示的结果。

```
Public Sub swap(x As Integer, y As Integer)
    Dim t As Integer
```

```
    t = x: x = y: y = t
End Sub
```

按钮的单击事件如下：

```
Private Sub Command0_Click()
    Dim x As Integer, y As Integer
    x = InputBox("x=")
    y = InputBox("y=")
    Debug.Print x, y                            '显示：10  20
    swap x, y
    Debug.Print x, y                            '显示：20  10
End Sub
```

（2）传值

如果在定义过程或函数时，形参的变量名前加 ByVal 前缀，即为传值。

传递过程是：这时主调过程将实参的值传给被调过程的形参后，实参和形参断开了联系，因此如果在被调过程或函数中修改了形参的值，则主调过程或函数中实参的值不会跟着变化。

例如，在下面的程序中，如果单击命令后输入 10 和 20，观察立即窗口会显示的结果。

```
Public Sub swap1(ByVal x As Integer, ByVal y As Integer)
    Dim t As Integer
    t = x: x = y: y = t
End Sub
```

按钮的单击事件如下：

```
Private Sub Command0_Click()
    Dim x As Integer, y As Integer
    x = InputBox("x=")
    y = InputBox("y=")
    Debug.Print x, y                            '显示：10  20
    swap1 x, y
    Debug.Print x, y                            '显示：10  20
End Sub
```

10.5　VBA 的数据库编程

10.5.1　VBA 数据库引擎及其接口

数据库引擎是一组动态链接库 DLL（Dynamic Link Library），在程序运行时被连接到 VBA，实现对数据库的数据访问功能。它是应用程序与物理数据库之间的桥梁。

VBA 数据库访问接口是指 VBA 与后台数据库的连接部分，也就是 VBA 与 Access 数据库连接的方法。通过数据访问接口，可以在 VBA 程序代码中访问数据库。

有 3 种数据库访问接口，下面一一介绍。

1．ODBC（Open Database Connectivity）

ODBC 称为"开放式数据库连接"，它是微软公司开放服务结构中有关数据库的一个组成部分，它建立了一组规范，并提供了一组对数据库访问的标准 API（应用程序编程接口）。ODBC 基于 SQL（Structured Query Language），把 SQL 作为访问数据库的标准，用户可以直接将 SQL 语句送给 ODBC。一个基于 ODBC 的应用程序对数据库的操作不依赖任何 DBMS，不直接与 DBMS 打交道，ODBC 可以为不同的数据库提供相应的驱动程序。

2. DAO（Data Access Objects）

DAO 称为"数据访问对象"，是一个面向对象的界面接口，提供一个访问数据库的对象模型，用其中定义的一系列数据访问对象，实现对数据库的各种操作。DAO 基于 Microsoft Jet 引擎，允许直接连接到 Access 表。使用 DAO 编程简单，适用于单系统或小范围本地分布使用。

3. ADO（ActiveX Data Objects）

ADO 称为"Active 数据对象"，是基于组件的数据库编程接口。ADO 实际是一种提供访问各种数据类型的连接机制，是一个与编程语言无关的 COM（Component Object Model）组件系统。ADO 通过其内部的属性和方法，提供一个能够访问不同数据库的统一接口。

VBA 可以访问的 3 类数据库如下。

（1）本地数据库：即 Access 数据库。

（2）外部数据库：所有索引顺序访问方法（ISAM）数据库，如 VFP。也可以访问文本文件数据库和 Microsoft Excel 或 Lotus1-2-3 电子表格。

（3）ODBC 数据库：符合 ODBC 标准的数据库，如 SQL Server、Oracle、SyBase 等。

10.5.2　用 ADO 访问数据库

ADO 是目前 Microsoft 通用的数据访问技术。在 Access 2000 以后的版本中增加了 ADO。ADO 为开发者提供了一个强大的逻辑对象模型。

1. ADO 模型结构

ADO 对象模型定义了一个可编程的分层对象集合，如图 10-24 所示。

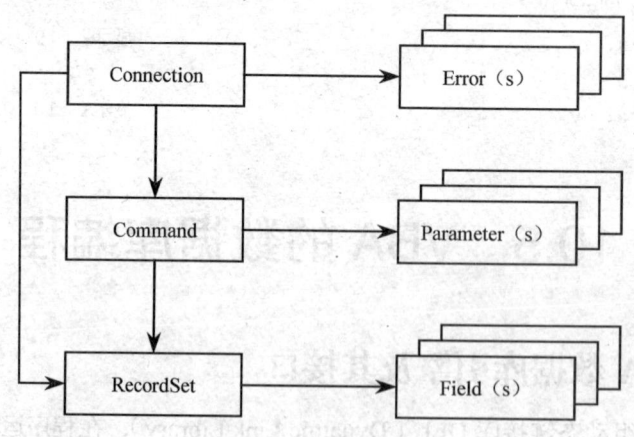

图 10-24　ADO 对象模型

ADO 的 3 个成员对象如下。

（1）Connection 对象：建立到数据源的连接。通过"连接"可从应用程序访问数据源，连接是交换数据所必需的环境。

（2）Command 对象：该对象定义了对数据源执行的指定命令。主要作用是在 VBA 中通过 SQL 命令访问、查询数据库中的数据。可以实现 RecordSet 对象不能完成的操作，如创建数据据表、修改数表结构、删除表等。

（3）RecordSet 对象：由一组记录组成的记录集合。表示数据操作返回的动态记录集，被缓存在内存中。RecordSet 对象是功能最常用、最重要的接口，可执行的操作有对表中的数据进行查询和统计，在表中添加、更新或删除记录等。

ADO 的 3 个集合对象如下。

（1）Field 对象：表示记录集中的字段。RecordSet 对象具有 Fields 集合。

（2）Error 对象：表示访问数据源时所返回的错误信息。Connection 对象具有 Errors 集合。

（3）Parameters 对象：表示与命令对象有关的参数。Command 对象具有 Parameters 集合。

2. 在 VBA 中引用 ADO 对象

在 VBA 模块设计时想要使用 ADO 对象，首先应该增加一个对 ADO 对象库的引用。操作如下。

（1）打开 VBE 窗口，选择【工具】菜单下的【引用】命令，弹出对话框。

（2）从对话框列表中选择【Microsoft Active Data Objects 2.1 Library】选项。

3. 用 ADO 访问数据库

利用 ADO 访问数据库时，首先要创建对象变量，然后通过调用对象的方法和设置对象的属性来访问数据库。用 ADO 访问数据库的一般语句和步骤如下。

（1）建立连接

使用 ADO 编程的第一步，就是建立应用程序和数据源之间的连接。通过使用 Connection 对象来建立连接，方法是：

```
Dim 连接对象 as ADODB.Connection              '定义连接对象
连接对象.Provider="Microsoft.Jet.OLEDB.4.0"   '设置数据提供者
连接对象.Open 连接字符串                       '打开数据库
```

说明：对于本地数据库，VBA 也可以将设置数据提供者和打开数据库两条语句用下面一条语句代替：

```
Set 连接对象= CurrentProject.Connection
```

（2）建立 RecordSet 对象

与数据库的建立连接后，定义并初始化一个 RecordSet 对象，然后打开该记录集。

```
Dim 记录集对象 As  ADODB.RecordSet     '定义记录集对象
Set 记录集对象=NEW ADODB.RecordSet     '初始化记录集
记录集对象名.Open 查询字符串            '打开记录集
```

说明：定义和初始化记录集对象，可以下面一条语句代替：

```
Dim 记录集对象 as new ADOBD.RecordSet
```

（3）引用记录字段

记录集打开时，第一条记录为默认的当前记录，任何对记录集的操作都是对当前记录进行的。引用记录字段的方法有：

```
记录集对象!字段名称                    '直接在记录集对象中引用字段名称
记录集对象("字段名称")
记录集对象.Fields("字段名称")          '利用记录集对象的Fields属性
```

```
记录集对象.Fields(n)              'n 代表记录集中从左至右字段的序号,如第一个字段序号为 0
记录集对象.Fields                 '引用记录集对象的全部字段
```

（4）RecordSet 对象的常用方法

```
MoveFirst                        '记录指针移到第一条记录
MoveNext                         '记录指针移到当前记录的下一条记录
MovePrevious                     '记录指针移到当前记录的上一条记录
MoveLast                         '记录指针移到最后一条记录
AddNew                           '添加一个新记录
Update                           '更新记录
Delete                           '删除记录
```

（5）关闭记录集

```
记录集对象.Close                  '关闭记录集
```

（6）断开连接

```
连接对象.Close                    '关闭连接
```

（7）释放空间

ADO 对象被关闭后，仍在内存中，释放对象变量的方法是：

```
Set 对象变量=Nothing
```

例如，在窗体建立 3 个文本框 t1、t2 和 t3，分别显示"课程编号"、"课程名称"和"开课系别"；6 个命令按钮 c1、c2、c3、c4、c5、c6，分别表示"首记录"、"末记录"、"上一条"、"下一条"、"增加"和"退出"，如图 10-25 所示。

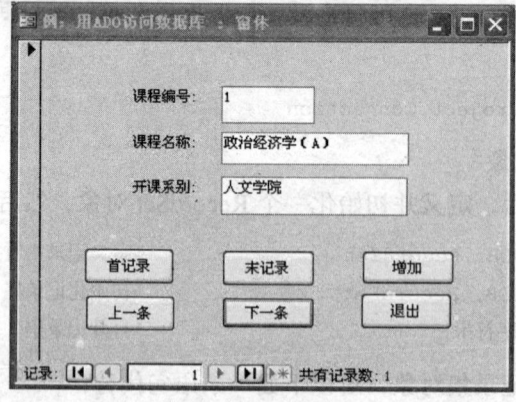

图 10-25　窗体界面

（1）窗体的声明部分代码：

```
Dim cn As ADODB.Connection       '定义连接对象
Dim rs1 As ADODB.Recordset       '定义记录集对象
Dim rs2 As ADODB.Recordset       '定义记录集对象
Dim strsql As String
```

（2）Form 的 Load 事件代码：

```
Set cn = CurrentProject.Connection                    '设置本地数据库
Set rs1 = New ADODB.Recordset                         '初始化记录集对象 rs1
rs1.Open "课程信息表", cn, adOpenDynamic, adLockOptimistic, adCmdTable
                                                      '打开记录集 rs1

Text1 = rs1.Fields("课程编号")
Text2 = rs1.Fields("课程名称")
Text3 = rs1.Fields("开课系别")
```

（3）命令按钮 c1 的单击事件代码（首记录）：

```
rs1.MoveFirst                                         '记录指针移到首记录
Text1 = rs1.Fields("课程编号")
Text2 = rs1.Fields("课程名称")
Text3 = rs1.Fields("开课系别")
```

（4）命令按钮 c2 的单击事件代码（末记录）：

```
rs1.MoveLast                                          '记录指针移到末记录
Text1 = rs1.Fields("课程编号")
Text2 = rs1.Fields("课程名称")
Text3 = rs1.Fields("开课系别")
```

（5）命令按钮 c3 的单击事件代码（上一条）：

```
rs1.MovePrevious                                      '指针移到上一条记录
If Not rs1.BOF Then                                   '判断指针是否到达首记录之前
  Text1 = rs1.Fields("课程编号")
  Text2 = rs1.Fields("课程名称")
  Text3 = rs1.Fields("开课系别")
End If
```

（6）命令按钮 c4 的单击事件代码（下一条）：

```
rs1.MoveNext                                          '指针移到下一条记录
If Not rs1.EOF Then                                   '判断指针是否到达末记录之后
  Text1 = rs1.Fields("课程编号")
  Text2 = rs1.Fields("课程名称")
  Text3 = rs1.Fields("开课系别")
End If
```

（7）命令按钮 c5 的单击事件代码（增加）：

```
Set rs2 = New ADODB.Recordset                         '初始化记录集对象 rs2
  rs2.Open "select 课程编号,课程名称,开课系别 from 课程信息表 Where 课程编号='"+Text1+"'",
cn, adOpenDynamic, adLockOptimistic, adCmdText
                                                      '打开记录集 rs2

If rs2.EOF = False Then
  MsgBox "该课程编号已存在,不能追加！"
Else
  strsql = "Insert Into 课程信息表（课程编号,课程名称,开课系别）"
  strsql = strsql + "Values('" + Text1 + "','" + Text2 +"','" + Text3 + "')"
```

```
            cn.Execute strsql                              '执行指定的 SQL 语句
            MsgBox "添加成功,请继续! "
        End If
        rs2.Close                                          '关闭记录集 rs2
        Set rs2 = Nothing                                  '释放记录集对象变量所占内存空间
```

(8)命令按钮 c6 的单击事件代码(退出):

```
        rs1.Close                                          '关闭记录集 rs1
        cn.Close                                           '关闭连接
        Set rs1 = Nothing                                  '释放记录集对象变量所占内存空间
        Set cn = Nothing                                   '释放连接对象变量所占内存空间
        DoCmd.Close
```

说明:

● 在程序中,用 "+t1+" 取得文本框 t1 中的值,原来用双引号定界的地方改为单引号。两个相同的引号不能连着写。

● Execute 是 Command 对象和 Connection 对象的方法,执行指定的查询,并将执行产生的结果存储在 Recordset 对象中。

例如,用 ADO 来完成对默认目录下"教务管理系统.mdb"文件中"成绩表"的成绩都加 5 分的操作。代码如下:

```
Dim cn As New ADODB.Connection                             '建立连接对象
Dim rs As New ADODB.Recordset                              '建立记录集对象
Dim fd As ADODB.Field                                      '定义字段对象
Dim strSQL As String                                       '查询字符串
cn.Provider = "Microsoft.jet.oledb.4.0"                    '设置数据提供者
cn.Open "教务管理系统.mdb"                                   '打开与数据源的连接
strSQL = "select 成绩 from 成绩表"                           '设置查询语句
rs.Open strSQL, cn, adOpenDynamic, adLockOptimistic, adCmdText
                                                           '打开记录集
Set fd = rs.Fields("成绩")
Do While Not rs.EOF                                        '对记录集用循环结构进行遍历
    fd = fd + 5                                            '成绩加 5 分
    rs.Update                                              '更新记录,并保存
    rs.MoveNext                                            '记录指针移动至下一条
Loop
rs.Close                                                   '以下语句为关闭并释放对象变量
cn.Close
Set rs = Nothing
Set cn = Nothing
```

10.5.3 数据库访问的几个重要函数

1. DCount(表达式,记录集[,条件式])

说明:返回指定记录集中记录的个数。

例如,DCount ("学号","学生信息表","性别='男'")   '返回男生的人数

2. DAvg(表达式,记录集[,条件式])

说明:返回指定记录集中某字段数据的平均值。

例:DAvg("成绩","成绩表")   '返回平均成绩

3. DSum(表达式,记录集[,条件式])

说明:返回指定记录集中某字段数据的和。

例:DSum("订单数","订单表")   '返回订单总数

4. DLookUp(表达式,记录集[,条件式])

说明:返回指定记录集中某字段的值,如果条件返回多个记录,则返回第1个记录相应字段的值。

例如:DLookUp("籍贯","学生信息表","学生姓名='张三'")   '返回"张三"的籍贯

5. Nz(表达式或字段属性值[,指定值])

说明:将 Null 值转换为 0、空字符串或其他指定值,无指定值时,将数值型字段中的 Null 转换为 0,将字符型字段的 Null 转换为空字符串。

10.6　VBA 程序运行错误处理

在编写程序代码中,程序错误是不可避免的。VBA 中提供 On Error GoTo 语句来控制当有错误发生时程序的处理。 On Error GoTo 指令有 3 种语法结构。

格式 1:On Error GoTo 标号

语句在遇到错误发生时程序转移到标号所指定位置的代码处执行。

格式 2:On Error Resume Next

语句在遇到错误发生时不会考虑错误,并继续执行下一条语句。

格式 3:On Error GoTo 0

语句用于关闭错误处理。

10.7　VBA 程序的调试

程序的调试是应用程序开发过程中必不可少的环节,在编写的程序投入实际运行前,需要对其进行调试,以便找到其中的错误并修正错误。VBA 的编程环境 VBE 提供了丰富的调试工具。常用的调试手段有设置断点、单步跟踪和设置监视点等。

1. 设置断点

在代码窗口程序中某个怀疑存在问题的语句上人为地设置断点,当程序运行到设置了断点的语句时,会自动暂停程序的运行。程序员可以查看程序此时的状态,如变量、属性、表达式的值等情况。

设置/取消断点的方法是,先选择断点所在的语句行,然后:

(1)单击【调试】菜单(或工具栏)中的【切换断点】命令,可以设置和取消断点。

(2)按 F9 键设置或取消断点。

(3)单击断点所在语句行左侧的灰色边界标识条;再次单击边界标识条可取消断点。

断点可以设置多个，设置好"断点"的语句行亮条显示，如图10-26所示。

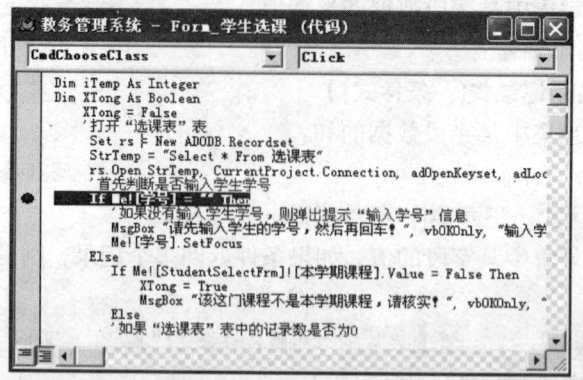

图10-26 设置断点

2. 单步跟踪

如果要调试的程序比较复杂，人工模拟很困难，这时可以单步跟踪程序的运行，即每执行一条语句后都自动进入中断状态，直到找到问题所在。设置断点和单步跟踪相结合，是最简单有效的程序调试方法。

单步跟踪程序的方法是将光标置于要执行的过程内，然后：

（1）单击【调试】菜单（或工具栏）中的【逐语句】命令。

（2）按F8键设置。

3. 设置监视点

即设置监视表达式。一旦监视表达式的值为真或改变，程序也会自动进入中断模式。

设置监视点的方法如下。

（1）选择【调试】→【添加监视】命令，弹出【添加监视】对话框，如图10-27所示。

（2）在【模块】下拉列表框中选择被监视过程所在的模块，在【过程】下拉列表框中选择要监视的过程，在【表达式】文本框中输入要监视的表达式。

（3）最后在【监视类型】栏中选择监视类型。

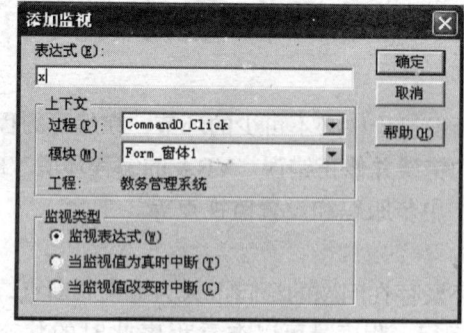

图10-27 添加监视

4. 调试窗口

VBA为调试提供了立即窗口、本地窗口和监视窗口，在这些窗口中可以观察有关变量、属性的值。借助这些窗口，再加上设置断点等调试手段，可以帮助程序员查找和排除错误，如图10-28所示。

（1）立即窗口

在立即窗口输入程序语句，按回车键后该语句会立即执行。可利用立即窗口直接赋值或直接使用 Print 方法显示表达式的值。

（2）本地窗口

在中断模式下，本地窗口会自动显示出所有在当前过程中所有变量的说明和值。

（3）监视窗口

在中断模式上；监视窗口会自动显示当前的监视表达式及其值。监视表达式是程序中某些关键变量或表达式，需要事先设置好监视点。

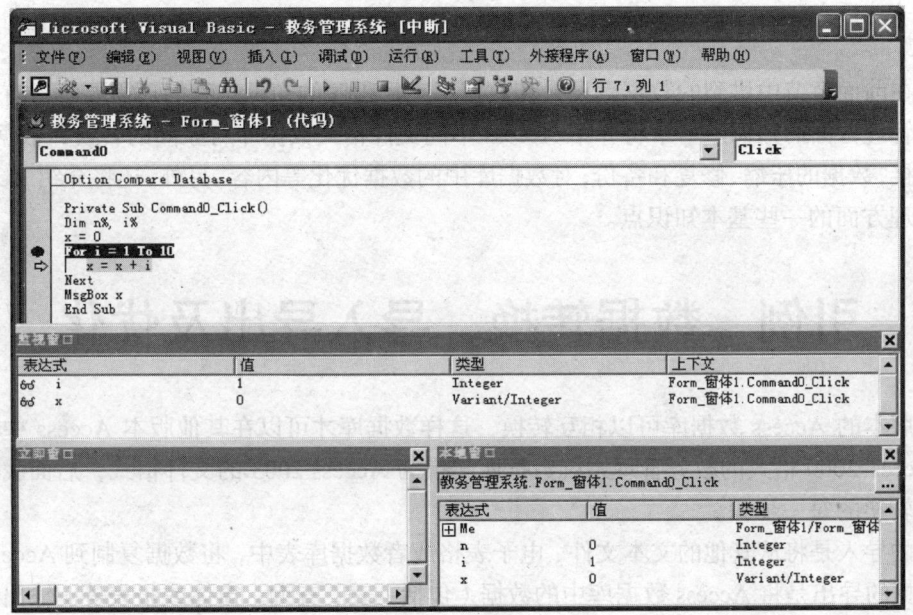

图 10-28　调试窗口

本章小结

本章主要介绍了模块的两种类型——标准模块和类模块，讲述了面向对象程序设计的基本概念、VBA 编程基础、程序控制、过程调用、VBA 数据库编程等。其中对象、事件和方法的概念、程序流程控制、过程调用、ADO 的使用是本章的难点。

第 11 章 数据库的安全与管理

除了在前面章节中讲到的数据库设计和数据库工作程序的知识,我们还需要学习有关数据库的安全与管理方面的知识。本章将介绍 Access 不同文件格式数据库对象间的转换,数据的导入、导出及连接,数据的压缩、修复和备份,对数据库中的数据优化等内容。另外,还将介绍 Access 2003 在安全管理方面的一些基本知识点。

引例　数据转换、导入导出及优化

不同版本的 Access 数据库可以相互转换,这样数据库才可以在其他版本 Access 中使用。例如,将 Access2000 格式的教务管理系统数据库转换为 Access 2003 的文件格式,后面我们将有详细的说明转换的每一步骤。

数据的导入是将从其他的文本文件、电子表格或者数据库表中,将数据复制到 Access 表中的过程。数据的导出是将 Access 数据库中的数据(包括:表、查询、窗体或报表等)输出到其他数据库或外部数据源。后面我们有把 Microsoft Excel 数据导入到当前数据库,将 Access 数据库的教务管理系统数据库中的课程信息表导出等例子。

11.1　不同版本 Access 数据库的转换

不同版本的 Access 数据库的数据结构是不同的,为了使不同版本的 Access 建立的数据库在其他版本的 Access 中也可以使用,就需要将不同版本之间的数据库文件进行转化。

首先我们介绍将旧版本的数据库转换到 Access 2003 所能接收的数据库版本。

【例 11.1】将 Access 2000 格式的教务管理系统数据库转换为 Access 2003 的文件格式,我们可以采取以下两种方法。

第一种方法的具体操作步骤如下。

单击工具栏上的【打开】按钮,选择旧的"2000 版本的教务管理系统.mdb"文件,如图 11-1 所示。

(1)单击对话框中的【打开】按钮,弹出转换/打开数据库界面,如图 11-2 所示。

(2)单击【选项】按钮,决定是否希望将数据库转换为 Access 2000 的格式,然后单击【确定】按钮就完成了将旧版本的数据库转换为 Access 2000 中的数据库了。

第 11 章 数据库的安全与管理

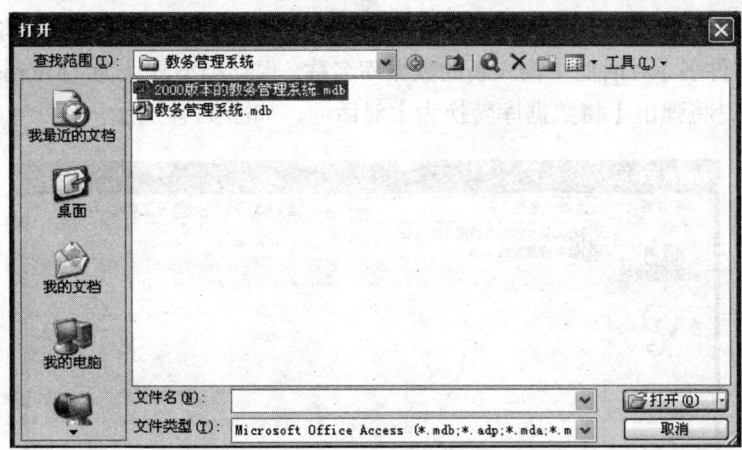

图 11-1 打开数据库界面

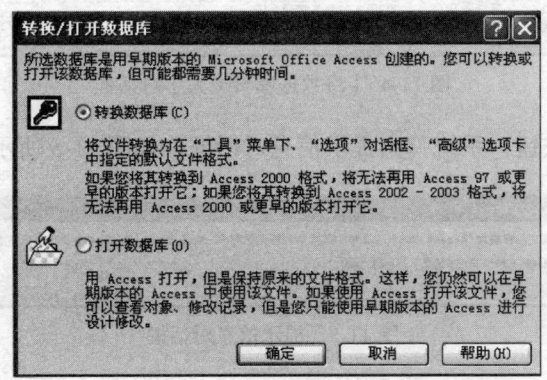

图 11-2 转换/打开数据库界面

第二种方法的具体操作步骤如下。

选择【工具】菜单中的级联菜单【数据库实用工具】，执行菜单【转换数据库】中的命令【转为 2002—2003 文件格式】，打开【数据库转换来源】对话框，将会弹出数据库转换来源对话框，如图 11-3 所示。

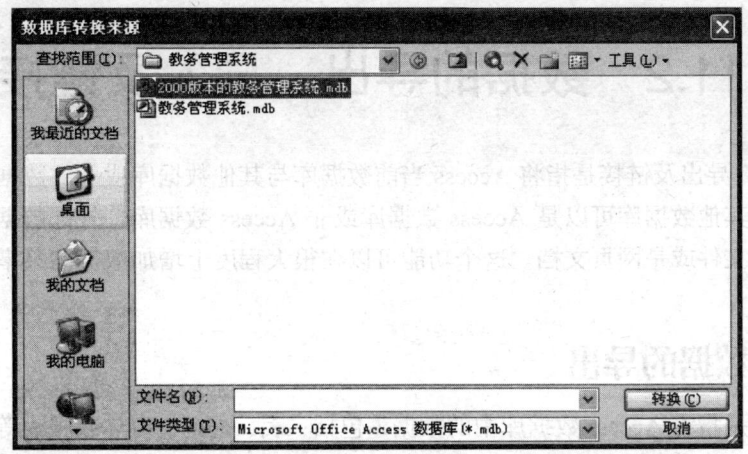

图 11-3 【数据库转换来源】对话框

（3）选择"2000 版本的教务管理系统.mdb"，单击【转换】按钮，打开【将数据库转换为】对话框，并在【文件名】对话框中输入新的数据库名称，保存类型默认为"Microsoft Office Access 数据库（*mdb）"，将弹出【将数据库转换为】对话框，如图 11-4 所示。

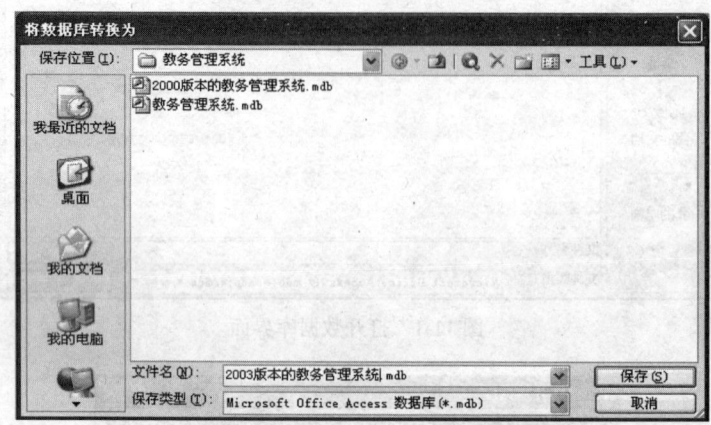

图 11-4 【将数据库转换为】对话框

（4）单击【保存】按钮，系统弹出提示信息对话框，如图 11-5 所示。

图 11-5 提示信息对话框

这个提示信息对话框告诉用户转换后的文档只能在 Access 2003 中使用。因此要根据实际使用情况，决定是否要进行转换。

用上述两种方法能够完成旧版本的数据库到 Access 2003 所能接收的数据库版本的转换。反过来，如果想完成 Access 2003 中的数据库到旧版本的数据库的转换，同样可以单击【工具】菜单，选择【数据库实用工具】命令，这样会弹出一个菜单，单击菜单上的【到当前的 Access 数据库版本】，然后输入转换后的数据库名称和位置。完成这些后，单击【保存】按钮就可以了。

11.2 数据的导出、导入及链接

数据的导入、导出及链接是指将 Access 当前数据库与其他数据库或外部数据源之间的数据相互复制的过程。其他数据库可以是 Access 数据库或非 Access 数据库，外部数据源可以是电子表格、文本格式的文件或是网页文档。这个功能可以在很大程度上增加数据的共享性，提高数据的处理能力。

11.2.1 数据的导出

数据的导出是指将 Access 数据库中的数据（包括：表、查询、窗体或报表等）输出到其他数据库或外部数据源。数据导出与复制和粘贴的功能相同，所以也可以用复制和粘贴的方法将一个数据库对象导出。

【例 11.2】将 Access 数据库的教务管理系统数据库中的课程信息表导出。

导出数据库的具体操作步骤如下。

(1)打开教务管理系统数据库,在表对象窗口中,单击选择"课程信息",如图 11-6 所示。

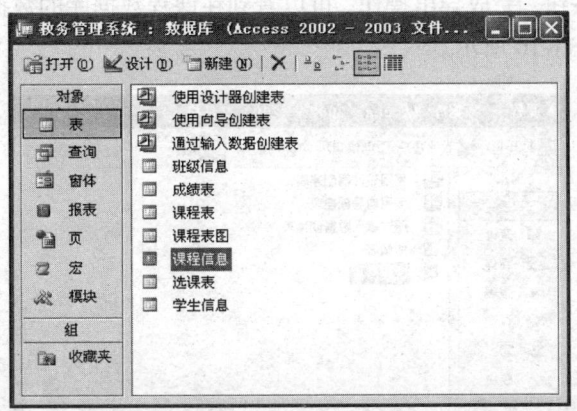

图 11-6 选中"课程信息"

(2)在"课程信息"上单击鼠标右键,弹出快捷菜单,然后执行快捷菜单中的【导出】命令。或者执行【文件】中的【导出】命令,弹出【将表'课程信息'导出为】对话框,如图 10-7 所示。在对话框中指定保存的位置和文件名,选中已建立好的"课程.mdb"作为保存位置,选中默认的文件类型"Microsoft Office Access(*.mdb)"。如果要导出其他的类型文件,可用鼠标单击保存类型文本框右边的向下按钮,如图 10-8 所示,选中你要导出的文件类型。

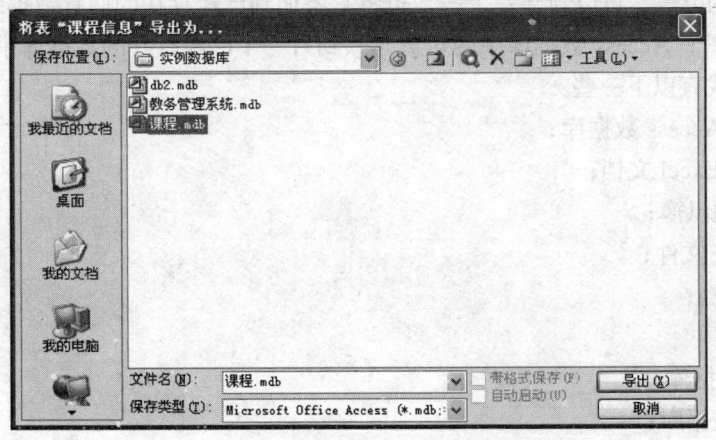

图 11-7 【将表'课程信息'导出为】对话框

(3)单击【导出】按钮,打开【导出】对话框,如图 11-9 所示。

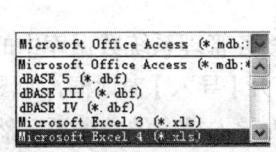

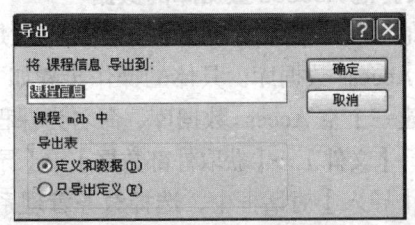

图 11-8 【文件类型】下拉框　　　　　图 11-9 【导出】对话框

（4）在【将课程信息导出到】文本框中，系统默认的是原数据表的名称，我们可以根据需要修改成其他的名字。在【导出表】选项组中，有两个单选按钮，也可以根据需要进行选择，这里使用系统默认的"定义和数据"。

（5）单击【确定】按钮，完成导出操作。可以看到在课程数据库的数据表对象中，增加了"课程信息"数据表，如图 11-10 所示。

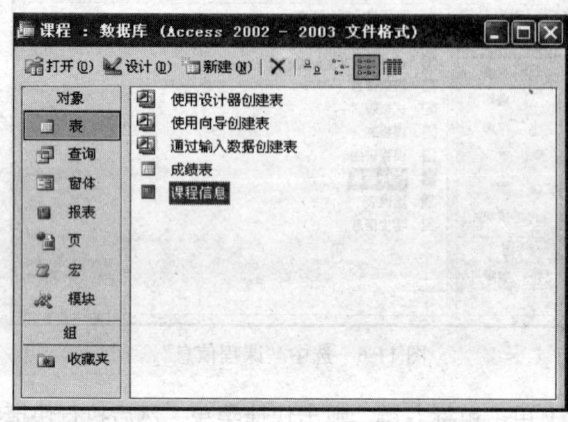

图 11-10　课程数据库窗口

11.2.2　数据的导入

数据的导入是指从其他的文本文件、电子表格或者数据库表中，将数据复制到 Access 表中的过程。使用导入的方法，可以新建一个表，也将它添加到已经存在的而且数据结构相符的表中。另外，也可以将一个 Access 数据库中的对象导入到另一个已经打开的数据库中。在 Access 中可以导入的文件格式有以下一些：

- Microsoft Access 数据库；
- Mircosoft Excel 文档；
- Outlook 通讯簿；
- Lotus1-2-3 文件；
- HTML 文档；
- 文本文件；
- dBASE 数据库；
- Paradox 数据库；
- FoxPro 数据库；
- ODBC 数据库。

1. 导入其他 Access 数据库的数据

导入其他 Access 数据库的数据，实际上就是把 Access 数据库或对象从一个 Access 数据库复制到另一个 Access 数据库。具体的操作步骤如下。

（1）创建一个空 Access 数据库，命名为课程.mdb，导入教务管理系统数据库中的"课程表"。

（2）执行【文件】→【获取外部数据】→【导入】命令，打开【导入】对话框，如图 11-11 所示。

（3）在【导入】对话框中，选择教务管理系统数据库作为导入操作的数据源，然后单击【导入】按钮，打开【导入对象】对话框，如图 11-12 所示。

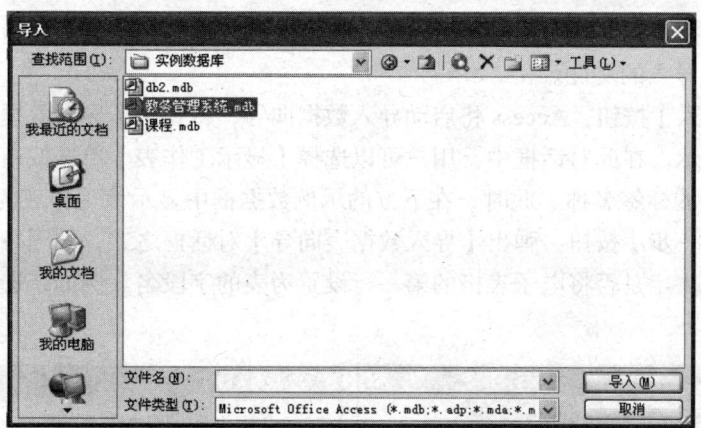

图 11-11 【导入】对话框

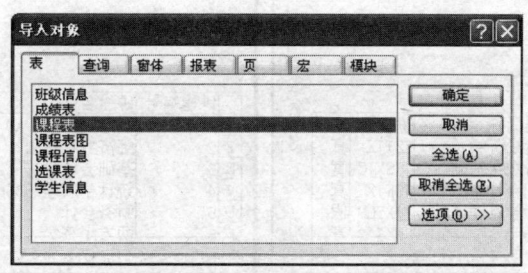

图 11-12 【导入对象】对话框

（4）在【导入对象】对话框中，选择【表】选项卡，在列表框中选择"课程表"，单击【确定】按钮，将教务管理系统数据库中的"课程表"导入到课程数据库中。

2. 把 Microsoft Excel 数据导入到当前数据库

（1）打开需要导入对象的数据库。如果当前的窗口不是【数据库】窗口，则按 F11 键激活【数据库】窗口。

（2）选择【文件】菜单中的【获取外部数据】命令，从出现的级联菜单中选择【导入】命令，出现的【导入】对话框如图 11-13 所示。

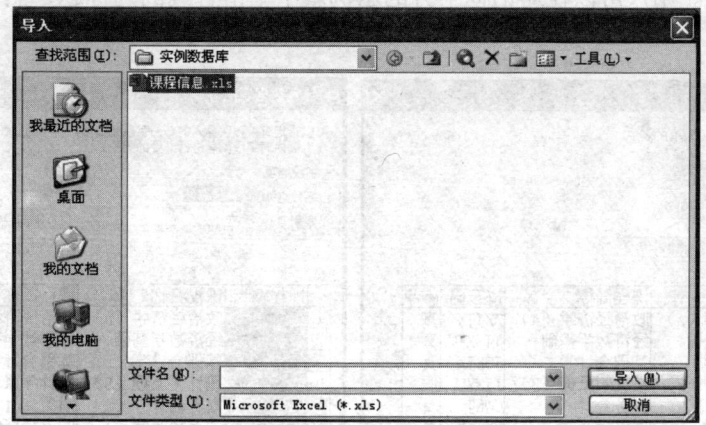

图 11-13 【导入】对话框

（3）在【文件类型】列表框内选择所要导入的数据类型，例如，文本文件、Excel 等（下面以导入 Microsoft Excel 类型数据为例）。

（4）单击【查找范围】框右侧的向下箭头，选定外部数据所在的驱动器和文件夹，然后在文件列表中选择所要导入的文件。

（5）单击【导入】按钮，Access 将启动导入数据向导，将弹出【导入数据表向导】对话框之一，如图 11-14 所示。在此对话框中，用户可以选择【显示工作表】单选按钮，然后在右侧的列表框中选择工作表的标签名称。此时，在下方的示例数据框中显示该工作表的数据。

（6）单击【下一步】按钮，弹出【导入数据表向导】对话框之二，如图 11-15 所示。在此对话框中，用户可以决定是否将电子表格的第一行设置为表的字段名。例如，选中【第一行包含列标题】复选框。

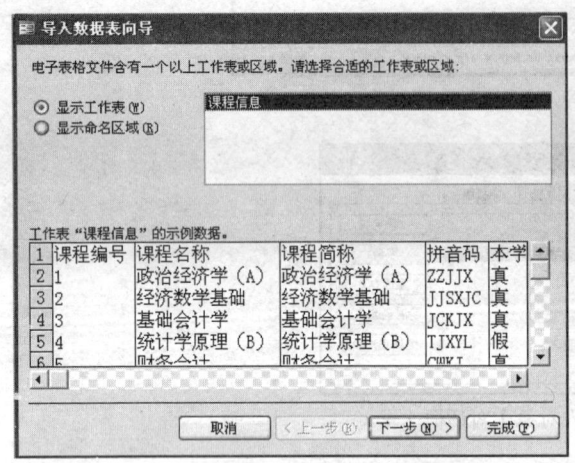

图 11-14 【导入数据表向导】对话框之一

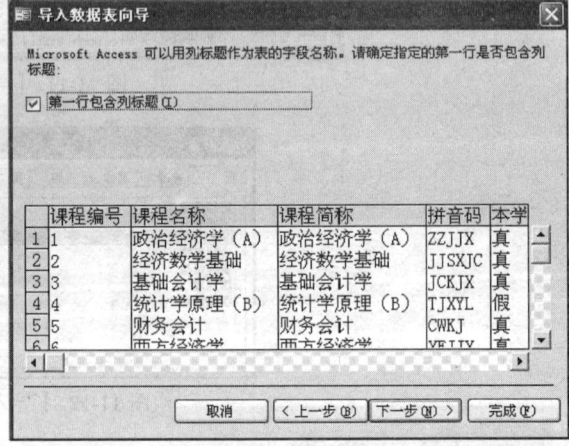

图 11-15 【导入数据表向导】对话框之二

（7）单击【下一步】按钮，弹出【导入数据表向导】对话框之三，如图 11-16 所示。在此对话框中，可以指定导入数据存放的位置。用户可以将导入的数据存放在一个新表中，也可以将其存放到当前数据库已有的表中。例如，选择【新表中】单选按钮。

（8）单击【下一步】按钮，弹出【导入数据表向导】对话框之四，如图 11-17 所示。在此对话框中，提示用户指定有关正在导入每一个字段的信息，例如，更改字段名称、是否设置索引以及是否导入数据等。用户可以在对话框下方的示例表中单击各列的列标题，然后逐一修改当前字段的相关信息。

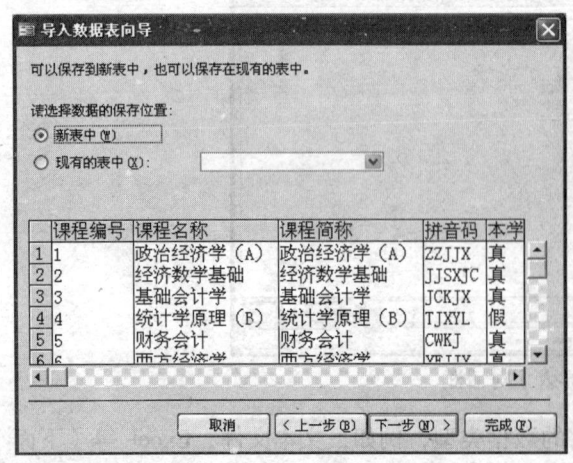

图 11-16 【导入数据表向导】对话框之三

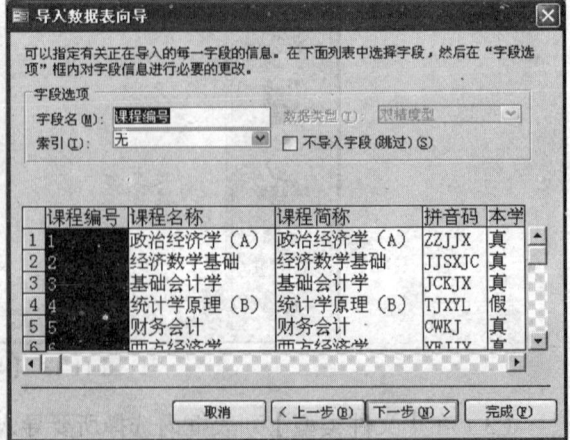

图 11-17 【导入数据表向导】对话框之四

（9）单击【下一步】按钮，弹出【导入数据表向导】对话框之五，如图 11-18 所示。在此对话框中，决定是否为该数据表定义一个主键。如果要为数据表定义一个主键，可以选择【用 Access 添加主键】单选按钮，让系统自动添加一个表示主键的字段。

（10）单击【下一步】按钮，弹出【导入数据表向导】对话框之六，如图 11-19 所示。在此对话框中，输入新表的名称。例如，输入"课程信息"。

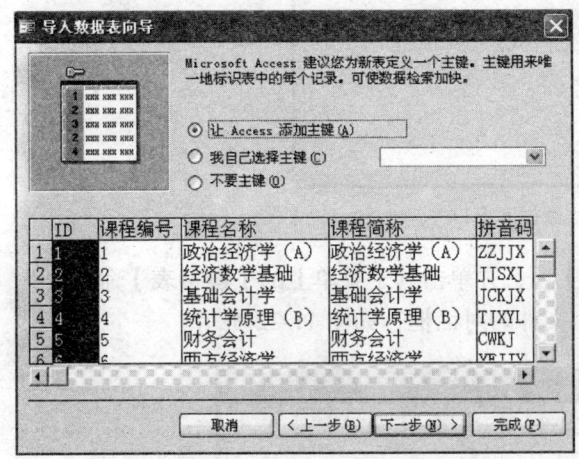
图 11-18 【导入数据表向导】对话框之五

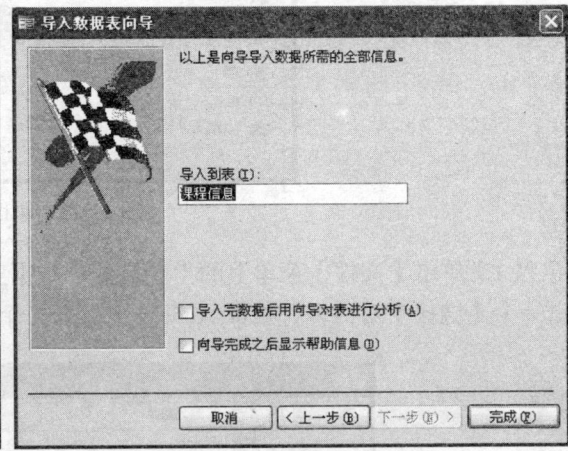
图 11-19 【导入数据表向导】对话框之六

（11）单击【完成】按钮，你会发现在【数据库】窗口中已经出现了一个新的"学生成绩"表，如图 11-20 所示。

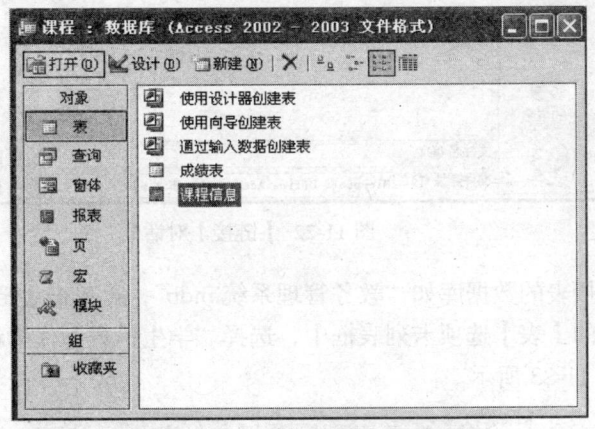
图 11-20 导入一个数据表

11.2.3 数据的链接

数据链接是指另外一个应用程序与数据库之间建立的连接。通过链接，在源应用程序与 Access 中都可以查看和编辑数据。如果从 Access 的另一个数据库中链接了表，就可以在不打开源数据库的情况下使用这些数据。

将外部表链接到数据库的方法很简单，操作步骤如下。

打开要链接表的数据库，如图 11-21 所示。

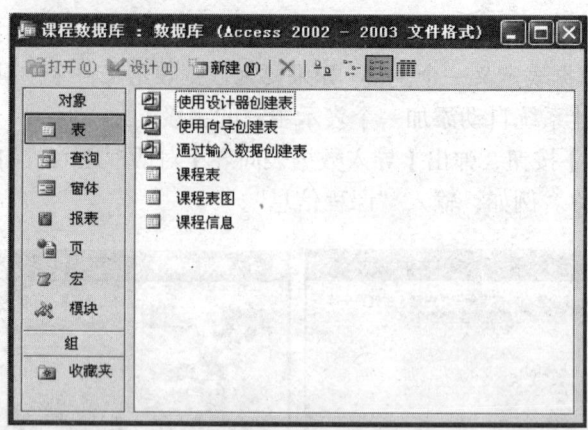

图 11-21 课程数据库窗口

（1）单击【文件】菜单上的【获取外部数据】项，并单击其子菜单上的【链接表】命令。弹出一个【链接】对话框，很像 Access 中打开一个文件的对话框，如图 11-22 所示。

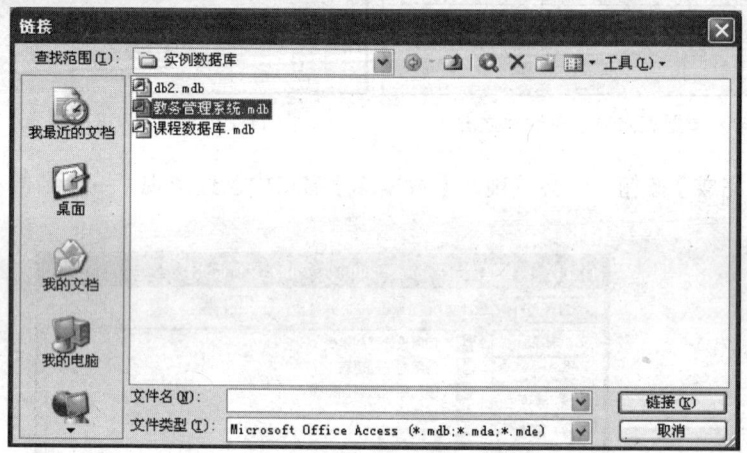

图 11-22 【链接】对话框

（2）选中要链接表的数据库如"教务管理系统.mdb"，再单击【链接】按钮，弹出【链接表】对话框。在对话框的【表】选项卡列表框中，选择"学生信息"作为链接的表对象，弹出【链接表】对话框，如图 11-23 所示。

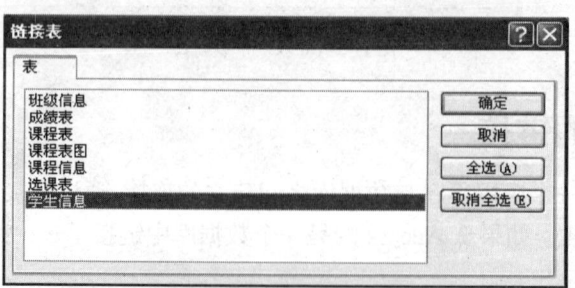

图 11-23 【链接表】对话框

（3）单击【确定】按钮，完成连接表操作。可以看到课程数据库的"表"对象列表中增加了一项"学生信息"，并在图标前有一个小箭头，如图 11-24 所示。

第 11 章 数据库的安全与管理

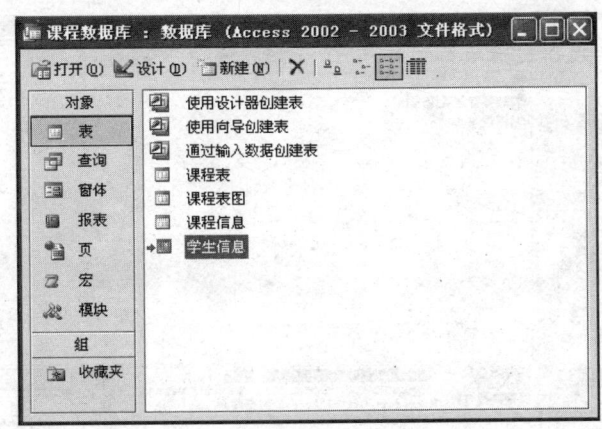

图 11-24 有链接表的课程数据库窗口

如果我们要导入一个 DBASE 数据库文件或其他的类型文件。只需要把鼠标移动到图为【链接】对话框的【文件类型】下拉框上，单击鼠标左键，弹出一个下拉列表。我们只要选中相应的文件类型，就可以完成链接工作。图 11-25 为【文件类型】下拉框。

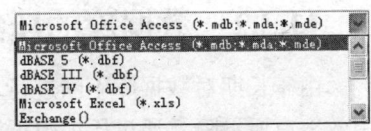

图 11-25 【文件类型】下拉框

导入和链接这两种方法都可以使用外部数据，就存在选择哪一种方法的问题。通常情况下，可以按照下述的原则进行选择。

（1）如果数据只在 Access 中使用，就应该使用导入方式。因为 Access 对自身表的工作速度较快，而且可以像 Access 数据库中其他的表一样，对导入的表进行修改。

（2）如果要使用的数据也将由 Access 之外的程序使用，就应该使用链接方式。使用这种方法的方便之处在于，可以保持当前更新、管理和共享数据的方法，并且还可以使用 Access 来处理数据。

11.3 数据库的备份、压缩和修复

在使用数据库的过程中，可能会有很多原因导致数据库文件的损坏，可能导致数据无法读取和使用。为防止 Access 数据库受损，一般采取对数据库文件进行备份、压缩和修复。

11.3.1 数据库的备份

数据库的备份是指将整个数据库所有对象进行备份，可以保证当数据库被损坏时可以使用备份对数据库进行恢复。

在 Windows 系统中我们可以使用复制相关的命令实现数据的直接备份，首先关闭要备份的数据库，打开 Windows 的"资源管理器"或"我的电脑"，执行系统中的复制命令，再用粘贴命令，把数据库文件放到安全的地方。

在 Access 2003 中实现备份数据库的具体操作步骤如下。

（1）打开要备份的数据库（如教务管理系统数据库），并关闭数据库中的所有对象。

（2）执行【文件】菜单中的【备份数据库】命令，如图 11-26 所示。

（3）在【备份数据库另存为】对话框中，指定备份的数据库文件的名称和保存位置。

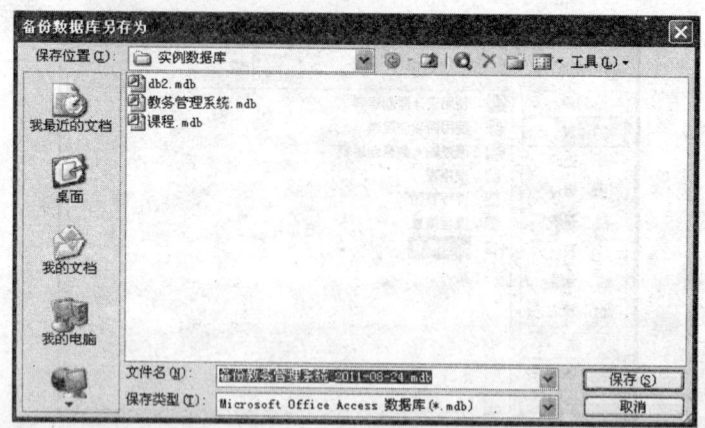

图 11-26 【备份数据库另存为】对话框

11.3.2 数据库的压缩与修复

由于长期对数据库不断进行增加和删除操作，数据库中可能会出现碎片，导致整个文件的使用效率有所下降。通过压缩数据库的操作，可以重新安排数据库文件在磁盘今的存储位置，以增加磁盘的有效空间。

数据库在不同的状态下，可以采用不同的压缩方法。

1. 对当前数据库的压缩

具体操作步骤如下。

（1）如果当前需要压缩的数据库为一个共享数据库，即位于某个服务器或共享文件夹中，请确定网络中没有其他用户打开该数据库。

（2）执行【工具】的级联菜单【数据库实用工具】中的【压缩和修复数据库】命令，Aeeess 将对当前数据库进行压缩。

2. 压缩未打开的数据库

具体操作步骤如下。

（1）关闭打开的 Access 数据库。

（2）选择【工具】菜单中的【数据库实用工具】命令，从出现的级联菜单中选择【压缩和修复数据库】命令，弹出【压缩数据库来源】对话框，如图 11-27 所示。

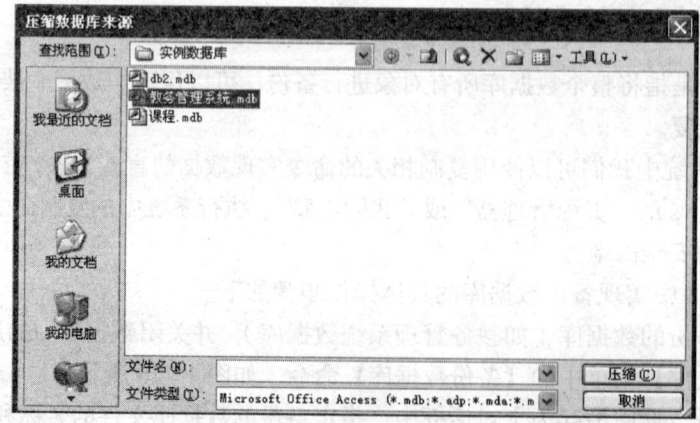

图 11-27 【压缩数据库来源】对话框

（3）在【压缩数据库来源】对话框中指定想要压缩的数据库，并单击【压缩】按钮，系统将对选定的数据文件进行检查，检查无误后出现【将数据库压缩为】对话框，如图11-28所示。

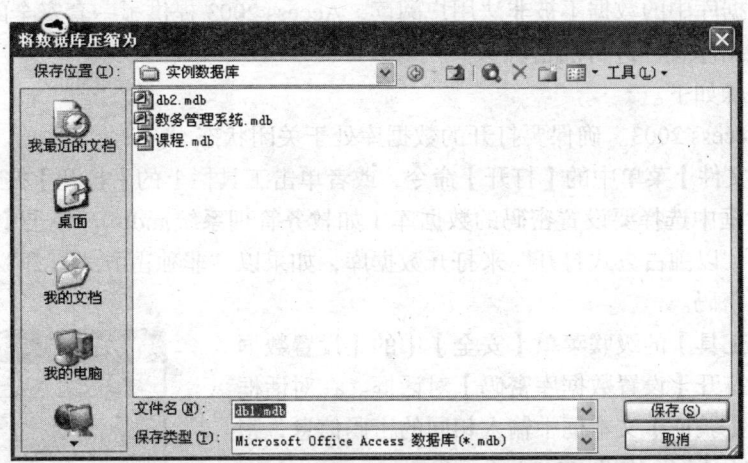

图 11-28 【将数据库压缩为】对话框

（4）在【将数据库压缩为】对话框中指定压缩数据库的名称、驱动器以及文件夹。如果使用相同的名称、驱动器和文件夹，Access 将以压缩后的版本替换原始的文件。

（5）单击【保存】按钮。

3. 关闭数据库时自动压缩

使用 Access 2003 提供的"关闭时自动压缩"功能，可以在关闭任何数据库文件时自动压缩数据库，而不必每次关闭数据库时考虑手动进行压缩。

如果要启用"关闭时自动压缩"功能，可以按照下述步骤进行操作。

（1）打开任何一个 Access 数据库文件。

（2）选择【工具】菜单中的【选项】命令，出现"选项"。

（3）单击【选项】对话框中的【常规】选项卡。

（4）选中【关闭时自动压缩】复选框。

（5）单击【确定】按钮。

在 Access 2003 中，压缩和修复已被改进，现在已经集成到一个过程中，因此发现数据库有异常时，可以选择【工具】菜单中的【数据库实用工具】命令，从出现的级联菜单中选择【压缩和修复数据库】命令。在一个数据库修复以后，可能会丢失一些数据。因此，防止数据丢失的最好办法是经常备份数据库文件。

11.4 数据库的安全机制

Access 提供了多种措施来保护数据库的安全，按照安全级别由高到低可以分为：编码/解码、在数据库窗口中显示或隐藏对象、使用启动项、使用密码、使用用户安全机制等。本节只介绍关于密码设置以及用户和组的安全权限管理的方法。

11.4.1 设置数据库密码

为了保证数据库中的数据不被非法用户阅读，Access 2003 提供了一套安全的数据加密系统，使用户可以对数据库文件进行加密。

具体操作步骤如下。

（1）启动 Access 2003。确保要打开的数据库处于关闭状态。

（2）执行【文件】菜单中的【打开】命令，或者单击工具栏上的【打开】按钮，打开【打开】对话框。在对话框中选择要设置密码的数据库（如教务管理系统.mdb），单击【打开】按钮旁的下拉按钮，选择"以独占方式打开"来打开数据库，如果以"非独占方式打开"数据库不能对数据库设置或撤销密码。

（3）执行【工具】的级联菜单【安全】中的【设置数据库密码】命令，打开【设置数据库密码】对话框。在对话框中的【密码】和【验证】文本框中输入相同的密码信息，密码区分英文字母大小写，如图 11-29 所示。

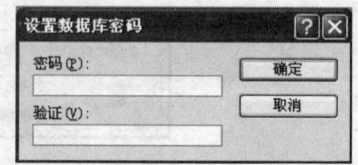

图 11-29 【设置数据库密码】对话框

（4）单击【确定】按钮，完成数据库密码的设置。

11.4.2 撤销数据库密码

数据库设置密码后，每次打开数据库时都需要输入打开密码，如果数据库不再需要密码保护，可以撤销为数据库所设置的密码。

具体撤销数据库密码的具体步骤如下。

（1）启动 Access 2003。确保要撤销密码的数据库处于关闭状态。

（2）执行【文件】菜单中的【打开】命令，或者单击工具栏上的【打开】按钮，打开【打开】对话框。在对话框中选择要撤销密码的数据库（如教务管理系统.mdb），单击【打开】按钮旁的下拉按钮，选择"以独占方式打开"来打开数据库。

（3）在【要求输入密码】对话框中输入打开密码，单击【确定】按钮打开数据库，如图 11-30 所示。

（4）执行【工具】菜单的级联菜单【安全】中的【撤销数据库密码】命令，打开【撤销数据库密码】对话框。在对话框中输入设置的密码，单击【确定】按钮，如图 11-31 所示。

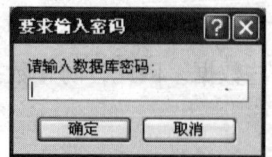

图 11-30 【要求输入密码】对话框

图 11-31 【撤销数据库密码】对话框

撤销了数据库密码，下次再打开数据库时就不用再输入密码了。

11.4.3 建立用户组和用户

当用户将自己的数据放到数据库中时，最关心的问题就是数据是否安全。如果您只是在自己的计算机上使用数据库系统，只要保管好您的计算机和存有数据库中数据的软盘、磁带、光盘等存储介质就可以了。但是，当您在网络上运行数据库系统时，数据的安全是否能得到保证就是一个非常重要的问题。在 Access 2003 中，系统管理员可以为每个用户设置一个用户名，并将其分配到一个用户组中。每个普通用户只能在系统管理员指定的范围内对数据库进行操作。

1．在 Access 2003 中建立用户组

（1）执行【工具】菜单的级联菜单【安全】中的【用户与组账户】命令，出现【用户与组帐户】对话框，打开【组】选项卡，如图 11-32 所示。

（2）在【名称】下拉列表中列出了目前所存在的组。如果要建立新的组，请单击新建按钮，弹出【新建用户/组】对话框，如图 11-33 所示。

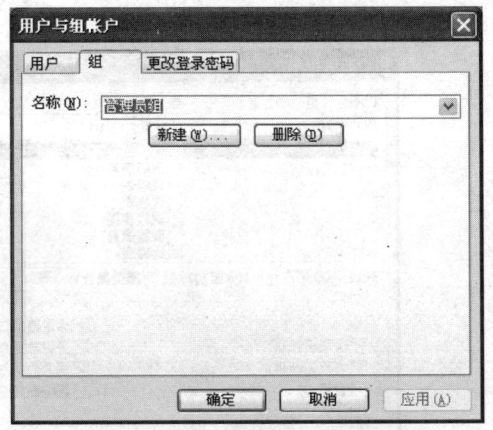

图 11-32 【用户与组账户】对话框

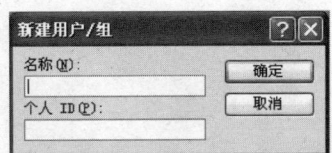

图 11-33 【新建用户/组】对话框

（3）在【名称】文本框中输入组的名称，在【个人 ID】文本框中输入个人身份标识号码，这个个人身份标识号码由 4 到 20 个数字和字母组成，并且是区分大小写的。单击【确定】按钮，新建的组就出现在组的列表中。

2．在 Access 2003 中建立用户

（1）执行【工具】菜单的级联菜单【安全】中的【用户与组账户】命令，出现【用户与组账户】对话框，打开【用户】选项卡，如图 11-34 所示。

（2）单击【新建】按钮，弹出【新建用户/组】对话框，如图 11-35 所示。

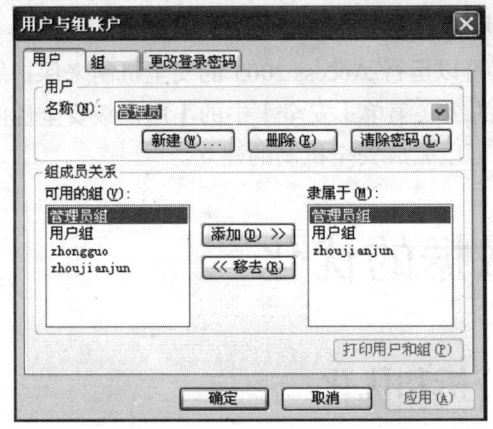

图 11-34 【用户与组账户】对话框

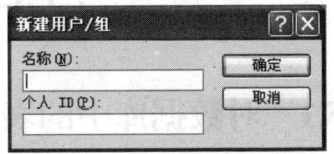

图 11-35 【新建用户/组】对话框

（3）在【名称】文本框中输入用户的名称，在【个人 ID】文本框中输入个人身份标识号码。

单击【确定】按钮，新建的用户出现在"用户"的"名称"下拉列表中。

（4）打开【更改登录密码】选项卡可以设置用户的密码，如图 11-36 所示。

11.4.4　设置用户与组权限

设置了用户之后系统管理员就可以对用户的操作权限进行设置，以指定每个用户的权限范围。设置用户与组的具体步骤如下。

（1）执行【工具】菜单的级联菜单【安全】中的【用户和组权限】命令，出现【用户与组权限】对话框，如图 11-37 所示。

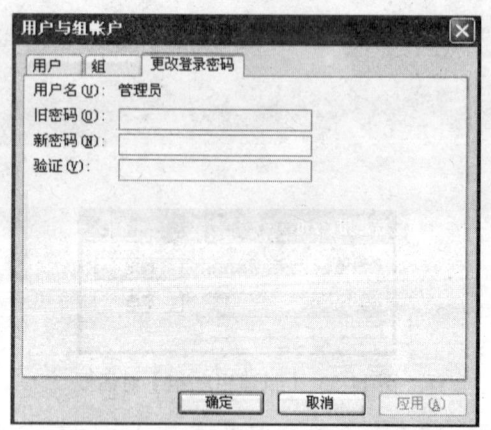
图 11-36　【用户与组账户】对话框

图 11-37　【用户和组权限】对话框

用户的操作权限可以分配给某个用户，也可以分配给某个组。将操作权限分配给某个组时，该组中的所有成员都将享有这些权限。在【列表】栏中选择要设置的对象是用户还是组。

根据您在【列表】栏中的选择，在【用户名/组名】列表中会出现所有的用户或组，请选择要进行设置的人或组。

在【对象类型】下拉列表中选择所要设置的操作权限的对象类型，在【对象名称】列表中会列出数据库中所有该类型中的对象。选取某个对象，然后在【权限】中设置要赋予他的操作权限。

（2）单击【确定】按钮，就完成了用户的权限设置。

在完成了上述用户组/用户权限设置后，就可以运行 Access 2003 的安全机制来保护您的数据库免受非法用户的侵扰了。执行【工具】菜单的级联菜单【安全】中的【用户级安全性向导】命令，出现设置安全机制向导，在向导的指导下可以完成安全机制的建立。

11.5　数据的优化

11.5.1　对数据库中的表进行分析和优化

有时建立的数据库用起来很慢，那是因为数据库在建立的时候，没有对它进行过优化分析。下面就详细讲解对数据库的表进行优化和分析，具体操作步骤如下。

（1）打开一个要进行分析的数据库（如教务管理系统.mdb）。

（2）执行【工具】菜单的级联菜单【分析】中的【表】，打开【表分析器向导】对话框之一，如图 11-38 所示。

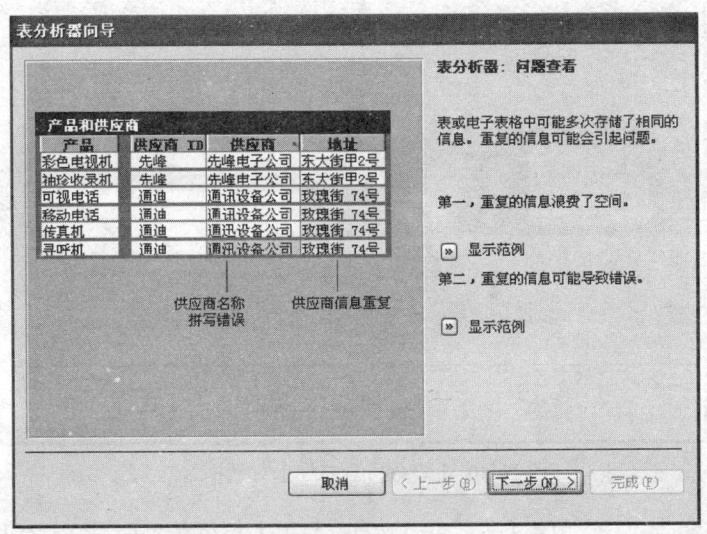

图 11-38 【表分析器向导】对话框之一

表分析器向导的第一页提供了建立表时常见的一个问题。这就是表或查询中多次存储了相同的信息，而且重复的信息将会给我们带来很多问题。

（3）单击【下一步】按钮，打开【表分析器向导】对话框之二，如图 11-39 所示。

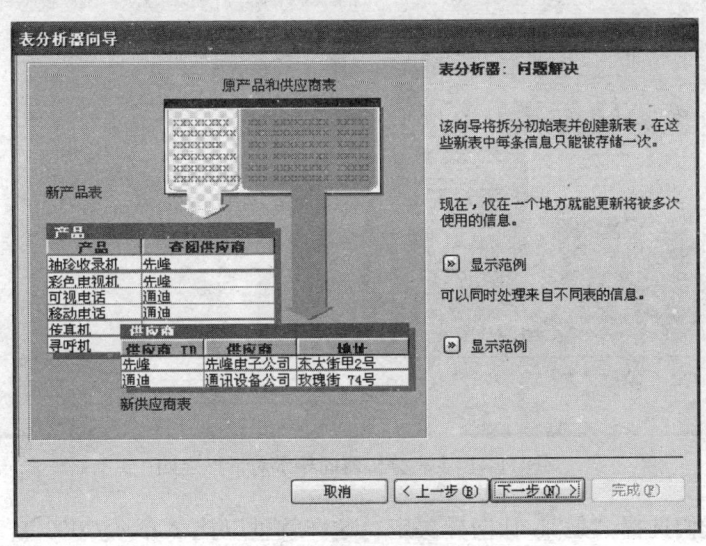

图 11-39 【表分析器向导】对话框之二

表分析器向导的第二页提供了这个分析器是怎样解决第一步中遇到的问题。解决的办法是将原来的表拆分成几个新的表，使的新表中的数据只被存储一遍。

（4）单击【下一步】按钮，打开【表分析器向导】对话框之三，如图 11-40 所示。

在这一步中的列表框中我们选择需要做分析的表，虽然 Access 2003 提示你只要选择有重复信息的表，但最好对所有的表都做一个分析，这样并花不了很多时间，反而能使你的工作能更加规范。

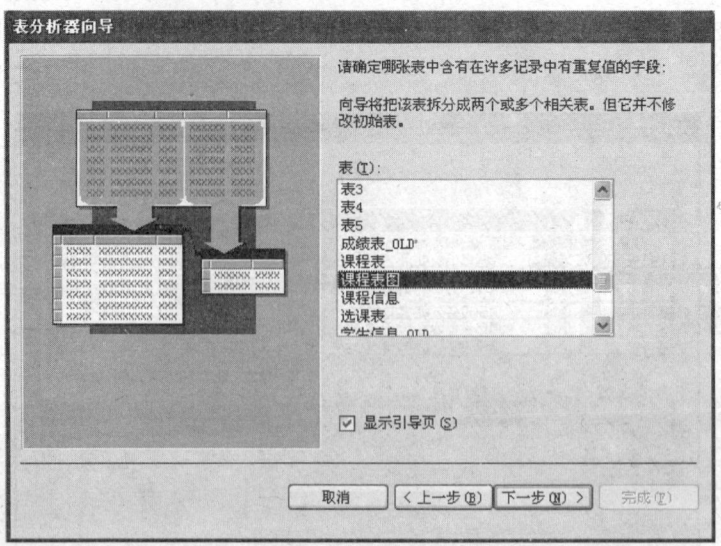

图 11-40 【表分析器向导】对话框之三

选择好要分析的表以后，单击【下一步】按钮，打开【表分析器向导】对话框之四，如图 11-41 所示。

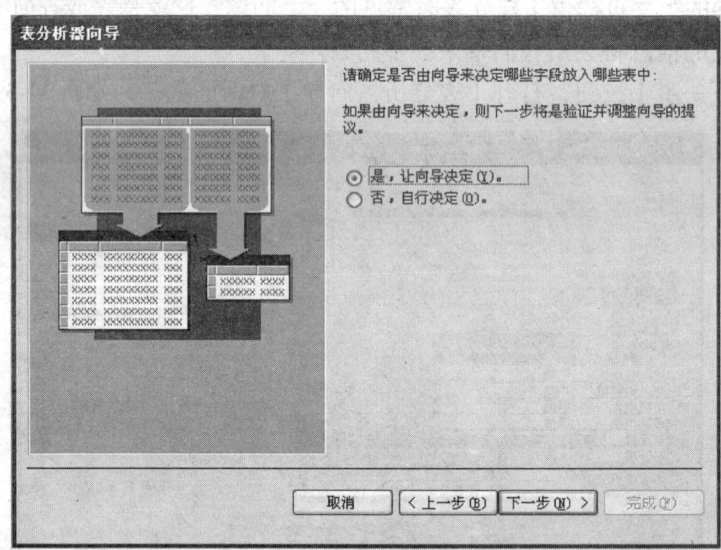

图 11-41 【表分析器向导】对话框之四

在这一步中我们选择"是"，让向导决定，这样就可以让 Access 2003 自动为我们完成对该表的分析。

（5）单击【下一步】按钮，打开【表分析器向导】对话框之五，如图 11-42 所示。

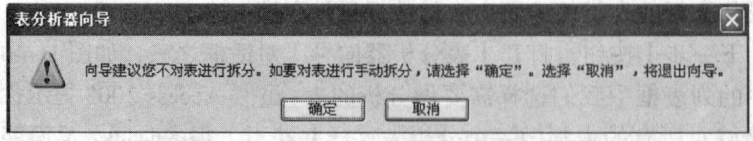

图 11-42 【表分析器向导】对话框之五

通过分析就会在屏幕上弹出一个对话框，在这个对话框中将会告诉我们在上一步中所选的表是否需要进行拆分来达到优化的目的。如果不需要拆分，单击【取消】按钮，就可以退出这个分析向导，建立的表就不用再优化了。

如果单击了【下一步】按钮后，并没有弹出这样一个对话框，而是出现了另外一个窗口。这就说明你所建立的表需要拆分才能将这些数据合理地进行存储。现在 Access 的分析向导已经将你的表拆分成了几个表，并且在各个表之间建立起了一个关系。你只需要为这几个表分别取名即可。这时只要将鼠标移动到一个表的字段列表框上，双击这个列表框的标题栏，这时在屏幕上会弹出一个对话框，在这个对话框中就可以输入这个表的名字。输入完以后，单击【确定】按钮就行了。

（6）单击【下一步】按钮，打开【表分析器向导】对话框之六，如图 11-43 所示。

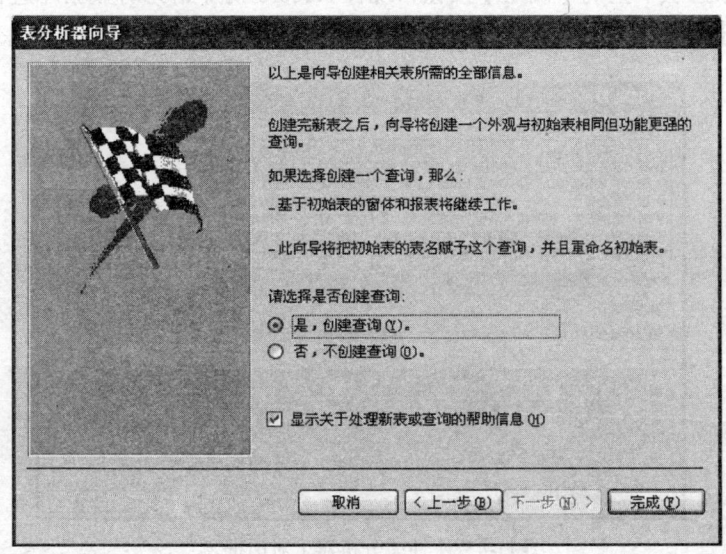

图 11-43 【表分析器向导】对话框之六

这是向导的最后一步，在这一步中询问是否自动创建一个具有原来表名字的新查询，并且将原来的表改名。这样做，首先可以使基于初始表的窗体、报表或页能继续工作。这样既能优化初始表，又不会使原来所做的工作因为初始表的变更而作废。所以在这儿通常都是选择【是】，创建查询，并且不选中【显示关于处理新表和查询的帮助信息】。

（7）单击【完成】按钮，这样一个表的优化分析就完成了。

11.5.2 对数据库的性能进行分析

前面一节对表进行了分析，在菜单【分析】这个选项下还有【性能】和【文档管理器】这两个选项。

首先讲解【性能】选项。具体操作步骤如下。

（1）单击【工具】菜单的级联菜单【分析】中的【性能】命令，打开【性能分析器】对话框之一，如图 11-44 所示。在对整个数据库进行性能分析时，为了使用的方便，常常选择【全部对象类型】选项。

单击这个选项卡上的【全部选定】按钮，这样虽然会多花一些时间进行性能分析，但却是非常值得的。

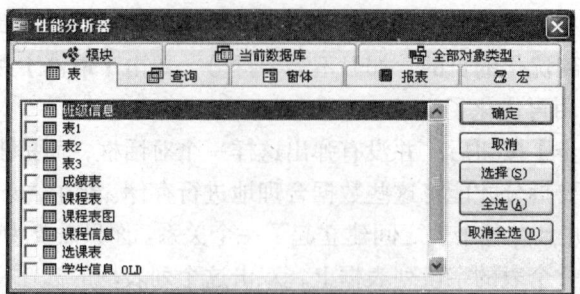

图 11-44 【性能分析器】对话框

（2）单击这个选项卡上的【确定】按钮，现在 Access 就开始为对数据库进行优化分析了，打开【性能分析器】对话框之二。分析结果如图 11-45 所示。

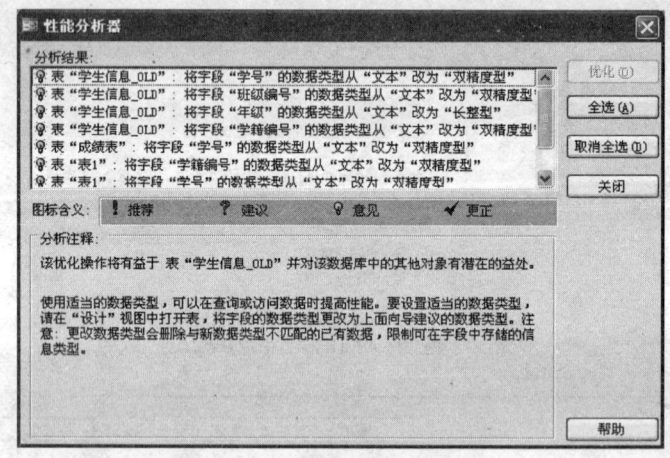

图 11-45 【性能分析器】对话框之二

列表中每一项前面都有一个符号，每个符号都代表一个意思，在这个对话框中都有介绍，单击【全部选定】按钮，列表框中的每个选项都被选中了。

（3）单击【优化】按钮，原来的"推荐"和"建议"项都变成了"更正"项，说明已经将这些问题都解决了。带"灯泡"符号的"主意"项没有变化。当我们选中其中一个"主意"选项时，就会发现在这个对话框中的"分析注释"中会详细列出 Access 为解决这个问题所给出的主意。

最后讲解【文档管理器】选项，具体操作步骤如下。

（1）单击【工具】级联菜单【分析】中的【文件管理器】命令，打开【文件管理器】对话框，如图 11-46 所示。

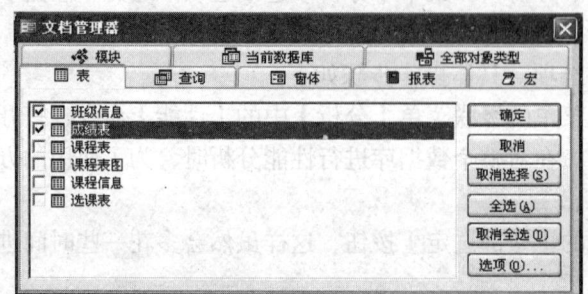

图 11-46 【文件管理器】对话框

在这个对话框中默认选中【表】选项卡，然后在相应的列表框中选择需要的对象名。

（2）单击【确定】按钮就可以将这些选项的各种内容显示出来，如果需要可以将这些内容打印出来，如图 11-47 所示。

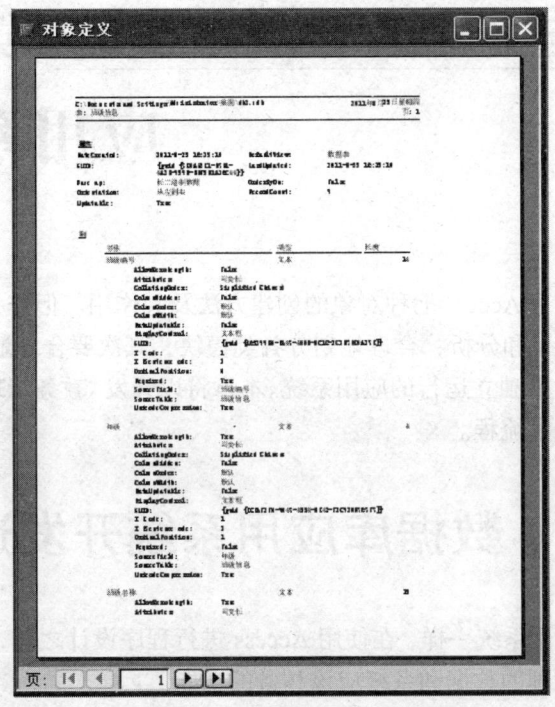

图 11-47 【对象定义】窗口

其他选项卡的内容可以根据窗口的提示，都能完成相应的功能。

有了这些信息，就可以从信息资料上分析出所建立的数据库有哪些问题了。

本章小结

本章对数据库的安全与管理做了详细的介绍，对每种操作都给出了具体的步骤，希望读者通过实践练习，掌握各种操作方法，熟练地运用到实践中。数据的导出、导入及链接，数据库的备份、压缩和修复等，这些内容很基础但比较重要，也比较通用，所以希望读者认真掌握本章内容。

第 12 章 应用系统集成

在前面章节中,讲述了 Access 七种对象的创建方法及其作用。但作为一个完整的应用系统,首先要进行系统的功能设计和分析,合理地划分各类模块,其次要合理地组织各类功能模块及相关文件,以形成性能稳定、能独立运行的应用系统。本章将以开发"教务管理系统"为例讲述 Access 开发应用系统的基本方法和流程。

12.1 数据库应用系统开发过程

与开发其他软件的应用系统一样,在使用 Access 进行程序设计之前,首先要明确用户的需求和程序设计的目标、要处理的数据和系统应该具备的功能。

按照软件工程的方法,数据库应用系统的开发过程包括可行性分析、需求分析、数据库和应用程序设计、系统测试、系统运行和维护等阶段。

1. 可行性分析

在可行性分析阶段,要明确开发应用系统的总体目标,给出它的功能、性能、可靠性以及数据接口方面的设想;研究完成系统开发的可行性分析,探讨技术关键和解决问题的技术路线;对可供使用的资源、成本、可取得的效益和开发进度做出评估,制定项目的实施计划。

2. 需求分析

需求分析包括数据的分析和功能分析,这一阶段的主要任务有如下几项。

(1) 确认用户需求、确定设计范围。了解用户单位的组织、经营方针、管理模式、各部门的职责范围和主要业务活动等情况。明确系统处理的范围和功能。

(2) 收集和分析需求数据。对收集到的资料进行加工、抽取、归并和分析,采用一定的方法建立数据流图、数据字典等设计文档。

(3) 建立需求说明书。对所开发的系统进行全面的描述,包括任务目标、具体需求说明、系统功能结构、性能、运行环境和系统配置等。

3. 数据设计

需求分析结束后,就可以进行数据设计,一般先进行概念设计,然后再作逻辑设计。概念设计独立于具体的计算机系统,把需求分析所得的数据转化为相应的实体模型。

逻辑设计与具体的 DBMS 相关,将上面得到的概念模型转化为 Access 所支持的关系模型,进行性能评价和规范化处理,并对数据的安全性和完整性方面做出设计。

4. 应用程序设计

开发数据库应用系统中的应用程序一般可按照总体设计、模块设计、编码、调试 4 个步骤进行。在总体设计中，可以采用层次图的方法，按功能需求，自顶向下划分若干子系统，子系统再划分若干功能模块。划分模块时应该遵守高类聚低耦合的原则。

5. 测试

应用程序设计完成后，应对系统进行测试，以检查系统各个组成部分的正确性，这也是保证系统质量的重要手段。

6. 维护

在系统投入正常运行之后，就进入了维护阶段，由于多方面原因，系统在运行中可能会出现一些错误，需要及时跟踪修改。另外，由于外部环境或用户需求的变化，也可能要对系统进行必要的修改。

12.2 用切换面板对应用系统集成

在前面章节中创建的窗体都是一个个独立的窗体，对一个完整的应用系统而言需要将这些窗体集成在一个主窗体中供用户选择和切换，这个主窗体称为"切换面板"或"主要选择窗体"。

切换面板管理器可以用来管理现有的窗体，使各窗体组成一个应用系统的用户界面。切换面板上的内容成为"切换面板上的项目"。

下面以"教务管理系统"项目为例，用切换面板设计如图 12-1 所示的用户界面。

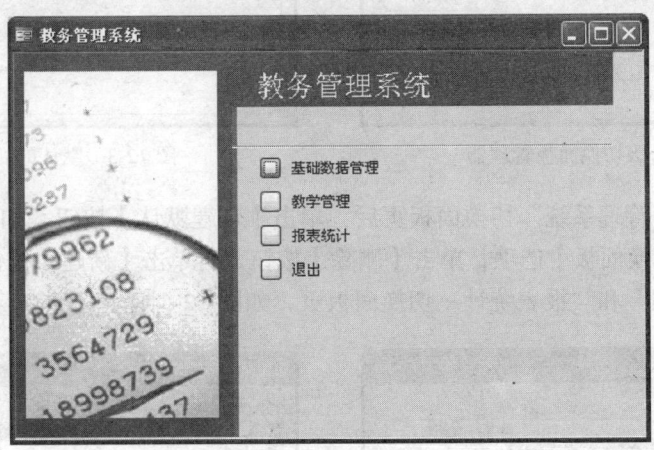

图 12-1 项目切换面板运行效果

以下是本例中"切换面板上的项目"的设计。

第一级切换面板上的项目如下：
- 基础数据管理；
- 教学管理；
- 报表统计；
- 退出。

"基础数据管理"切换面板上的项目为：

- 班级信息维护；
- 学生信息维护；
- 课程信息维护；
- 返回。

"教学管理"切换面板上的项目为：
- 学生选课；
- 课表查询；
- 成绩输入；
- 返回。

"报表统计"切换面板上的项目为：打印成绩单。

下面以"教务管理系统"项目为例创建第一级窗体，具体步骤如下。

（1）单击【工具】菜单中的【数据库实用工具】子菜单中的【切换面板管理器】命令。在弹出的对话框中选择【是】，打开第一级切换面板管理器，如图 12-2 所示。

（2）单击【新建】按钮，在新建对话框中，把切换面板页命名为"教务管理系统"，单击【确定】按钮，如图 12-3 所示。

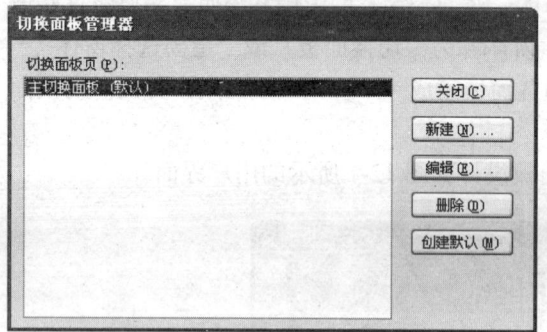

图 12-2　第一级切换面板管理器

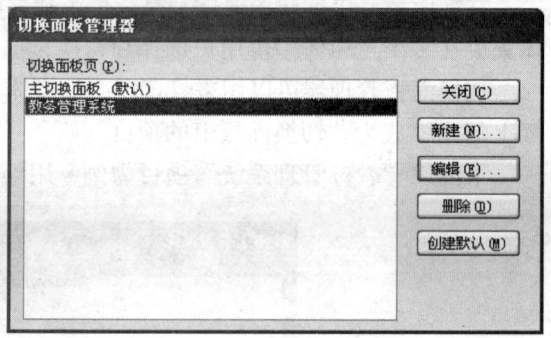

图 12-3　默认的切换面板页

（3）选择"教务管理系统"切换面板页后，单击【创建默认】按钮，如图 12-4 所示。

（4）选择【主切换面板】选项，单击【删除】按钮，再单击【新建】按钮分别创建"基础数据管理"、"教学管理"和"报表统计"切换面板页，如图 12-5 所示。

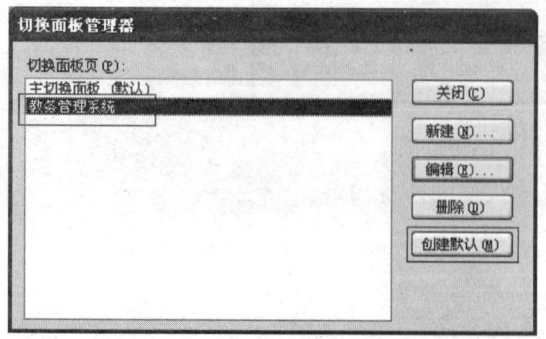

图 12-4　创建默认切换面板

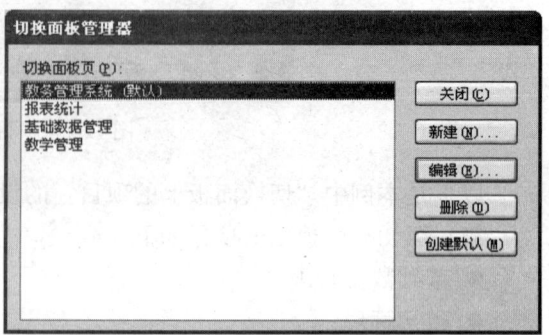

图 12-5　修改后的切换面板管理器

（5）选择"教务管理系统"切换面板页后，单击【编辑】按钮，打开【编辑切换面板页】对话框。

（6）在对话框中单击【新建】按钮，在打开的对话框中按照图 12-6 所示输入相应内容。

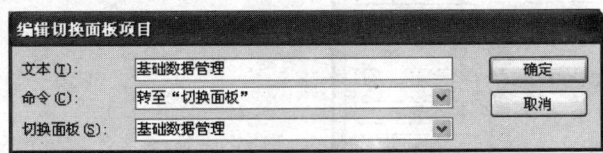

图 12-6　编辑切换面板项目

（7）按照同样的方法创建"教学管理"和"报表统计"各项内容。按照图 12-7 所示设计"退出"项目。

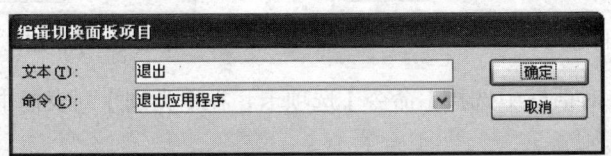

图 12-7　编辑退出项目

（8）采用同样的方法创建二级切换面板，让它们运行相应的宏。这部分工作留给读者自己完成。

读者按照以上方法设计完成后，系统会自动创建一个"Switchboard Items"表和"切换面板"窗体。可以通过窗体的设计视图给窗体插入一张读者喜欢的照片，并放置在合适位置。

12.3　用菜单和工具栏集成应用系统

12.3.1　创建菜单

要为项目设计如图 12-8 所示的菜单，其中"退出系统"没有子菜单，"基础维护"有子菜单："班级信息维护"、"学生信息维护"、"课程信息维护"；"教学管理"有子菜单："学生选课"、"课表查询"、"成绩输入"；"打印统计"有子菜单"打印成绩单"。

> 基础维护(W)　教学管理(X)　打印统计(Y)　退出系统(Z)

图 12-8　项目菜单结构

下面以"教务管理系统"为例介绍创建菜单的基本流程。

（1）通过【视图】菜单下的【工具栏】中的【自定义】命令，打开【自定义】工具栏对话框，如图 12-9 所示。

（2）在【自定义】对话框中单击【新建】按钮，打开【新建工具栏】对话框，在对话框中修改名称为"教务管理系统"，如图 12-10 所示。

（3）选择【自定义】工具栏对话框中的"教务管理系统"，然后单击【属性】按钮，打开【工具栏属性】对话框，在【类型】下拉列表中选择【菜单栏】选项，如图 12-11 所示，单击【关闭】按钮。

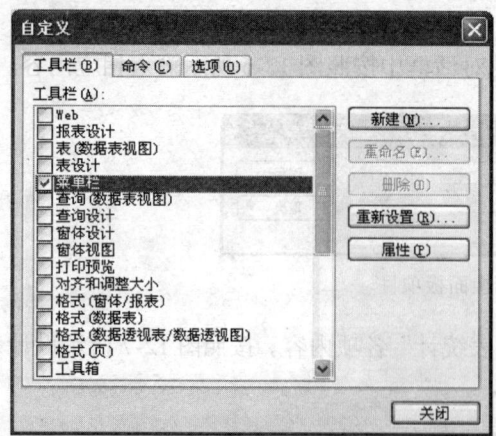

图 12-9 【自定义】对话框

图 12-10 【新建工具栏】对话框

（4）在【自定义】对话框中选择【命令】选项卡，在【类别】列表框中选择【新菜单】选项，如图 12-12 所示。

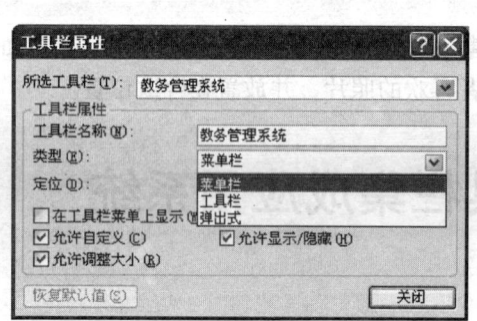

图 12-11 【工具栏属性】对话框

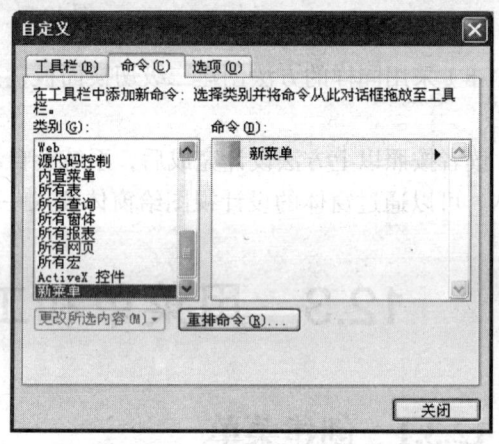

图 12-12 【新菜单】选项

（5）拖动【命令】选项卡中的【新菜单】选项到初始化菜单的"键入需要帮助的问题"的位置，在该位置就会出现"新菜单"的设计结果，如图 12-13 所示。

（6）在"新菜单"上右键单击，在打开的快捷菜单中把【命令】文本框的内容改为"基础维护"后单击对话框其他位置，系统将修改菜单的名称为"基础维护"，如图 12-14 所示。

（7）采用步骤 4 的方法创建"基础维护"的子菜单项"班级信息维护"，如图 12-15 所示。

（8）在"班级信息维护"上右键单击，在打开的快捷菜单中选择【属性】命令，打开【班级信息维护属性】对话框，如图 12-16 所示。

图 12-13 放置新菜单

图 12-14 【基础维护】菜单

图 12-15 子菜单创建

（9）在该对话框中，在【所在操作】下拉列表框中选择宏"班级信息维护"。

 在【所在操作】下拉列表中只会出现已经定义的宏，所以在菜单集成应用程序之前，要先把菜单要执行的宏在数据库对象中设计好。

（10）按照上面的方法定义其他的菜单项。

 如果删除某个菜单，首先要打开【自定义】对话框，在用鼠标直接把要删除的菜单拖到菜单对话框外即可。

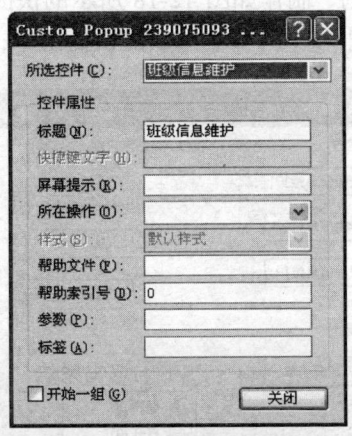

图 12-16　班级菜单维护属性对话框

12.3.2　制作工具栏

下面以"教务管理系统"为例，要设计如图 12-17 所示的工具栏，具体步骤如下。

图 12-17　教务管理系统工具栏

（1）选择与创建菜单相同的方式，打开【自定义】对话框。

（2）在【自定义】对话框中单击【新建】按钮，打开【新建工具栏】对话框，在对话框中修改名称为"教务管理系统工具栏"，系统出现初始化工具栏。

（3）在初始化工具栏中，把命令加到工具栏中，在【自定义】对话框中选择【命令】选项卡，在【类别】列表框中选择自己想要加入到工具栏中的项目，在【命令】列表框中选择相应的命令，用鼠标把【命令】列表框中的命令拖到自己创建的工具栏中就可以了。

在本项目中，在【类别】列表框中选择【文件】选项，在【命令】列表框中分别选择【新建】、【打开】、【关闭】和【保存】选项并拖到初始化工具栏中。

（4）用同样的方法，在【类别】列表框中选择【编辑】选项，在【命令】列表框中选择【撤销】、【恢复】、【剪切】、【复制】、【粘贴】选项。

（5）在【类别】选项中选择【新菜单】选项，把【命令】列表框中的【新菜单】选项拖到工具栏中，并右击添加的【新菜单】，改名为"关闭数据库"，按回车结束。

（6）右键单击【关闭数据库】工具按钮，在弹出的快捷菜单中选择【属性】命令，在打开的对话框中的【所在操作】下拉列表中选择宏"关闭数据库"即可。

 一定要在打开【自定义】对话框的条件下单击鼠标右键才会出现【属性】快捷菜单项。

12.3.3 制作快捷菜单

快捷菜单的制作分为两个阶段：第一阶段是快捷菜单本身的制作；第二阶段是快捷菜单的连接。

下面以"教务管理系统"为例，制作如图 12-18 所示的快捷菜单和窗体连接，即在窗体"主界面"中右击会弹出具有【新建】和【打开】选项的快捷菜单，具体步骤如下。

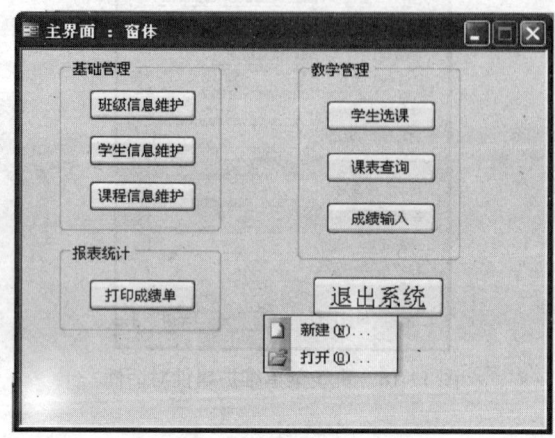

图 12-18　在窗体中设计快捷菜单

1. 快捷菜单本身制作

（1）选择与创建菜单相同的方式，打开【自定义】对话框。

（2）在【自定义】对话框中单击【新建】按钮，打开【新建工具栏】对话框，在对话框中修改名称为"教务管理快捷菜单"，单击【确定】按钮。

（3）选择【自定义】工具栏对话框中的"教务管理快捷菜单"，然后单击【属性】按钮，打开【工具栏属性】对话框，在【类型】下拉列表中选择【弹出式】选项，如图 12-19 所示，单击【关闭】按钮。

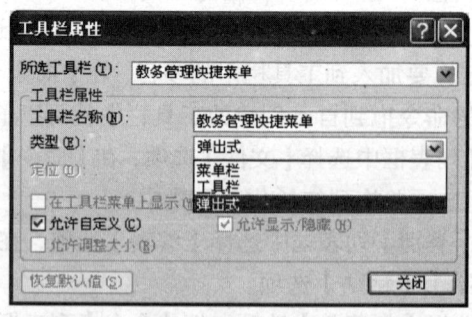

图 12-19　弹出式菜单工具栏属性对话框

这时什么也看不到，在【自定义】对话框的工具栏中也找不到刚才创建的工具栏，这就是快捷菜单的特殊之处，需要在【自定义】对话框的【工具栏】选项卡中选中【快捷菜单】选项，如图 12-20 所示，就可以看到所创建的快捷菜单了。

（4）在【自定义】对话框中选择【命令】选择卡，在【类别】列表框中选择【文件】选项，分别选择【命令】列表框中的【新建】和【打开】命令拖入到快捷菜单【教务管理快捷菜单】的右侧箭头之后,如图 12-21 所示。

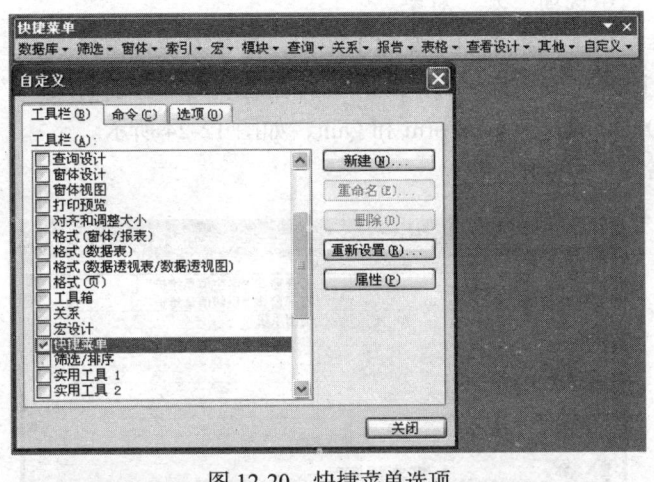

图 12-20 快捷菜单选项

图 12-21 添加命令到快捷菜单中

2. 快捷菜单的连接

(1)在设计视图中打开窗体"主窗体",如图 12-22 所示。

(2)在窗体中双击【主体】部分,打开【主体】对话框,在【主体】下拉列表框中选择【窗体】选项,再选择【其他】选项卡,在【快捷菜单栏】下拉列表框中选择事先做好的快捷菜单"教务管理快捷菜单",如图 12-23 所示。

(3)打开窗体"主窗体"后,单击鼠标右键,测试刚刚创建的快捷菜单。

图 12-22 主界面窗体

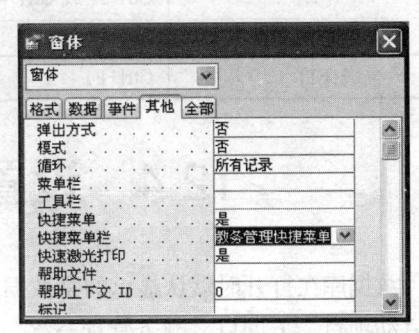

图 12-23 连接快捷菜单到窗体上

12.3.4 添加快捷键

下面以"教务管理系统"项目为例,要添加如下的快捷菜单,按下 Ctrl+S 快捷键时,出现"学生信息维护",按下 Ctrl+C 快捷键时出现"班级信息维护",按下 Shift+Del 快捷键时退出数据库系统，具体步骤如下。

（1）在数据库窗口中选项"宏"对象。

（2）单击数据库窗口工具栏中的【新建】按钮，打开宏设计窗口。

（3）单击工具栏上的宏名按钮，显示宏名列，在宏名列中分别输入"^S"、"^C"和"+{DEL}"，在操作中分别选择 OpenForm、OpenForm 和 Quit，如图 12-24 所示。

（4）将该宏命名为"AutoKeys"。

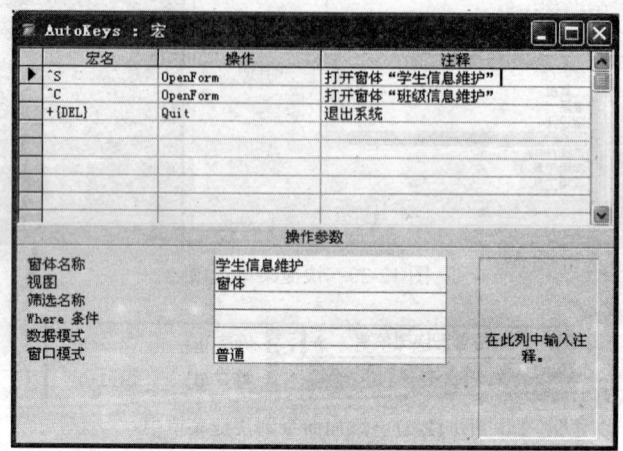

图 12-24　快捷键定义设计视图

> 包含快捷键的宏一定要定义为"AutoKeys"，否则 Access 2003 不会执行用户自己定义的快捷键。

在宏的设计视图中定义组合键时，必须按照 SendKeys 语法来书写宏名，否则 Access 将给出错误提示。SendKeys 语法如表 12-1 所示。

表 12-1　　　　　　　　　　　　键盘表示方式

SendKeys 语法	组　合　键	SendKeys 语法	组　合　键
^A 或^4	Ctrl+A 或 Ctrl+4	^{Insert}	Ctrl+Ins
{F1}	F1	+{Insert}	Shift+Ins
^{F1}	Ctrl+F1	{Delete}或{Del}	Del

12.4　设置数据库的启动方式

数据库在打开时默认显示的是数据库的对象视图，在应用程序进行集成过程中需要设置系统的启动项目，下面以"教务管理系统"为例，使项目启动后显示如图 12-25 所示的窗体。

（1）单击【工具】菜单下的【启动】命令，打开【启动】对话框。

（2）在【显示窗体/页】下拉列表框中选择"主界面"，作为数据库应用系统启动时的用户界面，把【应用程序标题】修改为"教务管理系统"，在【菜单栏】下拉列表框中选择"教务管理系统"，在【快捷菜单栏】下拉列表中选择"教务管理快捷菜单"选项，在【应用程序图标】中选择一个"ICO"文件作为应用程序的图标，如图 12-26 所示。

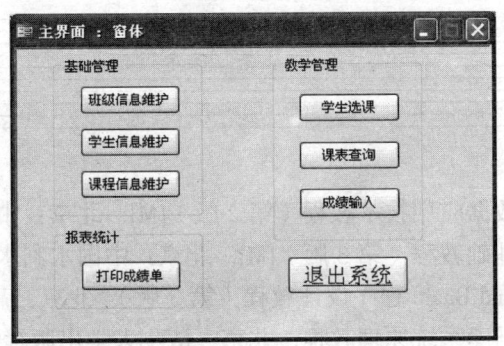

图 12-25 项目启动后的应用系统界面

（3）单击【确定】按钮，重新启动项目，就出现应用程序的"主窗体"界面。

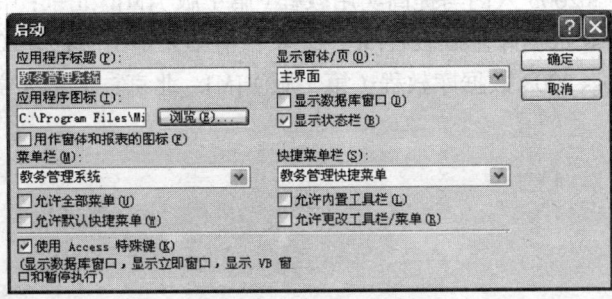

图 12-26 【启动】对话框

在通常情况下，在开发过程中设计的表、查询、报表和窗体等对象是不让最终用户看到的，取消选中【显示数据库窗口】复选按钮，这样既简化了界面，又减少了用户对数据库的误操作，保证数据库的正确性。

在程序的测试阶段通常要选中【使用 Access 特殊键】，注意不要同时取消选择【显示数据库窗口】和【使用 Access 特殊键】复选框，否则就无法回到数据库应用系统的设计模式了。Access 特殊键及其功能说明表 12-2 所示。

表 12-2　　　　　　　　　　　　　Access 特殊键

组合键	功能说明	组合键	功能说明
F11	显示数据库窗口	Ctrl+BackSpace	停止执行宏或模块
Ctrl+Enter	在设计视图中打开对象	Ctrl+G	显示立即窗口
Shift	打开数据库时不执行"AutoExec"	Ctrl+F11	显示内置菜单栏

本章小结

本章介绍了应用系统开发的基本流程，采用切换面板、菜单、工具栏、快捷菜单以及快捷键等方式实现系统集成的基本方法。用 Access 开发数据库应用系统，最终提交给用户使用的是一个完整的系统，对于后端的表等数据在应用程序中是应该隐藏的，用户关心的是系统的操作界面，一个应用系统开发得再好，如果用户界面不友好，不符合使用该系统的用户习惯，应用系统就不会得到用户的认可，也不会受到用户的欢迎，所以对数据库的对象设计完成了以后，就要进行应用系统的集成。

参考文献

[1] 何胜利. Access 数据应用技术教程（第 2 版）[M]. 北京：中国铁道出版社，2008.
[2] 于繁华. Access 基础教程（第 3 版）[M]. 北京：中国水利水电出版社，2008.
[3] 龚沛曾，等. Visual Basic 程序设计教程（第 3 版）. 北京：高等教育出版社，2007.
[4] 王珊，陈红. 数据库系统原理教程. 北京：清华大学出版社，2002.
[5] 吴学威，王绪溢. Access 2003 应用基础教程（第 1 版）. 北京：中国铁道出版社，2005.
[6] 贾岚. 中文 Access 数据库应用教程（第 1 版）[M]. 北京：北京希望电子出版社，2003.
[7] 廖信彦. Access 2003 入门与提高实用教程（第 1 版）[M]. 北京：中国铁道出版社，2005.
[8] 赵乃真. Access 数据库基础教程[M]. 北京：清华大学出版社，2006.
[9] 解圣庆. Access 2003 数据库教程（第 1 版）[M]. 北京：清华大学出版社，2006.